高等院校工科专业基础化学实验系列教材

Physical Chemistry Experiment

物理化学实验

罗士平　刘文杰　陈艳丽　主编

化学工业出版社

·北京·

内容简介

《物理化学实验》是为适应新工科专业建设编写的基础化学实验系列教材之一。以物理化学参数的测定为主线，强化基础知识和基本测量技术训练。内容包括基础知识和基本测量技术、常用仪器简介、32 个基本实验、4 个综合性实验和 4 个设计性实验等。其中，基础知识和基本测量技术部分较为系统地介绍了温度测量与控制、真空技术与压力测量、光学测量技术和电化学测量技术；综合性和设计性实验部分旨在提高学生的综合能力，培养学生的创新能力，发掘学生的科研潜力。其中 10 个常规物理化学实验项目同时以英文呈现，可以提高学生专业英语水平。

在教材中嵌入二维码，提供数字化教学资源，满足现代学生的学习习惯，提高学生学习兴趣和促进学生能力全面发展。

《物理化学实验》可作为工科院校各专业本科和专科学生基础化学实验的教材，对于化工、制药、材料、新能源、轻工、生物、食品等专业的实验技术人员也有参考价值。

图书在版编目（CIP）数据

物理化学实验 / 罗士平，刘文杰，陈艳丽主编. —
北京 ：化学工业出版社，2024.4
高等院校工科专业基础化学实验系列教材
ISBN 978-7-122-42677-2

Ⅰ．①物⋯ Ⅱ．①罗⋯ ②刘⋯ ③陈⋯ Ⅲ．①物理化
学-化学实验-高等学校-教材 Ⅳ．①O64-33

中国版本图书馆 CIP 数据核字（2022）第 244257 号

责任编辑：汪　靓　刘俊之
责任校对：赵懿桐　　　　　　　　　　　　　装帧设计：韩　飞

出版发行：化学工业出版社（北京市东城区青年湖南街 13 号　邮政编码 100011）
印　　装：河北延风印务有限公司
787mm×1092mm　1/16　印张 14¾　字数 363 千字　2024 年 4 月北京第 1 版第 1 次印刷

购书咨询：010-64518888　　　　　　　　售后服务：010-64518899
网　　址：http://www.cip.com.cn
凡购买本书，如有缺损质量问题，本社销售中心负责调换。

定　　价：49.00 元

前　言

新工科建设强调以立德树人为引领，以应对变化、塑造未来为建设理念，以继承与创新、协调与共享为主要途径，培养多元化、创新型卓越工程人才，开拓了工程教育改革新路径。新理念、新模式和新质量的实现，需要构建科学的课程体系。物理化学实验是化工、制药、生物、材料、新能源等众多工科专业的一门基础实验课程，实验教学是培养学生创新思维和团队意识等的关键环节。如何体现新工科人才培养理念，顺应以学生为主体的认知特点，以满足新形势下人才培养的需求，创新与改革"物理化学实验"课程具有重要的意义。

物理化学实验以物理化学参数的测定为主线，强化基础知识和基本测量技术训练。本书包括基础知识和基本测量技术、常用仪器简介、32 个基本实验、4 个综合性实验和 4 个设计性实验等内容。其中，基础知识和基本测量技术部分较为系统地介绍了温度测量与控制、真空技术与压力测量、光学测量技术和电化学测量技术，展现物理化学的新进展和新技术；基础实验部分可以让学生在掌握物理化学实验方法和技术的同时，加深对基本原理的理解；综合性和设计性实验部分旨在提高学生的综合能力，培养学生的创新能力，发掘学生的科研潜力。

本书在编写过程中参考了国内很多优秀教材，具有以下特点。

（1）注重实验内容的完整性。在常规的基础物理化学实验部分，较系统地介绍了每个实验的基本原理、研究方法和手段，使学生对实验内容有较为系统的了解，能全面掌握实验原理和方法。在综合性和设计性实验部分，注重引入新技术和新手段，凸显知识的交叉与融合，有助于培养学生的创新能力。

（2）以学生为本，从学生的认知特点出发。在每个实验项目中，分别有"实验目的""实验提要""仪器和药品""实验前预习要求""安全隐患与处置措施""实验内容""注意事项""数据记录与处理"和"思考与讨论"等栏目。其中，"安全隐患与处置措施"顺应化学实验室特点，满足加强安全防范意识、消除安全隐患、增强应急处理能力和保证师生人身安全的需要；"实验前预习要求"可以帮助学生了解预习的重点；"注意事项"可以帮助学生提高实验的成功率，避免操作过程中仪器的损坏；"思考与讨论"有助于拓宽学生的思路，对实验内容有更深入的理解。

（3）引入 10 个常规物理化学实验项目英文版。实施双语教学既可以提高学生专业英语水平，又可以满足留学生学习之需要。

（4）在教材中嵌入二维码，提供数字化教学资源，极大地填补了纸质教材的不足之处，最大程度地提高学生学习兴趣和促进学生能力全面发展。

　　参加本书编写的有常州大学的罗士平、刘文杰、陈艳丽、谢爱娟、刘天华和纪梁，常州大学殷开梁、罗士平、陈艳丽、许杰、谢爱娟、许健、焦志锋、蔡文蓉、纪梁、高丙莹、石燕君等参与了本书实验视频的拍摄和双语实验项目的编写工作。全书由罗士平、刘文杰和陈艳丽统稿。

　　本书编写过程中，我们参考了国内外许多相关教材，在此向教材的作者们表示谢意。本书出版过程中，化学工业出版社编辑给予我们大力支持，在此表示衷心感谢。

　　编写物理化学实验教材不仅需要广泛的理论和实验知识，更需要丰富的实践经验，限于编者学识水平和经验，书中不足在所难免，恳请读者批评指正。

编　者
2023 年 10 月

目　　录

第 1 章　基础知识和基本测量技术

1.1　温度的测量与控制

1.1.1　温标

作为两个互为热平衡系统的特征参数——温度，都是用某一物理量作为测温参数来表征的。原则上只要该物理量随冷热的变化会发生单调的明显变化，而且可以复现，都可以用于表征温度。如水银温度计用等截面的汞柱高度、镍铬-镍硅热电偶用两种金属的温差热电势、铂电阻温度计用铂的电阻、饱和液体温度计用液体饱和蒸气压进行测温。实验证明不同的测温参数与温度值之间不存在同样的线性关系，而且温度本身又没有一个自然的起点，只能人为地规定一个参考点的温度值。因此，必须建立一套标准——温标，规定温度的零点及其分度的方法以统一温度的测量。

最科学的温标是由开尔文（Lord Kelvin）通过可逆热机效率用测温参数而建立的热力学温标。它与测温物质的性质无关。此温标下的温度即热力学温度 T，单位开尔文，用 K 表示。由于可逆热机无法造成，故热力学温标不能在实际中应用。

根据理想气体定律，一定量的低压气体，其 pVT 关系与气体性质无关。据此建立的理想气体温标，用理想气体温度计可以去复现热力学温标下的温度值。理想气体温度计是国际第一基准温度计，按照 $T=f(p)$，用气体压强来表征温度的恒容气体温度计。

鉴于理想气体温度计结构复杂，操作麻烦，不能得到普及使用，人们致力于建立一个易于使用且能精确复现，又能十分接近热力学温标的实用性温标，用它来统一世界各国温度的测量。目前使用的是 1989 年国际计量委员会（CIPM）会议正式通过的一种新的温标——1990 国际温标（ITS-90）。ITS-90 从 0.65K 向上延伸，在此温标上的温度与 IPTS-68 和 EPT-76 相比较能更好地符合热力学值。新温标在一定范围内的可分性和可供选择的定义更便于它的使用。而且，它在整个范围内的连续性、精密度和复现性都比以往的温标有很大的改进。在 961.78℃ 以下，用铂电阻温度计替代铂铑-铂热电偶，可以极大地改进复现性。

ITS-90 分为四个基本区域：

（1）在 0.65K 到 3.2K 之间，ITS-90 是以 ^{3}He 的蒸气压与温度的关系来定义的；在 1.25K 到 2.1768K（λ 点）之间和 2.1768K 到 5.0K 之间由 ^{4}He 的蒸气压与温度的关系来定义。T_{90} 是用如下形式的蒸气压方程来定义：

$$T_{90}/\text{K}=A_0+\sum_{i=1}^{9}A_i[\{\ln(p/\text{Pa})-B\}/C]^i$$

方程式中的系数 A_i 及常数 A_0，B 和 C 的值见参考文献。

（2）在 3.0K 到 24.5561K 间，ITS-90 是以 ^{3}He 或 ^{4}He 的等容气体温度计（CVGT）来定义。温度计通过三个温度来校准——氖的三相点（24.5561K），平衡氢的三相点（13.8033K），以及在 3.0K 到 5.0K 之间的某一温度，它的数值用 ^{3}He 或 ^{4}He 蒸气压测温法来确定。

（3）在 13.8033K（－259.3467℃）和 1234.93K（961.78℃）之间，ITS-90 是用已被特定固定点校准过的铂电阻温度计在表 1-1 给出的特定固定点时的电阻率，以及与 T_{90} 有关的固定点间的电阻率参考函数和偏差函数来定义的。

（4）大于 1234.93K，ITS-90 由银、金或铜的凝固点温度做参考温度，用普朗克辐射定律来定义。

所有校准过程的细节和不同区间的参考函数，由 B. W. Mangum. The International Temperature Scale of 1990. Metrologia，1990，27：3 给出。

表 1-1　ITS-90 的固定点定义

物质[①]	平衡态[②]	温度 T_{90}/K
He	VP	3～5
e-H$_2$	TP	13.8033
e-H$_2$（或 He）	VP（或 CVGT）	～17
e-H$_2$（或 He）	VP（或 CVGT）	～20.3
Ne*	TP	24.5561
O$_2$	TP	54.3584
Ar	TP	83.8058
Hg*	TP	234.3156
H$_2$O	TP	273.16
Ga*	MP	302.9146
In*	FP	429.7485
Sn	FP	505.078
Zn	FP	692.677
Al*	FP	933.473
Ag	FP	1234.93
Au	FP	1337.33
Cu*	FP	1357.77

① e-H$_2$ 指平衡氢，即正氢和仲氢的平衡分布，在室温下正常氢含 25% 的仲氢和 75% 的正氢。
② VP 指蒸气压点；CVGT 指等容气体温度计点；TP 指三相点（固、液和蒸气相共存的平衡温度）；FP 指凝固点；MP 指熔点（在一个标准大气压 101325Pa 下，固、液相共存时的平衡温度），同位素组成为自然存在状态。
＊第二类固定点。

应该指出，在 SI 制中，热力学温度单位为开尔文 K（1K 等于水三相点温度的 $\dfrac{1}{273.16}$），但在其专有名词导出单位中仍有摄氏温度 t 的名称，t 的单位符号为℃。这里的℃已不是历史上所定 1atm 下水的冰点为 0℃，沸点为 100℃ 来分度的摄氏度，而是用热力学温度 T 按下式定义：

$$t = T - 273.15 \qquad (1-1)$$

所以，SI 制中的摄氏温度仅是热力学温度坐标零点移动的结果，它反映了以 273.15K 为基点的热力学温度间隔。

1.1.2 温度计

1.1.2.1 水银温度计

水银温度计是常用的测温工具。优点是简便，准确度较高。缺点是读数易受许多因素影响而引起误差，在精确测量中须加以校正。

（1）指示校正　主要由于毛细管不均匀和汞与玻璃膨胀系数具有非严格线性关系。较精密的温度计在出厂时附有不同温度下该温度计的校正值，标准值＝读数值＋校正值。

（2）零点校正（也称冰点校正）　由于玻璃是热力学不稳定的过冷液体，玻璃体积随时间有所改变，冰点校正在纯水、纯冰的冰水体系中进行，一般也只有零点零几度。

（3）露茎校正　全浸式水银温度计（见图 1-1）如不能全部浸没在被测体系中，因露出部分与被测体系温度不同，必然存在读数误差，必须予以校正。这种校正就叫露茎校正。校正方法如图 1-1 所示。

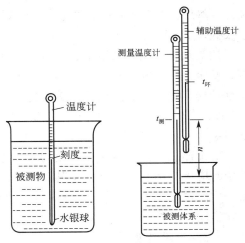

图 1-1　水银温度计的使用及其露茎校正

校正值按下式计算：

$$\Delta t_{露茎} = Kn(t_{测} - t_{环})$$

$$t_{真实} = t_{测} + \Delta t_{露茎}$$

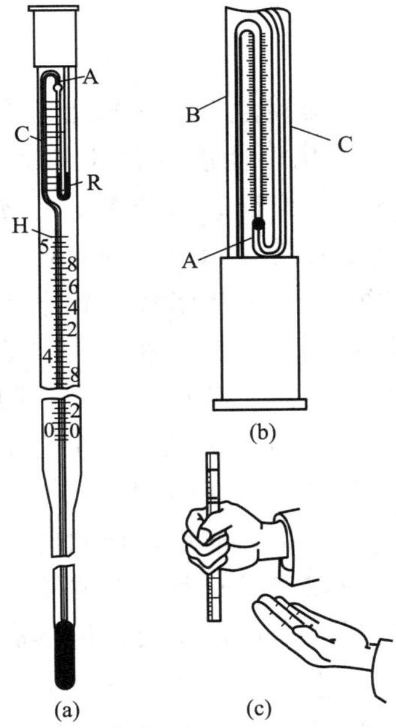

式中，$K = 0.00016$，是水银对玻璃的相对膨胀系数；n 为露出部分的温度度数之差；$t_{测}$ 为测量温度计上的读数；$t_{环}$ 为环境温度，可从辅助温度计上读出，辅助温度计应置于测量温度计露出部分的中部。

1.1.2.2 贝克曼温度计

贝克曼温度计是水银温度计的一种，但与普通的水银温度计有所不同，见图 1-2。它不是用于测量温度的绝对值，而是用于测量温度差。虽然它的量程只有 5～6℃，但由于它顶部有一个水银贮管 R，可调节下端水银球 A 中的水银量，所以可用于测量−20～155℃范围内的不超过 5℃或 6℃的温差。贝克曼温度计上的最小刻度是 0.01℃，用放大镜可估读至 0.002℃，测量精度较高。

使用贝克曼温度计时，首先必须根据被测介质温度，调节水银球 A 中的水银量，如果要测的是温度的降低值，应调节使该温度计插入被测介质时初读数在 4℃左右，如果要测定温度的升高值，初读数应在 1℃左右。若水银量太少，需将贮管 R 中的水银适量转移至 A 球中；反之，则需由 A 转移至 R，具体调节方法如下。

将温度计倒置，由于重力作用 A 球中的水银沿毛细管

图 1-2　贝克曼温度计
（a）贝克曼温度计外形示意图；（b）倒置温度计，使毛细管中水银与贮管 R 中水银相连接；（c）右手紧握温度计中部，用左手轻击右小臂使水银在 C 处断开

流入 R 中，并与 R 中的水银相接（如倒置时水银不下流，可轻轻抖动温度计），然后慢慢转温度计，使 R 位置略高于 A，此时水银将由 R 缓缓流向 A，直至 R 处水银面所示温度与被测介质温度相当时，迅速将温度计直立起来，右手紧握其中部，左手轻击右小臂，使水银柱在 C 处断开，然后将温度计的水银球部分插入被测介质中，观察其读数是否符合要求，如水银柱太高或太低，则需继续调节。

调节水银量也可采用恒温浴调节法：先将贝克曼温度计水银球垂直放入温度较高的水浴中，使水银柱上升至 C 点并在出口处形成滴状，取出温度计，迅速将其倒置，使水银柱在 C 点处相接，随即把温度计垂直插入另一恒温浴中（比待测介质的最高温度高 3～4℃）恒温 5min 左右，取出温度计按图 1-2(c) 所述操作，使水银柱在 C 处断开，试验量程是否合格……

必须注意的是，由于贝克曼温度计较贵重，尺寸较大，且 A 处玻璃很薄，易于损坏，使用时应十分小心。①贝克曼温度计不能随便放在实验桌上，而只能置于仪器上或温度计的盒子中或拿在手中。②使水银柱在 C 处断开，只能按图 1-2(c) 所述操作，还要注意操作不得在实验桌面上进行，以防温度计与桌面碰击损坏，应该在桌旁进行。③避免骤冷骤热。

1.1.2.3 电阻温度计

电阻温度计是利用物质的电阻随温度而变化的特性制成的测温仪器，任何物体的电阻都与温度有关，因此，都可以用来测量温度。但是，能满足实际要求的并不多。在实际应用中，不仅要求有较高的灵敏度，而且要求有较高的稳定性和复现性。目前，按感温元件的材料来分，有金属导体和半导体两大类。

金属导体有铂、铜、镍、铁和铑铁合金。目前大量使用的材料为铂、铜和镍。铂制成的为铂电阻温度计、铜制成的为铜电阻温度计，都属于定型产品。

半导体有锗、碳和热敏电阻（氧化物）等。

（1）铂电阻温度计　在常温下铂是对各种物质作用最稳定的金属之一，在氧化性介质中，即使在高温下，铂的物理和化学性能也都非常稳定。此外，现代铂丝提纯工艺的发展，保证它有非常好的复现性能，因而铂电阻温度计是国际实用温标中一种重要的内插仪器。铂电阻与专用精密电桥或电位计组成的铂电阻温度计有极高的精确度。铂电阻温度计感温元件是由纯铂丝用双绕法绕在耐热的绝缘材料如云母、玻璃或石英、陶瓷等骨架上制成的。如图 1-3 所示，在铂丝圈的每一端上都焊着两根铂丝，一对为电流引线，一对为电压引线。

标准铂电阻温度计感温元件在制成前后，均须经过充分仔细清洗，再装入适当大小的玻璃或石英等套管中，进行充氩、封接和退火等一系列严格处理，才能保证具有很高的稳定性和准确度。

（2）热敏电阻温度计　热敏电阻是由金属氧化物半导体材料制成的。热敏电阻可制成各种形状，如珠形、杆形、圆片形等，感温元件通常选用珠形和圆片形。

热敏电阻的主要特点是：

① 有很大负电阻温度系数，因此其测量灵敏度比较高；

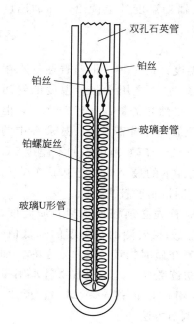

图 1-3　标准铂电阻温度计结构

双孔石英管
铂丝
铂丝
玻璃套管
铂螺旋丝
玻璃U形管

② 体积小，一般只有 $\phi(0.2\sim0.5)$ mm，故热容量小，因此时间常数也小，可用作点温、表面温度以及快速变化温度的测量；

③ 具有很大电阻值，其 R_0 值一般为 $10^2\sim10^5\Omega$，因此可以忽略引接导线电阻，特别适用于远距离的温度测量；

④ 制造工艺比较简单，价格便宜。

热敏电阻的缺点是测量温度范围较窄，特别是在制造时对电阻与温度关系的一致性很难控制，差异大，稳定性较差。作为测量仪表的感温元件就很难更换，给使用和维修都带来很大困难。

热敏电阻与金属导体的热电阻不同，属于半导体，具有负电阻温度系数，其电阻值随温度升高而减小。热敏电阻的电阻与温度的关系不是线性的，可以用下面经验公式来表示：

$$R_T = A e^{\frac{B}{T}} \tag{1-2}$$

式中，R_T 为热敏电阻在温度 T 时的电阻值，Ω；T 为温度，K；A、B 为常数，取决于热敏电阻的材料和结构，A 具有电阻量纲，B 具有温度量纲。

珠形热敏电阻器的基本构造如图 1-4 所示。

图 1-4　珠形热敏电阻

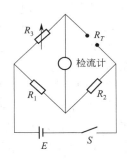

图 1-5　热敏电阻测温示意图

在实验中可将热敏电阻作为电桥的一个臂，其余三个臂是纯电阻，如图 1-5 所示。图中 R_1、R_2 为固定电阻，R_3 为可调电阻，R_T 为热敏电阻，E 为工作电源。在某温度下将电桥调平衡，则没有电信号传输给检流计。当温度改变后，电桥失去平衡，将有电信号输给检流计，只要标定出检流计光点相应于每 1℃ 所移动的分度数，就可以求得所测温差。

实验时要特别注意防止热敏电阻感温元件的两条引线间漏电，否则将影响所测得的结果和检流计的稳定性。

1.1.2.4　热电偶

（1）概述　在化学实验中，热电偶是测量温度的常用仪器，它不仅结构简单，制作方便，测温范围广（$-272\sim2800$℃），而且热容量小，响应快，灵敏度高，它又能直接地把温度量转换成电学量，适宜于温度的自动调节和自动控制。按照热电偶的材料来分，有廉金属、贵金属、难熔金属和非金属四大类。

廉金属中有铁-康铜、铜-康铜、镍铬-镍铝（镍硅）等；

贵金属中有铂铑 10-铂、铂铑 30-铂铑 6 及铱铑系、铂铱系等；

难熔金属中有钨铼系、铌钛系等；

非金属中有二碳化钨-二碳化钼、石墨-碳化物等。

（2）热电偶的测温原理　两种不同成分的导体 A 和 B 连接在一起形成一个闭合回路，

如图 1-6 所示。当两个接点温度不同时，例如 $t > t_0$，回路中就产生电动势 E_{AB}（t,t_0），这种现象称为热电效应，而这个电动势称为热电势。热电偶就是利用这个原理来测量温度的。

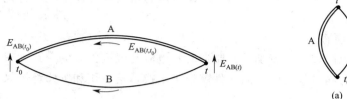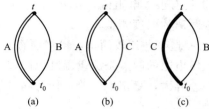

图 1-6　热电偶回路热电势分布　　　　　　　　图 1-7　热电偶组成定则

导体 A 和 B 称为热电极，温度 t 端为感温部分，称为测量端（或热端），温度 t_0 端为连接显示仪表部分，称为参比端（或冷端）。

热电偶的热电势 E_{AB}（t,t_0）是由两种导体的接触电势和单一导体的温差电势所组成的。有时又把接触电势称为珀尔帖电势，温差电势称为汤姆逊电势。

① 两种导体的接触电势　各种导体中都存在有大量的自由电子。不同成分的材料其自由电子的密度（即单位体积内自由电子数目）不同，因而当两种不同成分的材料接触在一起时，在接点处就会产生自由电子的扩散现象。自由电子从密度大的方向向密度小的方向扩散，这时电子密度大的电极因失去电子而带有正电，相反，电子密度小的电极由于接收到了扩散来的多余电子而带负电。这种扩散一直到动态平衡为止，从而得到了一个稳定的接触电势。它的大小除和两种材料有关外，还与接点温度有关。

② 单一导体的温差电势　温差电势是因电极两端温度不同，存在温度梯度而产生的电势。设热电极 A 两端温度分别为 t 和 t_0，t 为温度高的一端，t_0 为温度低的一端，由于两端温度不同，电子的能量在两端不同。温度高的一端比温度低的一端电子能量大，因而能量大的高温端电子，就要跑到能量小的低温端，使高温端失掉了一些电子带正电，低温端得到了一些电子带负电，于是电极两端产生了电位差，这就是温差电势。它也是一个动态平衡，电势的大小只与热电极和两接点温度有关。

（3）热电偶基本定律

① 中间导体定律　如图 1-7 所示，将 A、B 构成热电偶的 t_0 端断开，接入第三种导体 C，此时回路中总电势 E_{ABC}（t,t_0）如何变化？首先假定三个接点温度同为 t_0，则不难证明：

$$E_{ABC(t_0)} = E_{AB(t_0)} + E_{BC(t_0)} + E_{CA(t_0)} = 0 \qquad (1-3a)$$

现设 AB 接点温度为 t，其余接点温度为 t_0，并且 $t > t_0$，则回路中总电势等于各接点电势之和。即

$$E_{ABC(t,t_0)} = E_{AB(t)} + E_{BC(t_0)} + E_{CA(t_0)} \qquad (1-3b)$$

由式（1-3a）得

$$E_{AB(t_0)} = -[E_{BC(t_0)} + E_{CA(t_0)}]$$

因此　　　　　$$E_{ABC(t,t_0)} = E_{AB(t)} - E_{AB(t_0)} = E_{AB(t,t_0)} \qquad (1-4)$$

从上面推导可知，由 A、B 组成热电偶，当引进第三导体时，只要第三导体 C 两端温度相同，接入导体 C 后，对回路总电势无影响，这就是中间导体定律。根据这个原理可以把第三导体 C 换成毫伏表或电位差计，并保证两个接点温度一致就可以对热电势进行测量。

② 标准电极定律　如果两种导体 A 和 B 分别与第三种导体 C 组成热电偶，所产生的热

电势都已知，那么电极 A 和 B 组成的热电偶回路的热电势也可以知道。如图 1-7 所示，三对热电偶回路的热电势分别可由下式表示：

$$E_{AB(t,t_0)} = E_{AB(t)} - E_{AB(t_0)} \tag{1-5}$$

$$E_{AC(t,t_0)} = E_{AC(t)} - E_{AC(t_0)} \tag{1-6}$$

$$E_{BC(t,t_0)} = E_{BC(t)} - E_{BC(t_0)} \tag{1-7}$$

整理三式得（证明略）：

$$E_{AB(t,t_0)} = E_{AC(t,t_0)} - E_{BC(t,t_0)} \tag{1-8}$$

$E_{AB(t,t_0)}$ 就是由热电极 A 和 B 组成的热电偶回路的热电势。

在这里采用的电极 C 称为标准电极，在实际应用中，一般标准电极材料为纯铂。电极 A、B 为参比电极。由于采用了参比电极，大大方便了热电偶的选配工作。只要知道一些材料与标准电极相配的热电势，就可以用上述定律求出任何材料配成热电偶的热电势。

（4）常用热电偶

① 对热电偶材料的基本要求　根据热电偶的原理，似乎任意两种不同材料成分的导体都可以组成热电偶。因为当它们连接起来，两个接点的温度不同时，就有热电势产生。但实际情况并不是这样，要成为能在实验室或生产过程中测量温度用的热电偶，对其热电极材料是有一定要求的。

a. 物理、化学性能稳定　在物理性能方面，应在高温下不产生再结晶或蒸发现象，因为再结晶会使热电势发生变化；蒸发会使热电极之间互相污染引起热电势的变化。

在化学性能方面，应在测温范围内不易氧化或还原，不受化学腐蚀，否则会使热电极变质引起热电势变化。

b. 热电性能好　热电势与温度的关系要成简单的函数关系，最好呈线性关系；微分热电势要大，可以有高的测量灵敏度；在测量范围内长期使用后，热电势不产生变化。

c. 电阻温度系数要小，导电率要高。

d. 有良好的机械加工性能，有好的复制性，价格要便宜。

上述要求是理想的，并非每种热电偶都要全部符合。而是在选用时，根据测温的具体条件，加以考虑。

② 常用热电偶　目前国内外热电偶材料的品种非常多。我国根据科学实验和生产需要，暂时选择六种热电偶材料为定型产品。它们有统一的热电势与温度的关系分度表，可以与现成的仪表配套。对于非定型产品，只有在定型产品满足不了时才选用。

常用热电偶的分度号、测量温度范围和允许误差见表 1-2。

表 1-2　常用热电偶的分度号、测量温度范围和允许误差

名　称	分　度　号	测量温度范围/℃	允许误差/℃	
			温度范围	误　差
铜-康铜	CK	−200～300	−200～−40	±1.5%t
			−40～80	±0.6
			80～300	±7.5%t
镍铬-考铜	EA-2	0～800	≤400	±4
镍铬-铜	NK	0～800	>400	±1%t
铁-康铜	FK	0～800	≤400	±3
			>400	±0.75%t

名 称	分 度 号	测量温度范围 /℃	允 许 误 差/℃	
			温度范围	误 差
镍铬-镍硅	EU-2	0～1300	≤400	±3
镍铬-镍铝		0～1100	>400	±0.75%t
铂铑 10-铂	LB-3	0～1600	≤600 >600	±3 ±0.5%t
铂铑 30-铂铑 6	LL-2	0～1800	≤600 >600	±3 ±0.5%t
钨铼 5-钨铼 20	WR	0～2800	≤1000 1000～2000	±10 ±1%t

注：表中 t 为被测温度的绝对值。

热电偶的分度号是热电偶分度表的代号，在热电偶和显示仪表配套时必须注意其分度号是否一致，若不一致就不能配套使用。

下面对热电偶的主要性能、特点和用途作一简要介绍，它们的特点是在互相比较的基础上叙述的。

a. 铜-康铜热电偶 铜-康铜热电偶适用于负温的测量，使用上限为 300℃。能在真空、氧化、还原或惰性气体中使用。其性能稳定，在潮湿气氛中能耐腐蚀，尤其是在−200～0℃下，使用稳定性很好。在−200～300℃区域内测量灵敏度高，且价格最便宜。

铜-康铜热电偶测量 0℃以上温度时，铜电极是正极，康铜（成分 60%铜、40%镍）是负极。测量低温时，由于工作端温度低于自由端，所以电极的极性会发生变化。

b. 铁-康铜热电偶 铁-康铜热电偶适用于真空、氧化、还原或者惰性气氛中，测量范围为 0～800℃。但其常用温度是 500℃以下，因为超过该温度，铁电极的氧化速率加快。

c. 镍铬-考铜热电偶 镍铬-考铜（或康铜）热电偶测量范围为 0～800℃，适用于氧化或惰性气氛中的温度测量，不适用于还原性气氛。它与其他热电偶比较，耐热和抗氧化性能比铜-康铜、铁-康铜好。它微分热电势大，也就是说灵敏度高，可以用来做成热电偶堆或测量变化范围较小的温度。但是考铜热电极不易加工，难以控制，因而将要被康铜电极所代替。

d. 镍铬-镍硅（镍铬-镍铝）热电偶 镍铬-镍硅热电偶性能好，是目前使用最多的一个品种，由镍铬-镍铝热电偶演变而来，它们共同使用一个统一的分度表。

镍铬-镍铝和镍铬-镍硅的共同特点是：热电势与温度的关系近似呈线性，使显示仪表刻度均匀，微分热电势较大，仅次于铜-康铜和镍铬-考铜，因此灵敏度还是比较高的，稳定性和均匀性都很好，它们的抗氧性能比其他廉金属热电偶好，广泛应用于 500～1100℃范围的氧化性与惰性气氛中，但不适用于还原性及含硫气氛中，除非加以适当保护。在真空气氛中，正极镍铬中铬优先蒸发，将改变它们的分度特性。

另外，镍铬-镍铝热电偶经一段时期使用后，出现热电势不稳定现象，特别在温度高于 700℃中使用时将出现示值偏高。这可能是由于气体腐蚀和污染引起电极的化学成分改变，晶粒长大，内部发生相变，使镍铬电极的热电势越来越趋向于正值，镍铝电极的热电势越来越趋向负值，这样两个热电极叠加，使示值偏高。

经过研究，在镍基中加入 2.5%硅和少量钴、锰等元素制成镍硅电极，无论是抗氧化性能，还是均匀性和热电势的稳定性方面都优于镍铬电极，同时它对标准铂极的热电势不变。

e. 铂铑 10-铂热电偶 铂铑 10-铂热电偶属贵金属热电偶，可长时间在 0～1300℃间工作，它除了耐高温外，还是所有热电偶中精度最高的，它的物理、化学性能好，因此热电势稳定性好，可用作传递国际温标的标准仪器。它适用于氧化性和惰性气氛中，但是它热电势较小，微分热电势也很小，灵敏度低，因而要选择较精密的显示仪表与它配套，才能保证得到准确的测量结果。

铂铑 10-铂热电偶不能在还原性气氛中或含有金属或非金属蒸气的气氛中使用，除非用非金属套管保护，更不允许直接插入金属的保护套管中。铂铑 10-铂热电偶中，负极铂丝的纯度要求很高。在长期高温下使用，极易沾污，铑会从正极的铂铑合金中扩散到铂负极中去，导致热电势下降，从而引起分度特性改变。在这种情况下铂铑 30-铂铑 6 热电偶将更好，更稳定。

f. 铂铑 30-铂铑 6 热电偶　凡是铂铑 30-铂热电偶所具备的优点，铂铑 30-铂铑 6 热电偶基本上都具备，其测量温度范围较高（0～1800℃）。它不存在负极铂丝所存在的缺点，因为它的负极是由铂铑合金制成的，因此长期使用后，热电势下降的情况不严重。

（5）热电偶的结构和制备

① 对热电偶的结构要求　为了保证热电偶的正常工作，对热电偶的结构提出如下要求。a. 热电偶的热接点要焊接牢固；b. 两电极间除了热接点外，必须有良好的绝缘，防止短路；c. 导线与热电偶的参比端的连接要可靠、方便；d. 热电偶在有害介质中测量温度时，保护管应保证把被测介质与热电极隔绝开来。

② 热电偶的制备　在设计制备热电偶时，热电极的材料、直径的选择，应根据测量范围、测定对象的特点以及电极材料的价格、机械强度、热电偶的电阻值而定。贵金属材料一般选用直径 0.5mm，普通金属电极由于价格较便宜，直径可以粗一些，一般为 1.5～3mm。

热电偶的长度应由它安装条件及需要插入被测介质的深度决定，可以从几百毫米到几米不等。

热电偶接点常见结构形式如图 1-8 所示。

热电偶热接点可以是对焊，也可以预先把两端线绕在一起再焊。应注意绞焊圈不宜超过 2～3 圈，否则工作端将不是焊点，而向上移动，测量时有可能带来误差。

普通热电偶的热接点可用电弧、乙炔焰、氢氧吹管的火焰焊接。当没有这些设备时，也可以用简单的点熔装置来代替。用一只调压变压器把市用 220V 电压调至所需电压，以内装石墨粉的铜杯为一极，热电偶作为另

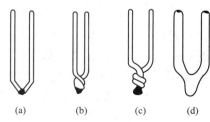

图 1-8　热电偶接点常见结构

一极，在已经绞合的热电偶接点处，沾上一点硼砂，熔成硼砂小珠，插入石墨粉中（不要接触铜杯），通电后，使接点处发生熔融，成光滑的圆珠即成。

热电偶在装入保护管之前，为了防止热电极短路，一般要用绝缘瓷管套好。

③ 热电偶的结构形式　热电偶的结构形式可分为普通热电偶、铠装热电偶、薄膜热电偶。

a. 普通热电偶　普通热电偶主要用于测量气体、蒸气、液体等介质的温度。由于应用广泛，使用条件大部分相同，所以生产了若干通用标准形式，供选择使用。其中有棒型、角型、锥型等，并且分别做成无专门固定装置、有螺纹固定装置及法兰固定装置等多种形式。

b. 铠装热电偶　铠装热电偶是由热电极、绝缘材料和金属保护套管三者组合成一体的特殊结构的热电偶，铠装热电偶与普通结构的热电偶比较起来，具有许多特点。

首先铠装热电偶的外径可以加工得很小，长度可以很长（最小直径可达 0.25mm，长度

几百米）。它的热响应时间很小，最小可达毫秒数量级，这对采用电子计算机进行检测控制具有重要意义。它节省材料，有很大的可挠性。其次寿命长，具有良好的机械性能，耐高压，有良好的绝缘性。

c. 薄膜热电偶　薄膜热电偶是由两种金属薄膜连接在一起的一种特殊结构的热电偶。测量端既小又薄，厚度可达 $0.01\sim0.1\mu m$。因此热容量很小，可应用于微小面积上的温度测量。反应速度快，时间常数可达微秒级。薄膜热电偶分为片状、针状或热电极材料直接镀在被测物表上三大类。

薄膜热电偶是近年发展起来的一种新的结构形式。随着工艺、材料的不断改进，是一种很有前途的热电偶。

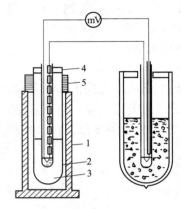

图 1-9　热电偶校正装置
1—电炉；2—样品管；3—样品；
4—软木塞；5—石棉布套

④ 热电偶的使用注意事项

a. 热电偶使用前，注意挑选合适的热电偶，即温度范围合适，环境气氛适应，同时参比端的温度恒定。测温前要测试确定热电偶的正、负极。

b. 热电偶使用前，要求对热电偶的热电势误差进行检验，绘制温度与热电势的标准曲线（又称工作曲线）。

c. 测量较低热电势时，如灵敏度不够，可以把数个热电偶串联使用，增大温差电势，增加测量精度。几个热电偶串联成热电堆的温差电势等于各个热电偶电势之和。

（6）热电偶的温度-热电势标准曲线的绘制　用一系列温度恒定的标准体系，如 CO_2 的升华点，水的冰点与沸点，硫的沸点，以及铋、镉、铅、锌、银、金的熔点。把被检验的热电偶测量端插入标准体系，参比端插入冰水平衡体系，测定其热电势。具体装置如图 1-9 所示。操作时，先把含有标准体系的试管轻插入电炉，用 100V 电压进行加热，直至试管中的样品熔融，停止加热。用热电偶套管轻轻搅拌样品，保持冷却速度 $3\sim4K\cdot min^{-1}$，每分钟读一次数据，即可得到一条热电势-时间曲线。从此曲线的转折平线可得到相应的热电势和温度数值。选择几个不同的样品重复测定，即可得到热电偶的工作曲线。

表 1-3 为镍铬-考铜热电偶的热电势-温度的关系。

1.1.3　温度的控制

物质的物理性质和化学性质，如折射率、黏度、蒸气压、密度、表面张力、化学平衡常数、反应速率常数、电导率等都与温度有密切的关系。许多物理化学实验不仅要测量温度，而且需要精确地控制温度。实验室中所用的恒温装置一般分成高温恒温（>250℃）、常温恒温（室温～250℃）及低温恒温（室温～-218℃）三大类。

控温采用的方法是把待控温体系置于热容比它大得多的恒温介质浴中。

1.1.3.1　常温控制

在常温区间，通常用恒温槽作为控温装置，恒温槽是实验工作中常用的一种以液体为介质的恒温装置，用液体作介质的优点是热容量大，导热性好，使温度控制的稳定性和灵敏度大为提高。

根据温度的控制范围可用下列液体介质：

表 1-3　镍铬-考铜（分度号 EA-2）热电偶热电势（mV）与温度换算表（冷端温度为 0℃）

工作端温度/℃	0	1	2	3	4	5	6	7	8	9
−50	−3.11									
−40	−2.50	−2.60	−2.62	−2.68	−2.74	−2.81	−2.87	−2.93	−2.99	−3.06
−30	−1.89	−1.95	−2.01	−2.07	−2.13	−2.20	−2.26	−2.32	−2.38	−2.44
−20	−1.27	−1.33	−1.39	−1.46	−1.52	−1.58	−1.64	−1.70	−1.77	−1.83
−10	−0.64	−0.70	−0.77	−0.83	−0.89	−0.96	−1.02	−1.08	−1.14	−1.21
−0	0.00	−0.06	−0.13	−0.19	−0.26	−0.32	−0.38	−0.45	−0.51	−0.53
0	0.00	0.07	0.13	0.20	0.26	0.33	0.39	0.46	0.50	0.59
10	0.65	0.72	0.73	0.85	0.91	0.98	1.05	1.11	1.18	1.24
20	1.31	1.38	1.44	1.51	1.57	1.64	1.70	1.77	1.84	1.91
30	1.98	2.05	2.12	2.18	2.25	2.32	2.38	2.45	2.52	2.59
40	2.66	2.73	2.80	2.87	2.94	3.00	3.07	3.77	3.84	3.91
50	3.35	3.42	3.49	3.56	3.63	3.70	3.77	3.84	3.91	3.98
60	4.05	4.12	4.19	4.26	4.33	4.41	4.48	4.55	4.62	4.89
70	4.76	4.83	4.90	4.98	5.05	5.12	5.20	5.27	5.34	5.41
80	5.48	5.66	5.63	5.70	5.78	5.85	5.92	5.99	6.07	6.14
90	6.21	6.29	6.36	6.43	6.51	6.58	6.65	6.73	6.80	6.87
100	6.95	7.03	7.10	7.17	7.25	7.32	7.40	7.47	7.54	7.62
110	7.69	7.77	7.84	7.91	7.99	8.06	8.13	8.21	8.28	8.35
120	8.43	8.50	8.53	8.65	8.73	8.80	8.88	8.95	9.03	9.10
130	9.18	9.25	9.33	9.40	9.48	9.55	9.63	9.70	9.78	9.80
140	9.93	10.00	10.08	10.16	10.23	10.31	10.38	10.48	10.54	10.61
150	10.69	10.77	10.85	10.92	11.00	11.08	11.15	11.23	11.31	11.38
160	11.46	11.54	11.62	11.69	11.77	11.85	11.93	12.00	12.08	12.16
170	12.24	12.32	12.40	12.48	12.55	12.63	12.71	12.79	12.87	12.95
180	13.03	13.11	13.19	13.27	13.36	13.44	13.52	13.60	13.68	13.76
190	13.84	13.92	14.00	14.08	14.16	14.25	14.34	14.43	14.50	14.58
200	14.66	14.73	14.82	14.90	14.98	15.06	15.14	15.22	15.30	15.38
210	15.48	15.56	15.64	15.72	15.80	15.89	15.97	16.05	16.13	16.21
220	16.30	16.38	16.46	16.54	16.62	16.71	16.79	16.86	16.95	17.03
230	17.12	17.20	17.28	17.37	17.45	17.53	17.62	17.70	17.78	17.87
240	17.95	18.04	18.11	18.19	18.28	18.36	18.44	18.52	18.60	18.68
250	18.76	18.84	19.00	19.01	19.09	19.17	19.26	19.34	19.42	19.51
260	19.59	19.67	19.75	19.84	19.92	20.00	20.09	20.17	20.25	20.34
270	20.42	20.50	20.58	20.68	20.74	20.83	20.91	20.99	21.07	21.15
280	21.24	21.32	21.40	21.49	21.57	21.65	21.73	21.82	21.90	21.98
290	22.07	22.07	22.15	22.23	22.32	22.40	22.48	22.57	22.73	22.81
300	22.90	22.98	23.07	23.15	23.23	23.32	23.40	23.49	23.57	23.66
310	23.74	23.83	23.91	24.00	24.08	24.17	24.24	24.32	24.42	24.51
320	24.59	24.68	24.76	24.85	24.93	25.02	25.10	25.19	25.27	25.36
330	25.44	25.53	25.61	25.70	25.78	25.85	25.95	26.03	26.12	26.21
340	26.30	26.38	26.47	26.55	26.64	26.73	26.81	26.90	26.98	27.07
350	27.15	27.4	27.32	27.41	27.49	27.58	27.66	27.75	27.89	27.92
360	28.01	28.10	28.19	28.27	28.36	28.45	28.54	28.62	28.71	28.80

－60～30℃用乙醇或乙醇水溶液；

0～90℃用水；

80～160℃用甘油或甘油水溶液；

70～300℃用液体石蜡、汽缸润滑油、硅油。

图 1-10　恒温槽的主要工作原理

恒温槽是实验室常用的恒温装置，大多数恒温槽是利用电子调节系统对加热器（或制冷器）工作状态进行自动调整，使恒温介质被限制于指定的温度值附近的一个微小区间内波动，即恒温。

恒温槽的主要工作原理用块形图示意（图 1-10）。恒温介质的温度信号通过变换器变换成电信号，电子调节器将电信号进行比较、放大……，发出电指令，使执行机构进行或停止加热（制冷）。

下面介绍实验中常用的几种恒温装置的主要构件及调节使用方法。

（1）恒温玻璃水浴　实验室使用的恒温槽大部分是恒温玻璃水浴。以水为恒温介质，由槽体、加热器、电动搅拌器、水银定温计、继电器、温度计等部件组成。

① 槽体是敞口的大玻璃缸。

② 加热器由电热丝经绝缘后置于铜管内构成，悬于大玻璃缸的水浴中，加热功率由调压变压器控制，220V 时加热功率为 1000W，60V 时加热功率约为 60～70W。

③ 电动搅拌器带有变速装置，200～400r·min^{-1}。分为十挡，一般使用 4～6 挡，以不超过 1000r·min^{-1}为宜。

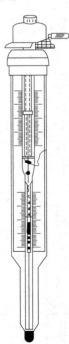

图 1-11　水银
定温计

④ 水银定温计（俗称导电表）是常用的变换器之一，它是恒温装置的感觉中枢，水银定温计的结构见图 1-11。它与一般水银温度计的不同之处在于毛细管中悬有一根可上下移动的金属丝，另一根金属丝封入下部水银球内。旋转上部调节帽（磁钢），调节螺杆则随着旋转带动金属丝上下移动至指定值 t_c（螺杆上有一个螺帽称为"指示铁"，可由"指示铁"上沿粗略读出 t_c 值）。当介质温度低于 t_c 时，二金属丝处于断路，而当介质温度上升至 t_c 时，水银柱上升接通二金属丝的电路……，如此即将介质"低于"或"达到"指定温度的信号转变成"继"或"通"的电信号输送到电子调节器。

⑤ 继电器　实验室多采用电子管继电器作为电子调节器，其主要工作原理是从水银定温计发来的信号经控制电路放大后推动继电器去开关电加热器，当介质温度低于 t_c，水银定温计二金属丝断开时，电子管板流很大，通过磁场的作用将一衔铁吸下使触点闭合，加热器电路接通，介质被加热；当介质温度上升至 t_c 后，二金属接通，电子管栅极出现负偏压，板极电流剧减，磁场减弱，衔铁由于弹簧作用弹开，触点断开，加热器停止加热。

⑥ 温度计　水银定温计的温度示值只能作为调节温度的参考，恒温槽的温度必须以放置于恒温区的另一较精密的温度计（或其他测温仪器）读数为准。上述恒温装置温度波动一般可控制在±1℃之内，因此可用分度值为 0.1℃的水银温度计；对于控温范围在±2℃的实验也使用分度值为 1℃的温度计。

恒温槽具体操作步骤如下。

a. 放松水银定温计（导电表）上部调节帽的固定螺丝，旋转调节帽，使"指示铁"上沿所指温度比指定恒温温度低 1～2℃；接上继电器、搅拌器、加热器（调压变压器）电源，打开继电器开关，调压变压器调至220V，搅拌器调至4~6挡，此时，导电表中水银柱应与金属丝断开，继电器红色指示灯亮，加热器工作。

b. 当加热指示灯（红灯）熄灭，停止加热指示灯（绿灯）亮后，观察温度计最高示值，按其与规定温度的差值大小逐步调定定温计（顺时针旋转调节帽，"指示铁"升高），当温度很接近规定值时，可将调压变压器调至约60V，减小加热功率，并小心调节定温计直至温度计达规定值，此时如略微顺、逆时针方向旋转调节帽，指示灯应出现红绿交替。拧紧固定螺丝，观察红绿灯交替前后温度的最高和最低示值是否符合恒温要求范围，如偏高或偏低需进一步调整，直至符合要求。

（2）超级恒温槽　超级恒温槽的控温原理及调节方法基本同上。不同的是槽体不用玻璃缸而用金属制成并加有盖板（浴槽另附有一只试验筒）。其特点是具有循环泵，可作供给恒温液之用。如需要低于室温的恒温条件，则可用外加泵将冰水引入导冷管。

超级恒温槽主要是与阿贝折射仪等需要恒温的仪器配套使用，利用循环泵使恒温水在该仪器的夹套中循环，恒温温度则应以该仪器上的温度计示值为准。

（3）空气恒温箱　在恒温温度要求不高的情况下可在一个密闭的箱中用空气作介质，装上控温元件和加热器，用小电扇作搅拌器构成空气恒温浴（常用的烘箱即属此类）。本实验室中采用WMZK-01型温度指示控制仪，用电灯泡作为加热器装于一小木箱底部（未装风扇，利用空气自然对流代替搅拌），组成简易的空气恒温箱，在某些实验中使用。

温度指示控制仪（图1-12）包括控温和测温两个系统。控温系统不用水银定温计而用半导体感温探头，感温探头插入恒温介质（空气浴）中，当感温元件热敏电阻感受的实际温度低于指定温度时，由交流电桥输出一定信号，通过继电器接通加（电）热器线路对介质加热，反之停止加热。控温仪接线图如图1-13所示。

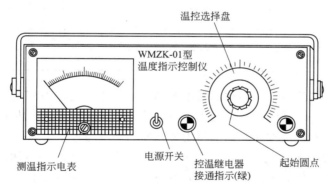

图 1-12　控温仪面板

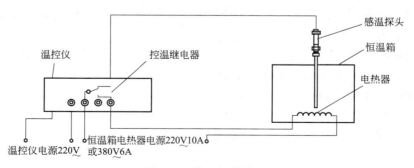

图 1-13　控温仪接线图

使用时开启电源开关，将转换开关拨向"满"处，旋转满程调节旋钮使测温指示电表指针至满刻度，然后将转换开关拨至"测"处。将控温选择盘指示红线从起始点转至略低于所需温度。白灯亮表示加热，当继电器跳动、白灯熄灭红灯亮时表示停止加热，从测温仪表上读出介质温度，（由于该仪表测温指示往往不是很准确，一般可在介质中另插入一温度计，以代替上述测温系统），根据实际温度与指定温度的差值可旋转控温选择盘进一步调节。

注：① 恒温槽一般在1～90℃多采用水浴，较低温度可用乙醇或乙醇水溶液，较高温度可用甘油、液体石蜡、硅油等。

② 有些继电器指示灯颜色恰与此相反；绿色指示灯亮表示加热，红色指示灯亮表示停止加热，使用时请注意观察。

上述温度指示控制仪也可用于恒温水浴，但由于半导体热敏电阻的稳定性不太好，介质温度的波动范围往往可达±(0.3～0.5)℃。

使用该仪器时须注意感温探头的保护。感温探头中热敏电阻是采用玻璃封结，使用时应防止与较硬的物件相撞，用毕后感温探头头部用保护帽套上，感温探头浸没深度不得超过200mm。使用时若继电器跳动频繁或跳动不灵敏，可将电源相位反接。

该仪器主要技术指标如表1-4所示。

表1-4　主要技术指标

控温范围	−50～50℃	10～50℃	10～100℃	50～200℃	20～300℃
控制动作灵敏度	1℃	0.6℃	1℃	1℃	2℃
测温误差	±3℃	±1℃	±2℃	±5℃	±10℃
温控选择盘误差	±3℃	±2℃	±2℃	±5℃	±10℃
工作环境温湿度	0～40℃相对湿度不超过80%				
控温继电器输出	220V～10A 或 380V～6A(阻性)				
仪器电源	220V±10% 50Hz±2%				
仪器消耗功率	<6W				

（4）恒温槽的性能测试　恒温槽的温度控制装置属于"通""断"类型，当加热器接通后，恒温介质温度上升，热量的传递使水银温度计中水银柱上升。但热量传递需要时间，因此常出现温度传递的滞后。往往是加热器附近介质的温度超过指定温度，所以恒温槽的温度高于指定温度。同理降温时也会出现滞后现象。由此可知恒温槽控制的温度有一个波动范围，并不是控制在某一固定不变的温度。并且恒温槽内各处的温度也会因搅拌效果优劣而不同。控制温度的波动范围越小，各处的温度越均匀，恒温槽的灵敏度越高。灵敏度是衡量恒温槽性能优劣的主要标志。它除与感温元件、电子继电器有关外，还与搅拌器的效率、加热器的功率等因素有关。

恒温槽灵敏度的测定是在指定温度下（如30℃）用较灵敏的温度计记录温度随时间的变化，每隔1min记录一次温度计读数，测定30min。然后以温度为纵坐标、时间为横坐标绘制成温度-时间曲线。如图1-14所示。图1-14(a)表示恒温槽灵敏度较高；图1-14(b)表示灵敏度较差；图1-14(c)表示加热器功率太大；图1-14(d)表示加热器功率太小或散热太快。

恒温槽灵敏度 t_E 与最高温度 t_1、最低温度 t_2 的关系式为：

$$t_E = \pm \frac{t_1 - t_2}{2} \tag{1-9}$$

t_E 值愈小，恒温槽的性能愈佳，恒温槽精度随槽中区域不同而不同。同一区域的精度又随所用恒温介质，加热器、感温探头和继电器（或控温仪）的性能不同而异，还与搅拌情况以及所有这些元件间的相对配置情况有关，它们对精度的影响简述如下。

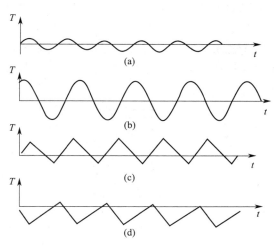

图 1-14　灵敏度曲线

① 恒温介质　介质流动性好，热容大，则精度高。

② 感温探头　感温探头的热容小，与恒温介质的接触面积大，水银与铂丝和毛细管壁间的黏附作用小，则精度高。

③ 加热器　在功率足以补充恒温槽单位时间内向环境散失能量的前提下，加热器功率愈小，精度愈高。另外，加热器本身的热容愈小，加热器管壁的导热效率愈高，则精度愈高。

④ 继电器　电磁吸引电键，后者发生机械运动所需时间愈短，断电时线圈中的铁芯剩磁愈小，精度愈高。

⑤ 搅拌器　搅拌速度需足够大，使恒温介质各部分温度能尽量一致。

⑥ 部件的位置　加热器要放在搅拌器附近，以使加热器发出的热量能迅速传到恒温介质的各个部分。感温探头要放在加热器附近，并且让恒温介质的旋转能使加热器附近的恒温介质不断地冲向感温探头的水银球。被研究的体系一般要放在槽中精度最高的区域。测定温度的温度计应放置在被研究体系的附近。

1.1.3.2　高温控制

一般是指 250℃ 以上的温度，通常使用电阻炉加热。加热元件为镍铬丝，用可控硅控温仪来调节温度。

1.1.3.3　低温控制

实验时如需要低于室温的恒温条件，则需用低温控制装置。对于比室温稍低的恒温控制，可以用常温控制装置，在恒温槽内放入蛇形管，其中用一定流量的冰水循环。如需要低的温度，则需选用适当的冷冻剂。实验室中常利用冰盐混合物的低共熔点使温度恒定。表 1-5 列出几种盐类和冰的低共熔点。

表 1-5　盐类和冰的低共熔点

盐	盐的混合比（质量分数）/%	最低到达温度/℃	盐	盐的混合比（质量分数）/%	最低到达温度/℃
KCl	19.5	−10.7	NaCl	22.4	−21.2
KBr	31.2	−11.5	KI	52.2	−23.0
NaNO$_3$	44.8	−15.4	NaBr	40.3	−28.0
NH$_4$Cl	19.5	−16.0	NaI	39.0	−31.5
(NH$_4$)$_2$SO$_4$	39.8	−18.3	CaCl$_2$	30.2	−49.8

实验室中通常是把冷冻剂装入蓄冷桶［如图 1-15(a)］，再配用超级恒温槽。由超级恒温槽的循环泵送来工作液体，在夹层中被冷却后，再返回恒温槽进行温度调节。如果实验不是

在恒温槽中进行，则可按图 1-15（b）所示的流程连接。旁路活门 D 可调节通向蓄冷桶的流量。若实验中要求更低的恒温温度，则可以把试样浸在液态制冷剂中（液氮、液氢等），把它装入密闭容器中，用泵进行排气，降低它的蒸气压，则液体的沸点也就降低下来，因此要控制这种状态下的液体温度，只要控制液体和它呈热平衡的蒸气压。这里不再赘述。

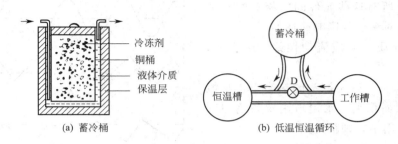

图 1-15　低温恒温

1.1.4　热效应的测量方法简介

热效应的数据主要是通过量热实验获得的。量热实验所用的仪器为量热计，量热计的测量原理及工作方式文献中公开报道已有上百种，并各具有不同的特色。根据测量原理，量热法可以分成补偿式和温差式两大类。

（1）补偿式量热法　补偿式量热的测定是把研究体系置于一等温量热计中，这种量热计的研究体系与环境之间进行热交换时，两者的温度始终保持恒定，即与环境温度相等。反应过程中研究体系所放出的或吸收的热量是依赖恒温环境中的某物理量的变化所引起的热流给予连续的补偿。利用相变潜热或电-热效应是常用的方法。

① 相变补偿量热法　将一反应体系置于冰水浴中（冰量热计）。研究体系被一层纯的固体冰包围，而且固体冰与液相水处于相平衡。研究体系发生放热反应时，则部分冰融化为水，只要知道冰单位质量的融化焓，测出融化冰的质量，就可以求得所放出的热量。反之，研究体系发生吸热反应，也同样可以通过冰增加的质量求得热效应。这种量热计除了以冰-水为环境介质外，也可采用其他类型的相变介质。这种量热计测量简单，具有灵敏度及准确度高的优点，但也有其局限性，热效应必须是处于介质相变温度这一特定条件下发生的。

② 电效应补偿量热法　如果研究体系所发生的过程是一个吸热反应，可以利用电加热器提供热流对其进行补偿，使温度保持恒定。但要求做到加热时，热损失和所加入的热流相比较可小到忽略不计。这时所吸的热量可由测量电加热器中的电流 I 和电压 V 直接求得：

$$\Delta H = Q_p = \int V(t) I(t) \mathrm{d}t \tag{1-10}$$

（2）温差式量热法　研究体系在量热计中发生热效应时，如果与环境之间不发生热交换，热效应会导致量热计的温度发生变化。通过在不同时间测量温度变化即可求得反应热效应。

① 绝热式量热计　这类量热计的研究体系与环境之间应不发生热交换，当然这是理想状态的，环境与体系之间不可能不发生热交换，因此所谓绝热式量热计只能近似视为绝热。为了尽可能达到绝热效果，所用的量热计一般都采用真空夹套，或在量热计的外壁涂以光亮层，尽量减少由于对流和辐射引起的热损耗。如氧弹式量热计。

② 热导式量热计　此类量热计是将量热容器放在一个容量很大的恒温金属块中，并且由导热性能良好的导体与它紧密接触。热导式量热计适用于研究反应速率慢、热量小的过程。

1.2 压力的测量技术及仪器

压力是描述体系状态的重要参数之一，许多物理化学性质，例如蒸气压、沸点、熔点等几乎都与压力密切相关。在研究化学热力学和动力学过程中，压力是一个十分重要的参数，因此，正确掌握测量压力的方法、技术十分重要。

实验中，常涉及高压（钢瓶）、常压以及真空系统（负压）。对于不同压力范围，测量方法不同，所用仪器的精确度也不同。

1.2.1 压力的定义、单位

1.2.1.1 压力的定义、单位

工程上把垂直均匀作用在物体单位面积上的力称为压力。而物理学中则把垂直作用在物体单位面积上的力称为压强。在国际单位制中，计量压力量值的单位为"牛顿·米$^{-2}$"，它就是"帕斯卡"，其表示的符号是 Pa，简称"帕"，物理概念就是 1N（牛顿）的力作用于 1m^2（平方米）的面积上所形成的压强（即压力）。

在工程和科学研究中常用的压力单位还有以下几种：标准大气压、工程大气压、毫米水柱和毫米汞柱。各种压力单位可以按照定义互相换算，见表 1-6。压力单位"帕斯卡"是国际单位制单位及中国法定单位，而少部分国家也使用其他单位如"标准大气压"和"巴"。

表 1-6　压力单位名称表

序号	压力单位名称	符号	单位	说明	和"帕"的关系
1	帕斯卡	Pa	牛顿·米$^{-2}$ （N·m^{-2}）	1 牛顿＝1 千克·米·秒$^{-2}$ ＝10^5 达因	
2	标准大气压	atm		在标准状态下 760mmHg 高对底面积的静压力 Hg 的密度＝13595.1kg·m^{-3}； $g＝9.80665$m·s^{-2}	1atm＝1.01325×10^{5}Pa
3	毫米汞柱 （托）	Torr	mmHg	温度 $t＝0℃$ 的纯汞汞柱 1mm 高对底面积的静压力	1mmHg＝1.333224×10^{2}Pa
4	巴	bar	10^6 达因·厘米$^{-2}$ （dyn·cm^{-2}）		1bar＝10^{5}Pa
5	毫米水柱		mmH$_2$O	温度为 $t＝4℃$ 时的纯水	1mmH$_2$O＝9.806383Pa

1.2.1.2 压力的习惯表示方式

为便于在不同场合表示压力的数值，所以习惯上使用不同的压力表示方式。

（1）绝对压力　以 p 表示。指实际存在的压力，又叫总压力。

（2）相对压力　以 $p_表$ 表示。指和大气压力（p_0）相比较得出的压力。即绝对压力与用测压仪表测量时的大气压力的差值，称为表压力。

$$p_表＝p-p_0 \tag{1-11}$$

（3）正压力　绝对压力高于大气压力时，表压力大于 0，此时为正压力，简称压力。

（4）负压力　绝对压力低于大气压力时，表压力小于 0。此时为负压力，简称负压，又名"真空"，负压力的绝对值大小就是真空度。

（5）差压力　任意两个压力 p_1 和 p_2 相比较，其差值称为差压力，简称压差。

实际上测压仪表大部分都是测压差的，因为都是将被测压力与大气压力相比较而测出的两个压力之差值，以此来确定被测压力之大小。

1.2.2　常用测压仪表

1.2.2.1　液柱式测压仪表

① 测压范围适宜低于 1000mmHg 的压力、压差、负压。

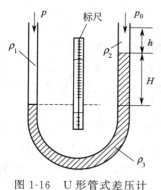

图 1-16　U 形管式差压计

② 测量精度较高。

③ 结构简单，使用方便。

④ 管中所充液常为水银。不仅有毒，且玻璃管易破碎，读数精度常不易保证。

液柱式压力计常用的有 U 形压力计、单管式压力计和斜管式压力计，其结构虽然不同，但其测量原理是相同的。实验室用得最多的是 U 形压力计。

图 1-16 为两端开口的 U 形压力计。其工作原理如下。

根据液体静力学的平衡原理

$$p+(H+h)\rho_1 g = H\rho_3 g + h\rho_2 g + p_0 \tag{1-12}$$

式中，p 为被测压力；ρ_1、ρ_2 为充液上面的保护氛或空气密度；ρ_3 为充液密度，即水银或水、酒精等密度；p_0 为大气压力；h 为充液高位面到被测压力 p 的连接口处高度；g 为重力加速度；H 为 U 形管压力计两边液柱高度之差。

$$p-p_0 = h(\rho_2-\rho_1)g + H(\rho_3-\rho_1)g \tag{1-13}$$

当 $\rho_1 = \rho_2$ 时

$$p-p_0 = H(\rho_3-\rho_1)g \tag{1-14}$$

从公式看，选用的充液密度愈小，其 H 愈大，测量灵敏度愈高。由于 U 形压力计两边玻璃管的内径并不完全相等，因此在确定 H 值时不可用一边的液柱高度变化乘 2，以免引起读数误差。

因为 U 形管压力计是直读式仪表，所以都采用玻璃管，为避免毛细现象过于严重地影响到测量精度，内径不要小于 10mm，标尺分度值最小一般为 1mm。

U 形管压力计的读数需进行校正，主要目的是校正环境温度变化所造成的误差。在通常要求不是很精确的情况下，只需在充液密度改变时，对压力计读数进行温度校正，即校正至 273.2K 时的值。

$$\Delta h_0 = \Delta h_1 \times \frac{\rho_t}{\rho_0} \tag{1-15}$$

充液为汞时 ρ_t/ρ_0 的值如表 1-7 所示。

表 1-7　汞 ρ_t/ρ_0 值

T/K	273.2	278.2	283.2	288.2	293.2	298.2	303.2	308.2	313.2
ρ_t/ρ_0	1.000	0.9991	0.9982	0.9973	0.9964	0.9955	0.9946	0.9937	0.9928

1.2.2.2 弹性式压力表

利用弹性元件的弹性力来测量压力，是压力计测压的主要形式。由于弹性元件的结构和材料不同，它们具有各不相同的弹性位移与被测压力的关系。实验室中接触较多的为单管弹簧管式压力计，压力由弹簧管固定端进入，通过弹簧管自由端的位移带动指针运动，指示出压力值。如图 1-17 所示。常用弹簧管截面有椭圆形和扁圆形两种。可适用一般压力测量。还有偏心圆形等适用于高压测量，测量范围很宽。

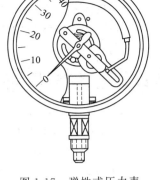

图 1-17　弹性式压力表

弹性式压力表使用时注意事项如下。

① 合理选择压力表量程。为了保证足够的测量精度，选择的量程应位于仪表分度标尺的 1/2～3/4 范围内。

② 使用环境温度不超过 35℃，超过 35℃ 应给予温度修正。

③ 测量压力时，压力表指针不应有跳动和停滞现象。

④ 应对压力表进行定期校验。

1.2.2.3 电测压力计

电测压力计由压力传感器、测量电路和电性指示器三部分组成。电测压力计有多种类型，根据压力传感器的不同类型进行区分，有压电式压力传感器、压阻式压力传感器和各种压力变送器。

实验室常用的 DP-A 型数字式低真空压力测定仪，就是运用压阻式压力传感器来测定实验系统与大气压之间的压差。

（1）数字压力计简介　DP-A 精密数字压力计采用先进技术与高精高稳元器件，内部采用 CPU 对压力传感器数据进行非线性补偿和零位自动校正，使得仪器具有操作简单、显示直观清晰、在较宽的环境温度范围内保证准确度和长期稳定性等特点。

（2）使用方法

① 操作前准备

a. 数字压力计中压力传感器与二次仪表为一体，用 $\phi 4.5 \sim 5 \mathrm{mm}$ 内径的真空橡胶管将仪器后面板压力接口与被测系统连接。

b. 将仪表后面板的电源线接入交流 220V 电网，电源插头与插座应紧配合。

c. 将面板电源开关置于 ON 位置，按动"复位"键，显示器 LED 和指示灯亮，仪表处于工作状态。

d. "单位"键：接通电源，初始状态为 kPa 指示灯亮，LED 显示以 kPa 为计算单位的零压力值；按一下"单位"键，$\mathrm{mmH_2O}$ 指示灯亮，LED 显示以 $\mathrm{mmH_2O}$ 为计量单位的零压力值。根据被测系统选择所需量程。

e. 预热：接通电源，仪表预热 5min 即可正常工作。

② 操作步骤

a. 预压及气密性检查：缓慢加压到满量程值，检查传感器及其检测系统是否有泄漏，确认无泄漏后，泄压至零，并在全量程反复 2～3 次，然后正式测试。在测试前必须按一下"采零"开关，使仪表自动扣除传感器零压力值（零点漂移），显示器为 0000，保证正式测试时显示值为被测介质的实际压力值。

b. 测试：缓慢加压或疏通，当加正压力或负压力至所需压力时，显示器所显示值即为该温度下所测实际压力值。

注意：尽管仪表做了精细的零点补偿，因传感器本身固有的漂移（如时漂）是无法处理的，因此每测一次后，再测试之前必须按一下"采零"键，以保证所测压力值的准确度。

c. 关机：将被测压力泄压为"0000"，将"电源开关"置于"OFF"位置，即为关机。

1.3 真空技术简介

真空技术在化学化工、医学、电子学以及气相反应动力学和吸附体系的研究等方面都有十分广泛的应用，因而真空的获得与测量在化学实验技术上是非常重要的。

真空是指一个系统的压力低于标准大气压的气态空间。一般把系统压力在 $1013 \times 10^2 \sim 1333Pa$ 称为粗真空，$1333 \sim 0.1333Pa$ 称为低真空，$0.1333 \sim 1.333 \times 10^{-6}Pa$ 称为高真空，$1.333 \times 10^{-6}Pa$ 以下称为超真空。

1.3.1 真空的获得

用来产生真空的抽气设备称为真空泵。如果只要系统获得粗真空，往往采用水泵；若要获得低真空，最常用的一种机械泵是油封式的转动泵，俗称油泵或真空泵。

1.3.1.1 机械泵

机械泵的抽气效率较高，但只能产生 $1.333 \sim 0.1333Pa$ 的低真空，可达到的极限真空度为 $(0.1333 \sim 1.333) \times 10^{-2}Pa$。机械泵的内部结构如图 1-18 所示。

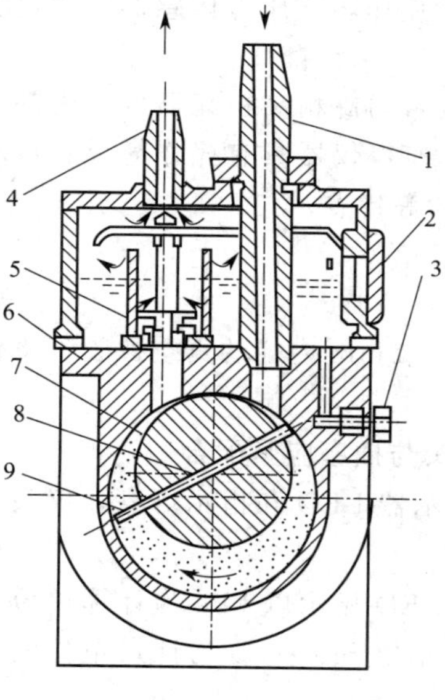

常用的真空泵为旋片式油泵，是由两组机件串联而成，每一组主要由泵腔、偏心转子组成，经过精密加工的偏心转子下面安装有带弹簧的旋片，由电动机带动，偏心转子紧贴泵腔壁旋转，旋片靠弹簧的压力也紧贴泵腔壁，旋片在泵腔中连续运转，由此使泵腔被旋片分成两个不同的容积，周期性扩大和缩小。气体从进气嘴进入，被压缩后从第一组机件的排气管排入第二组机件，再由第二组机件经排气阀排出泵外。如此循环往复，将系统内压力减少。

实验室常用的机械泵抽气速率为 $10L \cdot min^{-1}$、$30L \cdot min^{-1}$、$60L \cdot min^{-1}$。当压力低于 $0.1333Pa$ 时，其抽气速率急剧下降。

图 1-18 旋片式真空泵
构造原理示意图

1—进气嘴；2—油窗；3—放油塞；
4—排气管；5—排气阀；6—定子；
7—转子；8—弹簧；9—旋片

旋片式机械泵，整个机件浸在真空泵油中，这种油蒸气压很低，既可起润滑作用，又可起封闭微小的漏气和冷却机件的作用。使用机械泵应注意以下几点。

① 机械泵不能直接抽可凝性蒸气、挥发性液体等，因为这些气体进入泵后会破坏泵油的品质，降低油在泵内的密封和润滑作用，甚至会导致泵的机件生锈。因而必须在可凝气体进泵前先通过纯化装置，例如用无水氯化钙、五氧化二磷、分子筛等吸收水气，用石蜡吸收有机蒸气，用活性炭或硅胶吸收其他蒸气等。

② 机械泵不能用来抽腐蚀性气体，如氯化氢、氯气、二氧化氮等气体。因这类气体能

迅速侵蚀泵中精密加工的机件表面,使泵漏气不能达到所要求的真空度。遇到这种情况时,应当使气体在进泵前先通过装有氢氧化钠固体的吸收瓶,以除去有害气体。

③ 机械泵由电动机带动,使用时应注意电动机的电压。

若是三相电动机带动的泵,第一次使用时注意三相电动机旋转方向是否正确。正常运转时不应有摩擦、金属碰击等异声。运转时电动机温度不能超过 50～60℃。

④ 机械泵的进气口前应安装一个三通活塞,停止抽气时应使机械泵与抽空系统隔开而与大气相通,再关闭电源,这样既可保持系统的真空度,又避免泵油倒吸。

1.3.1.2　油扩散泵

要获得比 0.1333Pa 更高的真空度,通常将机械泵(作为前级泵)和扩散泵(作为次级泵)联合使用。扩散泵并不能抽除气体,它只能起浓缩气体的作用。在扩散泵中依靠被加热的某种蒸气流把抽空系统中的气体分子浓集,然后再由机械泵抽去,使系统获得更高的真空。

常用的扩散泵有汞扩散泵和油扩散泵两种,油扩散泵的油具有蒸气压低、无毒、分子量大的特点,所以实验室常使用油扩散泵。根据油扩散泵喷嘴的个数,可将其分成二级、三级、四级,又可分成直立式和卧式两种。图 1-19 是一种直立式三级油扩散泵剖面图。其工作原理如下:在油扩散泵底部加热,贮槽中的油汽化,沿中央管道上升至顶部。由于受到阻挡而在喷口高速喷出,在喷口处形成低压,对周围气体产生抽吸作用,被油蒸气夹带而下。这样在油扩散泵下部就浓集了空气分子,使分子密度增加到机械泵能够作用的范围而被抽出。而油蒸气经冷却变为液体流回贮槽中重复使用,如此循环往复,使系统内气体不断浓缩而被抽出,系统达到较高的真空。

油扩散泵所使用的油化学性质应稳定,蒸气压小。常用低蒸气压石油馏分,称阿皮松油。近年来,广泛使用稳定性较高、分子量大的硅油。同时要求油扩散泵的喷口级数要多,若用分子量在 3000 以上的硅油作为四级泵的工作液,其极限真空度可达 $1.333×10^{-7}$Pa 以上,三级油扩散泵极限真空度可达 $1.333×10^{-4}$Pa。

使用油扩散泵的注意事项如下。

① 为了避免油的氧化,必须首先开启机械泵,使系统内压力达 1.333Pa 后,才能开动油扩散泵。在开启油扩散泵时必须先接通冷却水,逐步加热硅油,直至油沸腾正常回流。关闭泵时首先切断加热电源,待油不再回流时再关闭冷却水,关闭油扩散泵的进出口活塞。并使机械泵通向大气,最后切断电源,停止机械泵的工作。

② 加热速率须控制适当,以产生足量蒸气从喷口喷出,封住喷口到泵壁的空间以免泵底已浓集的空气反向扩散至抽空系统。加热硅油的温度过高不但会使油裂解颜色变深,而且泵底有破裂的危险。加热速度过快,将使油蒸气到达泵上部,若此时冷却不良,将导致极限真空度降低。

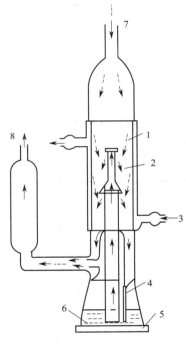

图 1-19　油扩散泵工作原理
1—被抽气体;2—油蒸气;3—冷却水;
4—冷凝油回入;5—电炉;6—硅油;
7—接抽真空系统;8—接机械泵

1.3.2 真空的测量

测量真空度的方法很多。粗真空的测量，一般用 U 形管压力计。对于较高真空度的系统使用真空规。真空规有绝对真空规和相对真空规两种。麦氏真空规属于绝对真空规，即真空度可以用测量到的物理量直接计算而得。而其他如热偶真空规、电离真空规等均属于相对真空规，测得的物理量只能经绝对真空规校正后才能指示相应的真空度。

1.3.3 高压钢瓶及其使用

1.3.3.1 钢瓶标记

在实验室中，常会使用各种气体钢瓶。气体钢瓶是贮存压缩气体和液化气的高压容器。容积一般为 40~60L，最高工作压力为 15MPa，最低的也在 0.6MPa 以上。在钢瓶的肩部用钢印打出下述标记：

制造厂   制造日期
气瓶型号、编号   气瓶重量
气体容积   工作压力
水压试验压力   水压试验日期及下次送验日期

为了避免各种钢瓶使用时发生混淆，常将钢瓶漆上不同颜色，写明瓶内气体名称（见表 1-8）。

表 1-8 各种气体钢瓶标志

气体类别	瓶身颜色	字　样	标字颜色
氮气	黑	氮	白
氧气	淡蓝	氧	黑
氢气	淡绿	氢	大红
压缩空气	黑	压缩空气	白
液氨	黄	氨	黑
二氧化碳	铝白	液化二氧化碳	黑
氦气	银灰	氦	深绿
氯气	深绿	液氯	白

1.3.3.2 钢瓶使用注意事项

① 各种高压气体钢瓶必须定期送有关部门检验。一般气体的钢瓶至少 3 年送检一次，充腐蚀性气体钢瓶至少每两年送检一次，合格者才能充气。

② 钢瓶搬运时，要戴好钢瓶帽和橡皮腰圈，轻拿轻放。要避免撞击、摔倒和激烈振动，以防爆炸，放置和使用时，必须用架子或铁丝固定牢靠。

③ 钢瓶应存放在阴凉、干燥，远离热源的地方，避免明火和阳光曝晒。钢瓶受热后，气体膨胀，瓶内压力增大，易造成漏气，甚至爆炸。可燃性气体钢瓶与氧气钢瓶必须分开存放。氢气钢瓶最好放置在实验大楼外专用的小屋内，以确保安全。

④ 使用气体钢瓶，除 CO_2、NH_3 外，一般要用减压阀。各种减压阀中，除 N_2 和 O_2 的减压阀可相互通用外，其他的只能用于规定的气体，不能混用，以防爆炸。

⑤ 钢瓶上不得沾染油类及其他有机物，特别在气门出口和气表处，更应保持清洁。不可用棉麻等物堵漏，以防燃烧引起事故。

⑥ 可燃性气体如 H_2、C_2H_2 等钢瓶的阀门是"反扣"（左旋）螺纹，即逆时针方向拧紧；非燃性或助燃性气体如 N_2、O_2 等钢瓶的阀门是正扣的（右旋）螺纹，开启阀门时应站在气表一侧，以防减压阀万一被冲出受到击伤。

⑦ 可燃性气体要有防回火装置。有的减压阀已附有此装置，也可在导气管中填装铁丝网防止回火，在导气管中加接液封装置也可起防护作用。

⑧ 不可将钢瓶中的气体全部用完，一定要保留 0.05MPa 以上的残留压力。可燃性气体 C_2H_2 应剩余 0.2～0.3MPa（约 2～3kgf·cm^{-2} 表压），H_2 应保留 2MPa，以防重新充气时发生危险。

1.3.4 氧气表的作用与使用

氧气减压阀俗称氧气表，其结构如图 1-20 所示。阀腔被减压阀门分为高压室和低压室两部分。前者通过减压阀进口与氧气瓶连接，气压可由高压表读出，表示钢瓶内的气压；低压室经出口与工作系统连接，气压由低压表给出。当顺时针方向（右旋）转动减压阀手柄时，手柄压缩主弹簧，进而带动弹簧垫块、薄膜和顶杆，将阀门打开。高压气体即由高压室经阀门节流减压后进入低压室。当达到所需压力时，停止旋转手柄。停止用气时，逆时针（左旋）转动手柄，使主弹簧恢复自由状态，阀门封闭。

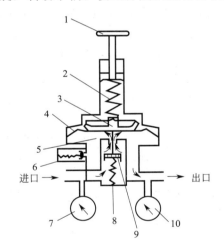

图 1-20　减压阀的结构
1—手柄；2—主弹簧；3—弹簧垫块；4—薄膜；
5—顶杆；6—安全阀；7—高压表；
8—弹簧；9—阀门；10—低压表

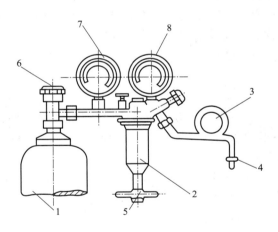

图 1-21　减压阀的安装
1—氧气瓶；2—减压阀；3—导气管；4—接头；
5—减压阀旋转手柄；6—总阀门；7—高压表；
8—低压表

减压阀装有安全阀，当压力超过许用值或减压阀发生故障时即自动开启放气。

氧气钢瓶的使用：按图 1-21 装好氧气减压阀。使用前，逆时针方向转动减压阀手柄至放松位置。此时减压阀关闭。打开总阀门，高压表读数指示钢瓶内压力（表压）。用肥皂水检查减压阀与钢瓶连接处是否漏气。不漏气，则可顺时针旋转手柄，减压阀门即开启送气，直到所需压力时，停止转动手柄。

停止用气时，先关钢瓶总阀门。并将余气排空，直至高压表和低压表均指到"0"。反时针转动手柄至松的位置。此时减压阀关闭。保证下次开启钢瓶阀门时，不会发生高压气体直接冲进充气体系，保护减压阀的调节压力的作用，以免失灵。

1.4 电化学测量技术

电化学测量技术在基础化学实验中占有重要地位，常用来测定电解质溶液的热力学函数。在平衡条件下，电势的测量可应用于活度系数的测量，溶度积、pH 等的测定。在非平衡条件下，电势的测定常用于定性、定量分析，扩散系数的测定以及电极反应动力学与机理的研究等。

电化学测量技术内容丰富多彩，除了传统的电化学研究方法外，目前利用光、电、声、磁、辐射等实验技术来研究电极表面，逐渐形成一个非传统的电化学研究方法的新领域。

作为基础化学实验课程中的电化学部分，主要介绍传统的电化学测量与研究方法。掌握了这些基本方法，才有可能理解和运用现代研究方法。

1.4.1 电导测量及仪器

电导这个物理量不仅反映了电解质溶液中离子存在的状态及运动的信息，而且由于稀溶液中电导与离子浓度之间的简单线性关系，被广泛用于分析化学与化学动力学过程的测试。

电导是电阻的倒数，因此电导值的测量，实际上是通过电阻值的测量再换算的。溶液电导测定，由于离子在电极上会发生放电，产生极化，因而测量电导时要使用频率足够高的交流电，以防止电解产物的产生。所用的电极镀铂黑减少超电位，并且用零点法使电导的最后读数是在零电流时记取，这也是超电位为零的位置。对化学工作者而言，电导率是比电导更为感兴趣的量。

$$\kappa = G\frac{l}{A} \tag{1-16}$$

式中，l 为测定电解质溶液时两电极间距离，m；A 为电极面积，m^2；G 为电导，S（西门子）；κ 为电导率，指面积为 $1m^2$ 的两电极相距 1m 时溶液的电导，$S \cdot m^{-1}$（西门子每米）。

电解质溶液的摩尔电导率 Λ_m 是指把含有 1mol 的电解质溶液置于相距为 1m 的两个电极之间的电导。摩尔电导率的单位为 $S \cdot m^2 \cdot mol^{-1}$。

$$\Lambda_m = \frac{\kappa}{c} \tag{1-17}$$

若用同一仪器依次测定一系列液体的电导，由于电极面积（A）与电极间距离（l）保持不变，则相对电导就等于相对电导率。

测定电解质溶液电导时，可用交流电桥法，其简单原理如图 1-22 所示。

将待测溶液装入具有两个固定的镀有铂黑的铂电极的电导池中，电导池内溶液电阻为：

$$R_1 = \frac{R_2}{R_4} \times R_3 \tag{1-18}$$

因为电导池的作用相当于一个电容器，故电桥电路就包含一个可变电容 C，调节电容 C 来平衡电导池的容抗，将电导池接在电桥的一臂，以 1000Hz 的振荡器作为交流电源，以示波器作为零电流指示器（不能用直流检流计），在寻找零点的过程中，电桥输出信号十分微弱，因此示波器前加一放大器，得到 R_x 后，即可换算成电导。

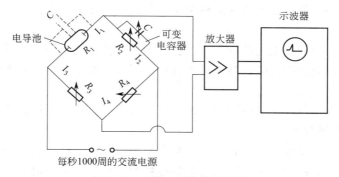

图 1-22　交流电桥装置示意图

1.4.2　原电池电动势的测量

原电池电动势是指当外电流为 0 时两电极间的电势差。而有外电流时，这两极间的电势差称为电池电压。

$$U = E - IR \tag{1-19}$$

因此，电池电动势的测量必须在可逆条件下进行，否则所得电动势没有参考价值。所谓可逆条件，即电池反应是可逆的，测量时电池几乎没有电流通过。电池反应可逆，就是两个电极反应的正逆反应速率相等，电极电势是该反应的平衡电势，它的数值与参与平衡的电极反应的各溶液活度之间关系完全由该反应的能斯特方程决定。为此目的，测量装置中安排了一个方向相反而数值与待测电动势几乎相等的外加电动势来对消待测电动势，这种测定电动势方法称为对消法。

1.4.2.1　测量基本原理

对消法测电动势线路如图 1-23 所示。图中整个 AB 线的电势差可以使它等于标准电池的电势差，这个通过"校准"的步骤来实现，标准电池的负端与 A 相连（即与工作电池呈对消状态），而正端串联一个检流计，通过并联直达 B 端。调节可调电阻，使检流计指零，这时 AB 线上的电势差就等于标准电池电势 E_N。

测定未知电池电动势 E_x 时，负极通过开关与工作电池负极相连，而正极通过检流计连到探针 C 上，将探针 C 在电阻线 AB 上来回滑动，直到找出使检流计电流为零的位置。这时，

$$E_x / E_N = AC / AB$$

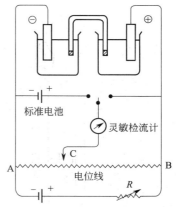

图 1-23　对消法测电动势基本电路

1.4.2.2　液体接界电势与盐桥

（1）液体接界电势　当原电池含有两种电解质界面时，便产生一种称为液体接界电势的电动势，它干扰电池电动势的测定。

减小液体接界电势的办法常用"盐桥"。盐桥是在玻璃管中灌注盐桥溶液，把管插入两个互相不接触的溶液中，使其导通。

（2）盐桥溶液　盐桥溶液中含有高浓度的盐溶液，甚至是饱和溶液，当饱和的盐溶液与

另一种较稀溶液相接界时，主要是盐桥溶液向稀溶液扩散，因此减小了液接电势。

盐桥溶液中盐的选择必须考虑盐溶液中正、负离子的迁移速率都接近于 0.5 为好，通常采用氯化钾溶液。

盐桥溶液还要不与两端电池溶液发生反应，如果实验中使用硝酸银溶液，则盐桥溶液就不能用氯化钾溶液，而选择硝酸铵溶液较为合适，因为硝酸铵中正、负离子的迁移速率比较接近。

盐桥溶液中常加入琼胶作为胶凝剂。由于琼胶含有高蛋白，所以盐桥溶液需新鲜配制。

1.4.2.3　电极与电极制备

原电池由两个"半电池"组成，每一个半电池中由一个电极和相应的溶液组成。原电池的电动势则是组成此电池的两个半电池的电极电势的代数和。电极电势的测量是通过被测电极与参比电极组成电池，测此电池电动势，然后根据参比电极的电势求出被测电极的电极电势，因此在测量电动势过程中需注意参比电极的选择。

（1）第一类电极　只有一个相界面的电极，如气体电极、金属电极。

① 氢电极　是氢气与其离子组成的电极，把镀有铂黑的铂片浸入 $a_{H^+} = 1$ 的溶液中，并以 $p_{H_2} = 101325Pa$ 的干燥氢气不断冲击到铂电极上，就构成了标准氢电极。其结构如图 1-24 所示。

$$(Pt)H_2(p = 1.013 \times 10^5 Pa) | H^+ (a_{H^+} = 1)$$

标准氢电极是国际上一致规定电极电势为零的标准电极。任何电极都可以与标准氢电极组成电池，但是氢电极对氢气纯度要求高，操作比较复杂，氢离子活度必须十分精确，而且氢电极十分敏感，受外界干扰大，用起来十分不方便。

② 金属电极　其结构简单，只要将金属浸入含有该金属离子的溶液中就构成了半电池。如银电极就属于金属电极。

$$Ag | Ag^+ (a)$$

电极反应：$Ag^+ + e^- \rightleftharpoons Ag$

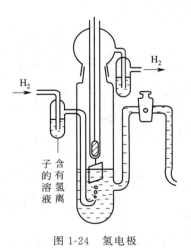

图 1-24　氢电极

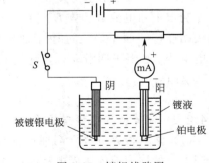

图 1-25　镀银线路图

首先将待镀银的电极表面用丙酮溶液洗去油污，或用细砂纸打磨光亮然后用蒸馏水冲洗干净，按图 1-25 接好线路，在电流密度为 3～5mA·cm^{-2} 时，镀银 0.5h，得到银白色紧密银层的镀银电极，用蒸馏水冲洗干净，即可作为银电极使用。也可以购买商品银电极（或银棒）。

（2）第二类电极　甘汞电极、银-氯化银电极等参比电极。

① 甘汞电极　甘汞电极是实验室中常用的参比电极。其构造形状很多，有单液接、双液接两种。其构造如图1-26所示。

不管哪一种形状，在玻璃容器的底部皆装入少量的汞，然后装汞和甘汞的糊状物，再注入氯化钾溶液，将作为导体的铂丝插入，即构成甘汞电极。甘汞电极表示形式如下：

$$Hg(l), Hg_2Cl_2(s) \mid KCl(a)$$

电极反应为

$$Hg_2Cl_2(s) + 2e^- \longrightarrow 2Hg(l) + 2Cl^-(a_{Cl^-})$$

$$\varphi_{甘汞} = \varphi^{\ominus}_{甘汞} - \frac{RT}{F}\ln a_{Cl^-}$$

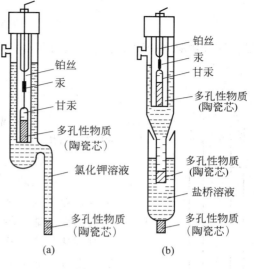

图 1-26　甘汞电极

从式中可见甘汞仅与温度和氯离子活度 a_{Cl^-} 有关，即与氯化钾溶液浓度有关。故甘汞电极有 $0.1\,mol \cdot L^{-1}$、$1.0\,mol \cdot L^{-1}$ 和饱和氯化钾甘汞电极。其中以饱和氯化钾甘汞电极最为常用（使用时电极内溶液中应保留少许氯化钾晶体以保证溶液的饱和）。不同甘汞电极的电极电势与温度的关系见表1-9。

表 1-9　不同氯化钾溶液浓度的甘汞电极的电极电势与温度的关系

氯化钾溶液浓度/(mol·L⁻¹)	电极电势/V
饱和	$0.2412 - 7.6 \times 10^{-4}(t-25)$
1.0	$0.2801 - 2.4 \times 10^{-4}(t-25)$
0.1	$0.3337 - 7.0 \times 10^{-4}(t-25)$

甘汞电极具有装置简单、可逆性高、制作方便、电势稳定等优点，是常用的参比电极。

② 银-氯化银电极　银-氯化银电极是实验室中另一种常用的参比电极，属于金属-微溶盐-负离子型电极。其电极反应及电极电势表示如下：

$$AgCl(s) + e^- \longrightarrow Ag(s) + Cl^-(a_{Cl^-})$$

$$\varphi_{Cl^-, AgCl, Ag} = \varphi^{\ominus}_{Cl^-, AgCl, Ag} - \frac{RT}{F}\ln a_{Cl^-}$$

从式中可见，银-氯化银电极的电势只与温度和溶液中氯离子活度有关。

银-氯化银电极的制备方法很多，较简单的方法是电极在镀银溶液中镀上一层纯银后，再将镀过银的电极作为阳极，铂丝作为阴极，在 $1\,mol \cdot L^{-1}$ 盐酸中电镀一层 AgCl。把此电极浸入 HCl 溶液，就成了 Ag-AgCl 电极，制备 Ag-AgCl 电极时，在相同的电流密度下，镀银时间与镀氯化银的时间比控制在 3∶1 最合适。

（3）氧化还原电极　将惰性电极插入含有同种物质不同价态的离子溶液中也能构成电极，如醌-氢醌电极。

$$C_6H_4O_2 + 2H^+ + 2e^- \longrightarrow C_6H_4(OH)_2$$

其电极电势

$$\varphi = \varphi_{\text{醌氢醌}}^{\ominus} - \frac{RT}{2F}\ln\frac{a_{\text{氢醌}}}{a_{\text{醌}}\,a_{\text{H}^+}^2}$$

醌、氢醌在溶液中浓度很小，而且相等，即

$$a_{\text{氢醌}} = a_{\text{醌}}$$

$$\varphi = \varphi_{\text{醌氢醌}}^{\ominus} + \frac{RT}{F}\ln a_{\text{H}^+}$$

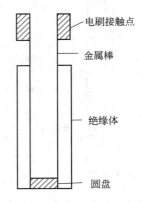

（4）旋转圆盘电极 旋转圆盘电极（rotating disk electrode, RDE）结构如图 1-27 所示。把电极材料加工成圆盘后，用黏合剂将它封入高聚物（例如聚四氟乙烯）圆柱体的中心，圆柱体底面与研究电极表面在同一平面内，精密加工抛光。研究电极与圆柱中心轴垂直，处于轴对称位置。电极用电动机直接耦合或传动机构带动使电极无振动地绕轴旋转，从而使电极下的溶液产生流动，缩短电化学过程达到稳定状态的时间，在电极上建立均匀而稳定的表面扩散层。电极上的电流分布也比较均匀稳定。

圆盘电极的旋转，引起了溶液中的对流扩散，加强了活性物质的传质，使电流密度比静止的电极提高了 1～2 个数量级。

对于 25℃水溶液，计算可得扩散电流密度为：

$$i_d = -0.62nFD^{2/3}\nu^{-1/6}w^{1/2}(c_b - c_s) \tag{1-20}$$

极限扩散电流密度为

$$(i_d)_{\lim} = -0.62nFD^{2/3}\nu^{-1/6}w^{1/2}c_b \tag{1-21}$$

式中，F 为法拉第常数；D 为扩散系数；ν 为溶液的动力黏度系数（即黏度系数/密度）；w 为圆盘电极旋转角速度；n 为电极反应的电子得失数；c_b、c_s 分别表示反应物（或产物）的溶液浓度和电极表面浓度。

图 1-27　旋转圆盘电极

旋转圆盘电极的应用较广，它可以测定扩散系数 D、电极反应得失电子数、电化学过程的速率常数和交换电流密度等动力学参数。

1.4.2.4　标准电池

标准电池是电化学实验中基本校验仪器之一，在 20℃时电池电动势为 1.0186V，其构造如图 1-28 所示。电池由一 H 形管构成，负极为含镉（Cd）12.5％的镉汞齐，正极为汞和硫酸亚汞的糊状物，两极之间盛以 $CdSO_4$ 的饱和溶液，管的顶端加以密封。电池反应如下。

负极：　　　$Cd（汞齐）\longrightarrow Cd^{2+} + 2e^-$

$$Cd^{2+} + SO_4^{2-} + \frac{8}{3}H_2O \longrightarrow CdSO_4 \cdot \frac{8}{3}H_2O(s)$$

正极：　$Hg_2SO_4(s) + 2e^- \longrightarrow 2Hg(l) + SO_4^{2-}$

总反应：

$$Cd（汞齐）+ Hg_2SO_4 + \frac{8}{3}H_2O \longrightarrow 2Hg(l) + CdSO_4 \cdot \frac{8}{3}H_2O$$

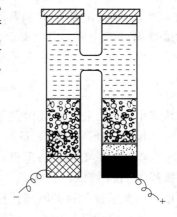

图 1-28　标准电池

标准电池的电动势很稳定，重现性好，制作电池的各物均极纯，按规定配方工艺制作的标准电池电动势值基本一致。

标准电池经检定后，给出 20℃下的电动势值，其温度系数很小。实际测量时温度为 t℃时，其电动势按下式进行校正。

$$E_t = E_{20} - 4.06 \times 10^{-5}(t-20) - 9.5 \times 10^{-7}(t-20)^2$$

使用标准电池时，注意以下几个方面：

① 使用温度　4～40℃。

② 正负极不能接错。

③ 不能振荡，不能倒置，携取要平稳。

④ 不能用万用表直接测量标准电池。

⑤ 标准电池只是校验器，不能作为电源使用，测量时间必须短暂，间歇按键，以免电流过大损坏电池。

⑥ 必须按规定时间进行计量校正。

1.5　光学测量技术

1.5.1　引言

光与物质相互作用时可以观察到各种光学现象，如光的反射、透射、色散、折射、散射、旋光以及物质因受激发而辐射出各种波段的光等。分析研究这些光学现象，可以获得原子、低分子、高分子、晶体等物质结构方面的大量信息。近年来随着科学技术的发展，光直接以能量的形式参与化学反应，开拓了一个全新的光化学领域，因此各种光学特性的测量和各种光源的获得已成为基础化学实验技术中十分重要的部分。本章就基础化学实验中常用的几种光学测量技术作一些介绍。

1.5.2　阿贝（Abbe）折射仪的原理

1.5.2.1　折射现象和折射率

当一束光从一种各向同性的介质 m 进入另一种各向同性的介质 M 时，不仅光速会发生改变，如果传播方向不垂直于 m/M 界面，则还会发生折射现象，如图 1-29 所示。根据史耐尔（Snell）折射定律，波长一定的单色光在温度、压力不变的条件下，其入射角 i_m 和折射角 r_M 与这两种介质的折射率 n（介质 M），N（介质 m）成下列关系，即：

$$\frac{\sin i_m}{\sin r_M} = \frac{n}{N} \tag{1-22}$$

如果介质 m 是真空，因规定 $N_{真空} = 1$，因此

$$n = \frac{\sin i_{真空}}{\sin r_M}$$

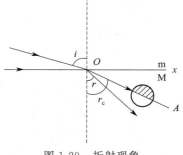

图 1-29　折射现象

n 称为介质 M 的绝对折射率。如果介质 m 为空气，则 $N_{空气} = 1.00027$（空气的绝对折射率），因此

$$\frac{\sin i_{空气}}{\sin r_M} = \frac{n}{N_{空气}} = \frac{n}{1.00027} = n'$$

n' 称为介质 M 对空气的相对折射率。因 n 与 n' 相差很小，所以通常就以 n' 值作为介质的绝对折射率，但在精密测定时，必须校正之。

折射率以符号 n 表示，由于 n 与波长有关，因此在其右下角注以字母表示测定时所用单色光的波长，D、F、G、C、…分别表示钠的 D（黄）线，氢的 F（蓝）线、G（紫）线、C（红）线等；另外，折射率又与介质温度有关，因而在 n 的右上角注以测定时的介质温度（摄氏温标），例如 n_D^{20} 表示 20℃时该介质对钠光 D 线的折射率。大气压对折射率的影响极微，对于大多数液体样品约为 $3 \times 10^{-5}/atm$，固体样品则更小，因此只有在精密测定中才给予校正。

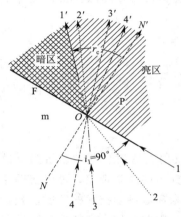

图 1-30　阿贝折射仪的临界折射

1.5.2.2　阿贝折射仪测定液体介质的原理

阿贝折射仪是根据临界折射现象设计的，如图 1-30 所示，试样 m 置于测量棱镜 P 的镜面 F 上，而棱镜的折射率 n_P 大于试样的折射率 n。如果入射光 1 正好沿着棱镜与试样的界面 F 射入，其折射光为 1′，入射角 $i_1 = 90°$，折射角为 r_c，此即称为临界角，因为再没有比 r_c 更大的折射角了。大于临界角的构成暗区，小于临界角的构成亮区。因此 r_c 具有特征意义，根据式（1-22）可得：$n = n_P \dfrac{\sin r_c}{\sin 90°} = n_P \cdot \sin r_c$，显然，如果已知棱镜 P 的折射率 n_p，并在温度、光波长都保持恒定值的实验条件下，测定临界角 r_c 就能算出被测试样的折射率。

1.5.2.3　仪器结构

图 1-31 是一种典型的阿贝折射仪的结构示意图，图 1-31（b）是它的外形（辅助棱镜呈开启状态）。其中心部件是由两块直角棱镜组成的棱镜组，下面一块是可以启闭的辅助棱镜

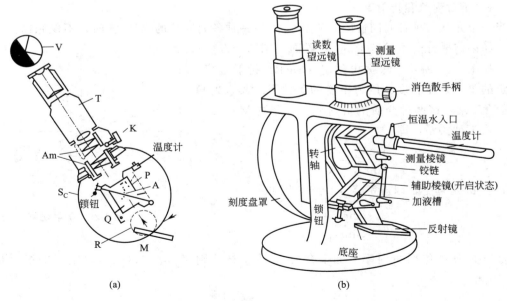

(a)　　　　　　　　　　　　　(b)

图 1-31　阿贝折射仪的结构示意图

Q，其斜面是磨砂的，液体试样夹在辅助棱镜与测量棱镜 P 之间，展开成一薄层。光由光源经反射镜 M 反射至辅助棱镜，磨砂的斜面发生漫反射，因此从液体试样层进入测量棱镜 P 的光线各个方向都有，从 P 直角边上方可观察到临界折射现象。转动棱镜组转轴 A 的手柄 R，调整棱镜组的角度，使临界线正好落在测量望远镜视野 V 的×形准丝交点上。由于刻度盘 S_C 与棱镜组的转轴 A 是同轴的，因此与试样折射率相对应的临界角位置能通过刻度盘反映出来。刻度盘上的示值有两行，一行是在以日光为光源的条件下将 r_c 值和 n_P 值直接换算成相当于钠光 D 线的折射率 n_D（1.3000～1.7000），另一行为 0～95%，它是工业上用折射仪测量固体物质在水溶液中的浓度的标度。

为了方便，阿贝折射仪光源是日光而不是单色光，日光通过棱镜时因其不同波长的光的折射率不同而产生色散，使临界线模糊，因而在测量望远镜的镜筒下面设计了一套消色散棱镜 Am（Amici 棱镜），旋转消色散手柄 K，就可使色散现象消除。

1.5.3 旋光仪的测量原理

1.5.3.1 平面偏振光的产生

一般光源辐射的光，其光波在垂直传播方向的一切方向上振动（圆偏振），这种光称为自然光。当一束自然光通过双折射的晶体（例如方解石）时，就分解为两束互相垂直的平面偏振光，如图 1-32 所示。

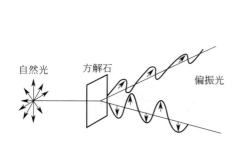

图 1-32　自然光被分解为偏振光

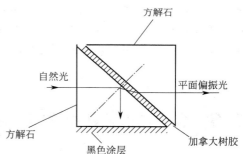

图 1-33　尼科尔棱镜的起偏原理

这两束平面偏振光在晶体中的折射率不同，因而其临界折射角也不同，利用这个差别可以将两束光分开，从而获得单一的平面偏振光。尼科尔棱镜（Nicolprism）就是根据这一原理来设计的，它是将方解石晶体沿一定对角面刨开再用加拿大树胶黏合而成，如图 1-33 所示。当自然光进入尼科尔棱镜时就分成两束互相垂直的平面偏振光，由于折射率不同，当这两束光到达方解石与加拿大树胶的界面上时，其中折射率较大的一束被全反射，而另一束可自由通过。全反射的一束光被直角面上的黑色涂层吸收，从而在尼科尔棱镜的出射方向上获得一束单一的平面偏振光。在这里，尼科尔棱镜称为起偏镜（polarizer），它是被用来产生偏振光的。

1.5.3.2 平面偏振光角度的测量

偏振光振动平面在空间轴向角度位置的测量也是借助于一块尼科尔棱镜，此处它被称为检偏镜（analyzer），并与刻度盘等机械零件组成一可同轴转动的系统，如图 1-34 所示。由于尼科尔棱镜只允许按某一方向的平面偏振光通过，因此，如果检偏镜光轴的轴向角度不一致，则透过检偏镜的偏振光将发生衰减，甚至不透过。当两者互相平行时，由起偏镜到达检偏镜的偏振光全能通过；当两者互相垂直时，此时没有光透过检偏镜。由于刻度盘随检偏镜一起同轴转动，因此就可以直接从刻度盘上读出被测平面偏振光的轴向角度（游标尺是固定不动的）。

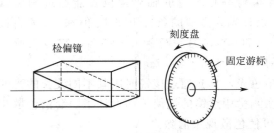

图 1-34　尼科尔棱镜与刻度盘的相对关系

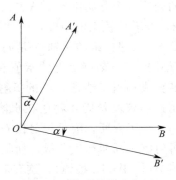

图 1-35　物质的旋光作用

1.5.3.3　旋光仪和旋光角的测定

旋光仪就是利用检偏镜来测量旋光角的。如调节检偏镜使其透光的轴向角度与起偏镜的透光的轴向角度互相垂直，则在检偏镜前观察到的视场呈黑暗，再在起偏镜与检偏镜之间放入一个盛满旋光性物质的样品管，由于物质的旋光作用，原来由起偏镜出来在 OA 方向振动的偏振光转过一个角度 α，如图 1-35 所示，这样在 OB 方向上有一个分量，所以视野不呈黑暗，必须使检偏镜也相应地转过一个角度 α，这样视野才能又恢复黑暗。因此，检偏镜由第一次黑暗到第二次黑暗的角度差即为被测物质的旋光角。通常设计成三分视界来提高测量的准确度。

1.6　常用的工具书与 Internet 上的化学数据库

1.6.1　常用的工具书

① CRC Handbook of Chemistry and Physics（CRC 化学和物理手册），是美国化学橡胶公司（Chemical Rubber Co.，简称 CRC）出版的一部著名的化学和物理学科的工具书，初版于 1913 年，以后逐年改版，内容不断完善更新。该手册分十六部分，涉及基本物理常数、单位、命名法、物质的物理常数、热力学、分析化学、分子结构和光谱等。

② Lange's Handbook of Chemistry（兰氏化学手册），该手册是由 1934 年出版、N. A. Lange 主编的 Handbook of Chemistry（化学手册）于 1973 年更名而来的，改由 John A. Dean 主编。该手册包括数学、综合数据和换算表、原子和分子结构、无机化学、分析化学、电化学、有机化学、光谱学以及热力学性质等。该手册第 13 版（1985）已由尚久方等人译成中文版"兰氏化学手册"，由科学出版社于 1991 年出版。

③ Landolt-Bornstein（朗多尔特-博恩施坦因）（简称 LB），LB 是目前国际上公认的最系统、完整的自然科学和技术数据的权威性巨著，其中很多是与化学化工有关的物理化学数据和图表。该手册分两编，分别为《朗多尔特-博恩施坦因物理、化学、天文、地球物理和技术的数据和函数》和《朗多尔特-博恩施坦因自然科学和技术中的数据和函数关系》。

④ Physical Sciences Data（物理科学数据），Elsevier。

⑤ Chemistry Data Series（化学数据集），德国 DECHEMA 出版社，1978。

⑥ Selected Values of Thermodynamics Properties（化学热力学性质的数据选编），D. D. Wagman 等编，1981。

⑦ Vapor-Liquid Equilibrium Data Collection（气-液平衡数据汇编），J. Gmeling 等编。

⑧ Selected Constants of Oxidation-Reduction Potentials of Inorganic Substances in Aqueous Solutions（水溶液中无机物的氧化还原电势常数选编），G. Charlot 编，1971。

⑨ 物理化学简明手册，印永嘉主编，北京：高等教育出版社，1988。

1.6.2　Internet 上的化学数据库

① 美国化学会数据库（http：//pubs. acs. org）。

② 英国皇家化学会期刊及数据库（http：//www. rsc. org）。

③ John Wiley 在线图书馆（http：//onlinelibrary. wiley. com）。

④ Elsevier 电子期刊全文库（http：//www. sciencedirect. com）。

⑤ SpringerLink 期刊数据库（http：//rd. springer. com/）。

⑥ 中国期刊全文数据库（http：//www. cnki. net）。

第2章 常用仪器简介

2.1 真空泵

用来产生真空的设备统称为真空泵。实验室常用的是旋片式油泵。其构造原理见图1-18。该泵体是一个铜制的圆筒形定子，内有一个偏心的铜制实心柱体的转子。在转子圆柱体的直径上嵌着旋片，旋片的两翼被其中的弹簧压紧，紧贴着定子内壁，当电动机带转子以自己的中心轴转动时，气体从待抽真空的容器经泵的进气口进入定子与转子之间的空间，随着转子带着旋片转动，气体被旋片压向出口活门排出，从而达到抽气的目的。该泵的效率主要取决于旋片与定子之间的严密程度。整个机件被浸于盛有真空泵油的壳体中，以油作为封闭液和润滑剂。

一般的旋片式油泵，由两个单元串联而成（即双级串联旋片式真空泵），可以抽真空至 5×10^{-3} Torr（mmHg）❶。

该泵宜在室温下工作，不适于抽吸温度较高或含氧量过高或有爆炸危险的气体。如抽吸含水汽或腐蚀性气体时，应加干燥、过滤或吸附装置。

使用方法：

① 检查真空泵油液面高度，如低于油位标线，必须加入真空泵油。

② 泵在开动前尤其在长期停用后再开动时，必须用手将主轴带轮按箭头方向旋转数转，排出泵室中存油，然后接通电源。

③ 在断开电源前，必须使泵的进气口通大气，以免真空泵油倒灌。

2.2 电导率仪

电导率仪是直接测定电导率的仪表。实验室使用的 DDS-11A 型电导率仪不仅能测一般电解质溶液的电导率，而且可以测量高纯水的电导率。

电导率仪的测量原理完全不同于交流电桥，它是一种基于"电阻分压"原理的不平衡测量方法。其原理见示意图（图2-1），测量信号采用交流电，由电感负载多谐振荡器产生，输出电压 E 不随电导池 R_x 的变化而变化。电导池 R_x 和测量电阻条 R_m 构成电阻分压回路，产生测量电流 $I_x = \dfrac{E}{R_x + R_m}$，由于 E 和 R_m 不变，且 $R_m \ll R_x$，所以 $I_x \propto 1/R_x$，而 $E_m = I_x R_m$，其中 R_m 不变，电导率 $\kappa = (L/A) \times (1/R_x)$，电导池常数 L/A 对于同一电导池是固定的，因此 $E_m \propto I_x \propto 1/R_x \propto \kappa$，通过放大器将 E_m 线性放大，则可以在仪表刻度上直接读出电导率 κ 的数值。

---

❶ 1Torr＝1mmHg＝133.322Pa。

为扩大测量范围，R_m 设计成电阻箱式，分 11 挡量程，在不同量程都保证 $R_m \ll R_x$，线路中还设有校正电路、电容补偿电路以提高测量准确度。此外，在放大器输出回路里，还串联有标准电阻，可由 $0 \sim 10mV$ 的量程输出接自动电子电位差计进行连续测量记录。

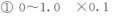

图 2-1　电导率仪原理示意图

关于量程、频率、电极的选定，共有 11 个量程：

① $0 \sim 1.0$ 　 $\times 0.1$ 　　⑦ $0 \sim 1.0$ 　 $\times 10^2$

② $0 \sim 3.0$ 　 $\times 0.1$ 　　⑧ $0 \sim 3.0$ 　 $\times 10^2$

③ $0 \sim 1.0$ 　 $\times 1$ 　　　⑨ $0 \sim 1.0$ 　 $\times 10^3$

④ $0 \sim 3.0$ 　 $\times 1$ 　　　⑩ $0 \sim 3.0$ 　 $\times 10^3$

⑤ $0 \sim 1.0$ 　 $\times 10$ 　　⑪ $0 \sim 1.0$ 　 $\times 10^4$

⑥ $0 \sim 3.0$ 　 $\times 10$

单位为 $\mu S \cdot cm^{-1}$，也即 $10^{-6} S \cdot cm^{-1}$。选用①、③等奇数量程时，量程选择开关指在所需倍率的黑点挡，读表上的 $0 \sim 1.0$ 的黑色刻度值再乘该倍率，选用②、④、⑩等偶数挡时指在红点挡，读表上 $0 \sim 3.0$ 的红色刻度值乘该倍率。

信号源频率分为低周（约 $140C \cdot s^{-1}$）和高周（$1100C \cdot s^{-1}$），对于①～⑧量程即 $300\mu S \cdot cm^{-1}$ 以下用低周，对于⑨以上量程则用高周。

成套仪器配有 DJS-1 型光亮铂电极、DJS-1 型铂黑电极和 DJS-10 型铂黑电极各一支，对于①～⑤量程用光亮铂电极，⑥～⑪量程用 DJS-1 型铂黑电极。大于 $10^4 \mu S \cdot cm^{-1}$ 则选用 DJS-10 型铂黑电极。

2.2.1　DDS-11A 型电导率仪（指针式）

（1）DDS-11A 型电导率仪面板见图 2-2。

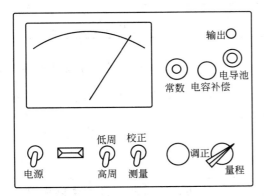

图 2-2　DDS-11A 型电导率仪面板

（2）具体测量步骤

① 接通电源前，先观察指针是否指零，如不指零，可调节表头螺丝。

② 将校正测量开关扳向"校正"位置。

③ 打开电源开关，预热 $3 \sim 5min$，待指针稳定后，调节校正调节器使指针在满刻度。

④ 正确选择高周或低周，如未知电导率大小，应先放在校正测量挡，然后逐挡下降。

⑤ 选用合适的电极，电极应预先浸在蒸馏水内，使用时用待测液洗涤三次，然后浸入待测液，液面超过铂片约 1cm，用电极夹夹紧电极帽，并通过电极夹把电极固定在电极杆上，插入电极插口，电导池常数指示器指在所选用电极已知的常数数值位置上（例如电导池常数已知为 9.8，则把调节器指在 9.8 上）。

⑥ 再次调节校正调节器使指针满刻度。

⑦ 把校正测量开关扳向测量，读出电导率读数，注意所选定量程与刻度读数对应，切勿忘乘倍率！例如量程选择开关指在乘 10^3 的红点挡，指针在表正中，应该读红点对应红色刻度值 1.50 再乘倍率 10^3 即被测值为 $1.50 \times 10^3 \mu S \cdot cm^{-1}$，余类推，记下读数后即把开关扳向校正，指针如偏离满刻度位置应重新校正、测量。

⑧ 若不知电极的电导池常数或电极的电导池常数不准确，必须用 $0.02000 mol \cdot L^{-1}$ 的 KCl 溶液进行校正，其方法为：将用 $0.02000 mol \cdot L^{-1}$ 的 KCl 溶液洗涤过的电极插入装有该 KCl 溶液的电导池中，移入恒定于 25℃ 的恒温槽内，恒温 3～5min，一切准备完毕后，接通电导率仪的电源，将高低周开关扳向"高周"，量程挡打在 $3 \times 10^3 \mu S \cdot cm^{-1}$ 处，先把校正测量开关扳向"测量"。用校正调节器调到 $2.765 \times 10^3 \mu S \cdot cm^{-1}$ 处（25℃ 时 $0.02000 mol \cdot L^{-1}$ 的 KCl 溶液的电导率为 $2.765 \times 10^3 \mu S \cdot cm^{-1}$），再把校正开关扳向"校正"，用电导池常数调节器将指针调至满刻度，这时校正测量开关扳向"测量"，指针应指在 $2.765 \times 10^3 \mu S \cdot cm^{-1}$ 处，若有偏差，按上述步骤重新调节，若指针指示在 $2.765 \times 10^3 \mu S \cdot cm^{-1}$ 处，表明电导池常数已校正好，此后，电导池常数旋钮应保持不动，按步骤⑥、⑦进行测量。

⑨ 注意电极引线、电极杆插头都不要弄潮湿，测量过程应尽量迅速，读数后即把开关扳向校正，如不连续测量应暂断电源，电极使用后应用蒸馏水淋洗干净，浸泡在蒸馏水中备用。

⑩ 插头插入仪器时注意插头缺口方向与仪器插座的凸处相吻合。

2.2.2 DDS-11A 数显电导率仪（数显）

DDS-11A 数显电导率仪面板有几种模式，其一如图 2-3 所示。

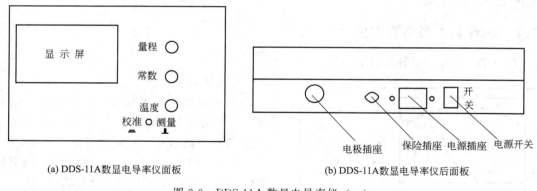

(a) DDS-11A数显电导率仪面板   (b) DDS-11A数显电导率仪后面板

图 2-3 DDS-11A 数显电导率仪（一）

（1）使用方法

① 接通电源，仪器预热 10min。

② 用温度计测出被测溶液的温度，将"温度"补偿旋钮置于被测溶液的实际温度上。当旋钮置于 25℃ 时，仪器则无温度补偿功能。

③ 将电极浸入被测溶液中，电极插头插入仪器后面电极插座内，校准测量开关置于"校准"状态，调节常数旋钮，使仪器显示所用电极的常数标称值（忽略小数点）。

④ 将校准测量开关置于"测量"状态，将量程旋钮置于合适量程，待仪器示值稳定后，该显示值即为被测溶液在 25℃ 时的电导率。

⑤ 当被测溶液的电导率低于 $200\mu S\cdot cm^{-1}$ 时，宜选用 DJS-1C 型光亮电极；当被测溶液的电导率高于 $200\mu S\cdot cm^{-1}$ 时，宜选用 DJS-1 型铂黑电极；当被测溶液的电导率高于 $20mS\cdot cm^{-1}$ 时，可选用 DJS-10 型铂黑电极，此时，测量范围可扩大到 $200mS\cdot cm^{-1}$。

（2）注意事项

① 电极的引线、插头不能受潮，否则将影响测量的准确性。

② 测量高纯水时，应采用密封测量槽或将电极接入管路之中。高纯水应在流动状态下进行测量，否则，由于空气中 CO_2 溶入水中成为 CO_3^{2-} 而使水的电导率增加，影响测量准确性。

③ 仪器设置的温度补偿系数为 $2\%/℃$，与此系数不符的溶液使用温度补偿时会产生一定的误差，此时将温度旋钮置于 25℃，仪器所示数值为该溶液在实际温度时的电导率值。

④ 盛放待测液的容器必须清洁，无其他离子沾污。

（3）电极常数 J 的测定　电极常数的测定可利用一个已知电导率的电解质溶液（可以自己配制），测量它的电导，然后计算确定。一般采用 KCl 溶液作为标准电导溶液，因为这个溶液的电导率在一定浓度及温度下均已有精确标定数据，因此，测得一支电极的电导后就可以计算出这一电极常数。

DDS-11A 数显电导率仪面板另一种模式如图 2-4 所示。

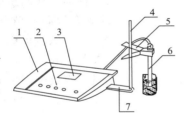 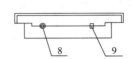

(a) DDS-11A数显电导率仪面板　　　　(b) DDS-11A数显电导率仪后面板

图 2-4　DDS-11A 数显电导率仪（二）

1—机壳；2—按键；3—显示窗；4—电极杆；5—电极架；6—电极；

7—电极杆座；8—电极插座；9—电源插座

（1）按键功能

① "ON/OFF" 选择键，控制仪器的开与关。

② "△" 键，用于调节数字的上升与功能选择的转换。

③ "▽" 键，用于调节数字的下降与功能选择的转换。

④ "确认" 键，用于数值和功能的确认。

⑤ "温度" 键，用于进入温度调节状态。

⑥ "常数" 键，用于进入常数调节状态。

（2）仪器的操作使用

① 按 "ON/OFF" 开关，仪器进入测量状态。

② 按被测介质电导率的高低选用不同常数的电极进行测量。

注意：在电导率测量过程中，正确选择电极常数，对获得较高的测量精度是非常重要的。溶液电导率范围在 $0.00\sim19.99\mu S\cdot cm^{-1}$ 之间，配套电极常数（cm^{-1}）选 0.01；溶液电导率范围在 $20\sim199.9\mu S\cdot cm^{-1}$ 之间，配套电极常数（cm^{-1}）选 0.1；溶液电导率范围在 $0.20\sim9.99mS\cdot cm^{-1}$ 之间，配套电极常数（cm^{-1}）选 1.00；溶液电导率范围在 $10.0\sim100.0mS\cdot cm^{-1}$ 之间，配套电极常数（cm^{-1}）选 10.0。

③ 常数设置 按"常数"键仪器进入常数设置状态，此时屏上显示常数值并闪烁，仪器有四种电极常数（cm^{-1}）可供选择（10.0、1.00、0.1、0.01），按"△""▽"键选择四种电极常数中的任意一种（与所使用的电极常数一致，仪器配套电极常数为1.00），然后按"确认"键；仪器进入实际常数设置状态，按"△""▽"键选择实际的电极常数，然后按"确认"键。

注意：实际的电极常数都须转换成1.00后设置，如0.11的电极常数须乘以10后设置到1.10；C.012的电极常数须乘以100后设置到1.20；11的电极常数须除以10后设置到1.10。

④ 温度设置 按"温度"键设置溶液的温度，此时温度符号闪烁，按"△""▽"键选择溶液的温度，然后按"确认"键。

⑤ 测量 电极常数和溶液温度设置好后即可进行测量，把电极浸入溶液中，此时显示数值即为被测溶液的电导率值。

2.3 电位差计

2.3.1 电位差计

电位差计是根据补偿法原理设计的一种平衡式电位差测量仪器。在测量中几乎不损耗被测对象的能量。实验室采用的 UJ-25 型高电势直流电位差计具有很高的精确度（0.01级），测量上限为 1.911110V，最小分度为 1×10^{-8}V，可用于校验 0.02 级直流电位差计的标准仪器。在实验中与 I 级标准电池和分度值为 $(0.5\sim1)\times10^{-9}$A 的 mmrAC^{15}/2 型直流复射式检流计配合使用。根据需要，它还可以配用分压箱来提高测量上限或配用标准电阻以测量电流或电阻。

2.3.1.1 UJ-25 型直流电位差计

下面介绍利用 UJ-25 型直流电位差计测 1.911110V 以下电动势的方法。

该电位差计的面板如图 2-5 所示。

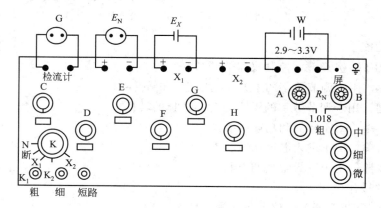

图 2-5 UJ-25 型直流电位差计

具体操作步骤如下。

① 将左下方"粗""细""短路"三个按钮全部松开。

② 将开关 K 放在"断"的位置上。

③ 将检流计 G、标准电池 E_N、待测电池 E_X（未知1或未知2），工作电池 W 分别按指

定位置接在上方的一排端钮上，只有检流计无极性要求，其他各个电池都要按正负极接线，工作电池应根据使用的蓄电池或干电池的电动势的大小，把正极接在 1.95～2.2V 或 2.9～3.3V 的端钮上，负极则接在其左边标明"—"的端钮上。

④ 按下式计算实验温度 $t℃$ 的标准电池电动势：

$$E_t = E_{20} - 0.0000406(t-20) - 0.00000095(t-20)^2$$

式中，E_{20} 是所使用标准电池上标明的 20℃时的标准电动势，$E_{20} = 1.01845V$，把右上方 A、B 两个转盘打到计算所得的 E_t 数值上（1.018AB）。

⑤ 插上检流计电源插头，把检流计左上方分流器开关从"短路"挡调至"直接"挡（最低灵敏度挡）（见图 2-6），调节零点调节器和标盘活动调零器，使光点指示在标尺零位上，在整个调节过程中，如果光点晃动厉害，可按一按电位差计左下方的"短路"按钮。

⑥ 将电位差计开关从"断"处转至标准"N"处，按一下左下方"粗"按钮（一般不要超过 1s）注意观察检流计光点偏转方向，同时调节右方的工作电流，调节"粗""中"旋钮，重复数次，使光点逐渐接近零位，然后调节工作电流的"细""微"旋钮，使左下方"细"按钮按下时检流计光点在零位。此时工作电流（0.0001A）符合标准，校正完

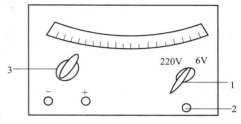

图 2-6　检流计面板
1—电源开关；2—调零旋钮；3—分流器开关

毕，松开左下方按钮，此后右方的工作电流调节旋钮不要再动（上述过程中，如发现检流计光点偏转太大，同样应迅速按一按"短路"按钮。）

⑦ 将第一个测量十进转盘（$\times 10^{-1}$V）调至待测电池电动势估计的数值范围附近，然后将开关转至未知"X_1"（或"X_2"）处，从 10^{-1}～10^{-6} 依次调节每一个十进转盘（先按"粗"按钮调节，后按"细"按钮调节），最后使按下"细"按钮时检流计光点指零，从各个读数窗口读出此时六个测量十进转盘（C、D、E、F、G、H）的示数，即为电动势的测定值。

⑧ 迅速将开关转至标准"N"处，不动调节旋钮，按下"细"按钮，检流计光点应仍指零，如有变动，则需重复⑥、⑦进行校正和测量。

注意事项：不要长时间按下按钮接通电路使电流通过标准电池或待测电池；更换待测电池时或测量间歇及测量结束时都应该将开关转至"断"处，放松所有按钮；实验结束时应将检流计分流器开关转至"短路"处，撤去电池时，应注意避免电池短路，尤其是标准电池最好首先撤下电池上接线柱的一根接线，然后撤电位计端钮上的接线。

2.3.1.2　数字式电位差综合测试仪

需要说明的是，现在有很多的实验室使用数字式电位差综合测试仪，该仪器相当于将 UJ-25 型高电势直流电位差计与其附件如检流计、干电池、标准电池等集成，其面板示意图如图 2-7 所示。

数字式电位差综合测试仪的操作步骤如下。

（1）校正工作电流　按图 2-7 所示的电位差综合测试仪面板示意图接好测量电路。先将"内标""测量""外标"旋钮拨至"内标"（若外接标准电池，则拨至"外标"），将 $\times 10^0$V 电位器旋钮旋至 1V，则"电位指示"为"1.0000"，用"检零调节"使"检零指示"为"0.0000"，校正完毕。

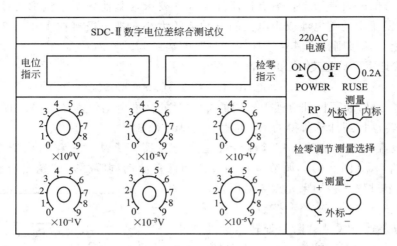

图 2-7　数字式电位差综合测试仪面板

（2）测量电池的电动势　先将电位器旋钮回零。将"内标""测量""外标"旋钮拨至"测量"，调节电位器旋钮，最终使"检零指示"为"0.0000"，此时"电位指示"显示的值即为待测电池的电池电动势。

2.3.2　检流计

（1）构造原理　检流计由可转动的线圈（称动圈）、永久磁铁、张丝、反射镜等组成，当微小的电流通过动圈时，固定的永久磁铁应对动圈产生一个力矩，使张丝发生扭转，带动反光镜，最后使多次反射的光点在标尺上移动。

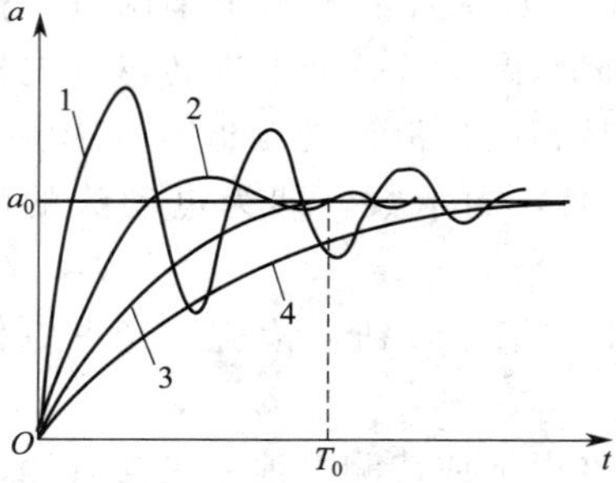

（2）运动特性　动圈在磁场中运动时，可能有下列情况。

① 检流计输入端断开，线圈受到振动后自由振荡，见图 2-8 的曲线 1。

② 检流计输入端短路，整个线圈成为闭合回路，线圈在磁场中运动，产生感应电动势，阻止线圈运动（称阻尼作用），见曲线 2。

图 2-8　检流计的运动特性

③ 检流计输入端接一个外临界电阻，动圈在运动时产生的感应电流减少到适当值，在张丝剩余扭力力矩下能迅速回到零点，见曲线 3。

④ 凡线圈输入端的电阻小于外临界电阻，动圈回到零位的时间就长，称过阻尼，见曲线 4。反之如电阻大于外临界电阻，则动圈还会有些振荡称欠阻尼，见曲线 2。

一般，为改善检流计的运动特性，可在检流计的输入端并联一个约 1.5 倍外临界电阻值的附加电阻，使检流计连接测量线路后，总外阻接近外临界电阻，这样，即使在测量电路断开时，检流计光点也不会自由振荡，由于外临界电阻值大于动圈内阻，并联附加电阻后，检流计的灵敏度不会有明显的降低。

为了减少测量误差，一般高灵敏度检流计（$10^{-8} \sim 10^{-9}$ A·mm^{-1}）配高内阻（阻值为 10^4 Ω）电位差计，低灵敏度（10^{-6} A·mm^{-1}）的配低内阻（阻值 10^2 Ω）电位差计。

2.3.3　数字毫伏计

除了用电位差计测量电池电动势外，还可用电子管毫伏表测量，由于电子管毫伏表的输入阻抗 $R_{外} \gg r_{内}$（原电池的内阻），故电动势 $E = I(R_{外} + r_{内}) \approx IR_{外}$，就被测得，但过去由于电子管毫伏表的精度不高，只能测得 $\pm(1 \sim 2)\mathrm{mV}$，应用不广。近来，由于电子技术的迅速发展，数字式电子毫伏计不但输入阻抗比电子管毫伏表更大，而且测量的精密度也大为提高，好的数字式毫伏表精度可达 $\pm 1\mu\mathrm{V}$（$10^{-6}\mathrm{V}$），而且量程宽广，能自动换挡。实验室中的数字 pH 计当作数字毫伏计使用时，精度可达 $\pm 0.1\mathrm{mV}$。

2.4　分光光度计

（1）工作原理　分光光度计的基本原理是溶液中的物质在光的照射下激发，产生了对光吸收的效应。物质对光的吸收是具有选择性的。不同的物质都有其各自的吸收光谱。因此，单色光通过溶液时，其能量就会被吸收而减弱。光能量减弱的程度和物质的浓度有一定的比例关系，即符合朗伯-比耳定律。

$$A = 2.303\lg \frac{I_0}{I} = kcd$$

式中，I_0 为入射光强度；I 为透射光强度；A 为吸光度；k 为吸收系数；d 为溶液的吸光厚度；c 为溶液的浓度；I/I_0 为透过率。

从上述公式可看出，当 k、d、I_0 不变时，I 是随 c 变化的，A 也随之变化，分光光度计就是根据上述光学定律设计的。

（2）仪器的主要性能

① 光学系统　单光束、衍射光栅。

② 波长范围　$330 \sim 800\mathrm{nm}$。

③ 光源　钨灯 12V，30V。

④ 接收元件　端窗式 G1030 光电管。

⑤ 波长精度　$\pm 2\mathrm{nm}$。

⑥ 波长重现性　0.5nm。

（3）仪器结构　722 型分光光度计是在 72 型的基础上改进而成的，采用衍射光栅获得单色光，以光电管为光电转换元件，用数字显示器直接显示测定数据，因而它的波长范围比 72 型宽，灵敏度提高，使用方便。

① 光学系统　采用光栅自准式色散系统和单光束结构光路。

② 仪器的结构　由光源室、单色器、试样室、光电管暗盒、电子系统及数字显示器等部件组成。

a. 光源室部件　由钨灯灯架、聚光镜架、截止滤光片组架等部件组成。钨灯灯架上装有钨灯，作为可见区域的能量辐射源。

b. 单色器部件　是仪器的心脏部分，位于光源与试样室之间。由狭缝部件、反光镜组件、准直镜部件、光栅部件与波长线性传动机构等组成。在这里使由光源室来的白光变成单色光。

c. 试样室部件　由比色皿座架部件及光门部件组成。

d. 光电管暗盒部件　由光电管及微电流放大器电路板等部件组成。由试样室出来的光经光电转换并放大后，在数字显示器上直接显示出测定液的 A 值或 T、c 值。

（4）仪器的使用与维护

① 使用

a. 使用仪器前，应首先了解仪器的结构和工作原理。对照仪器或仪器外形图（图 2-9）熟悉各个操作旋钮的功能。在未接通电源前，应先检查仪器的安全性，电源线接线应牢固，接地要良好，各个调节旋钮的起始位置应该正确，然后再接通电源开关。

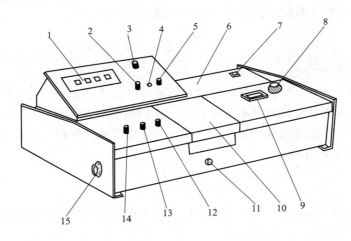

图 2-9　722 型分光光度计外形图

1—数字显示窗；2—吸光度调零旋钮；3—选择开关；4—吸光度调斜率电位器；5—浓度旋钮；
6—光源室；7—电源开关；8—波长手轮；9—波长刻度窗；10—试样室；11—试样架拉手；
12—100%T 旋钮；13—0%T 旋钮；14—灵敏度调节旋钮；15—干燥器

b. 将灵敏度旋钮调至放大倍率最小的"1"挡。

c. 开启电源，指示灯亮，选择开关置于"T"，波长调至测试用波长。仪器预热 20min。

d. 打开试样室盖，光门立即自动关闭。调节"0"旋钮，使数字显示"00.0"。盖上试样室盖，光门自动打开。将比色皿架处于蒸馏水校正位置，使光电管受光，调节透过率"100%"直至稳定，仪器即可进行测定工作。

e. 如果显示不到"100.0"，则可适当增加微电流放大器的倍率挡数，但倍率尽可能置于低挡使用，使仪器有更高的稳定性。倍率改变后必须按 d. 重新校正"0""100%"。

f. 吸光度 A 的测量。将选择开关置于"A"，调节吸光度调零旋钮，使得数字显示为"00.0"，然后将被测试样移入光路，显示值即为被测试样的吸光度值。

g. 浓度 c 的测量　选择开关由"A"旋至"c"，将已标定浓度的试样放入光路，调节浓度旋钮，使得数字显示值为标定值，将被测试样放入光路，即可读出被测样品的浓度值。

h. 如果大幅度改变测试波长时，在调整"0"和"100%"后稍等片刻（因光能量变化急剧，光电管受光后响应缓慢，需有光响应平衡时间），当稳定后，重新调整"0"和"100%"即可工作。

i. 每台仪器所配套的比色皿，不能与其他仪器上的比色皿调换。

② 维护

a. 为确保仪器稳定工作，如电压波动较大，则 220V 电源应该预先稳压。

b. 当仪器工作不正常时，如数字表无亮光，光源灯不亮，开关指示灯不亮，应检查仪器后盖保险丝是否损坏，然后查电源线是否接通，再查电路。

c. 仪器要接地良好。

d. 仪器左侧下角有一只干燥剂筒，试样室内也有硅胶，应保持其干燥性，发现变色立即更新或加以烘干再用。当仪器停止使用后，也应该定期更新烘干。

e. 为了避免仪器积灰和沾污，在停止工作时，用套子罩住整个仪器，在套子内应放数袋防潮硅胶，以免光源室受潮，使反射镜镜面有霉点或沾污，从而影响仪器性能。

f. 仪器工作数月或搬动后，要检查波长精度和吸光度精度等，以确保仪器的使用和测定精度。

2.5 阿贝（Abbe）折射仪

阿贝折射仪的结构见图 1-31。其主要部分为两个直角棱镜，下面一块是可启闭斜面磨砂的辅助棱镜，其作用是使待测液散布成一薄层，紧贴上面一块主棱镜。日光经反射镜射入辅助棱镜，在磨砂面上发生漫反射。从待测液层进入主棱镜产生临界折射现象，转动转轴手柄可调整棱镜组角度，使临界线正好落在测量望远镜视野的×形准丝交点处。由于棱镜组转轴与刻度盘是同轴的，所以临界角的位置能在刻度盘上直接读出。阿贝折射仪以日光或普通白炽灯为光源，不是单色光，折射率不同，会产生色散，因而在测量望远镜筒下有一套消色散的 Amici 棱镜，旋转消色散手柄，可使色散消除。

（1）阿贝折射仪的使用

① 仪器的安装　将折射仪置于靠窗的桌上（不要直接照射阳光）或日光灯、普通白炽灯下，用乳胶管将棱镜组的保温夹套与超级恒温槽串联起来，调节至折射仪温度计达到指定温度并保持恒定。

② 加试液　松开锁钮，开启辅助棱镜，使磨砂面处于水平位置，用滴管加少量丙酮清洗上下镜面，并用擦镜纸揩拭镜面（绝不可用滤纸）。待干燥后，滴加数滴试液于磨砂面上，闭合棱镜，旋紧锁钮。若所测试液易于挥发，则可使棱镜近于闭合，从加液槽滴入试液然后闭合锁紧。

③ 对光　转动转轴手柄，使刻度盘读数最小，调节反光镜，使测量望远镜的视野最亮，并调节目镜，使准丝最清晰。

④ 粗调　转动转轴手柄，使刻度盘读数逐渐增大，直至测量望远镜视场出现彩色光带或明暗临界线为止。

⑤ 消色散　转动消色散手柄，使彩色光带消失，明暗临界线清晰。

⑥ 精调　转动转轴手柄，使临界线正好处于×形准丝的交点上，此时若有微色散要重复步骤⑤。

⑦ 读数　打开圆盘上方的小窗，使光线射入，从读数望远镜中读出折射率读数（应读 1.3000～1.7000 的一行，另一行 0%～95%并非折射率读数）。

（2）阿贝折射仪的校正

折射仪的标尺零点有时会发生移动，因而在使用阿贝折射仪前需用标准物质校正其零点。

折射仪出厂时附有一已知折射率的"玻块"，一小瓶 α-溴萘。滴 1 滴 α-溴萘在玻块的光面上，然后把玻块的光面附着在测量棱镜上，不需合上辅助棱镜，但要打开测量棱镜背后的小窗，使光线从小窗口射入，就可进行测定。如果测得的值与玻块的折射率值有差异，此差值为校正值，也可以用钟表螺丝刀旋动镜筒上的校正螺丝进行校正，使测得值与玻块的折射率相等。

这种校正零点的方法，也是使用该仪器测定固体折射率的方法，只要将被测固体代替玻块进行测定。

在实验室中一般用纯水作标准物质（$n_D^{25} = 1.3325$）来校正零点。在精密测量中，须在所测量的范围内用几种不同折射率的标准物质进行校正，考察标尺刻度间距是否正确，把一系列的校正值画成校正曲线，以供测量对照校正。

（3）阿贝折射仪的保养

仪器应放置在干燥、空气流通的室内，防止受潮后光学零件发霉。

仪器使用完毕后要做好清洁工作，并将仪器放入箱内，箱内放有干燥剂硅胶。

经常保持仪器清洁，严禁油手或汗手触及光学零件。如光学零件表面有灰尘，可用高级麂皮或脱脂棉轻擦后，再用洗耳球吹去。如光学零件表面有油垢，可用脱脂棉蘸少许汽油轻擦后再用二甲苯或乙醚擦干净。

仪器应避免强烈振动或撞击，以防止光学零件损伤而影响精度。

2.6　旋光仪

某些物质具有旋光性，即当一束平面偏振光通过该物质时，能使偏振方向转过一个角度，这个角度称为旋光度。旋光度除了主要取决于分子的立体结构特征外，还与实验条件如温度、光波波长、溶液的浓度、液层厚度等因素有关，因而又提出了比旋光度的概念。比旋光度的定义为：光通过含有质量为 $m(\text{g})$、体积为 $V(\text{cm}^3)$、液层厚度为 $l(\text{dm})$ 的溶液时的旋光度 α

$$[\alpha]_\lambda = \frac{V\alpha}{lm}$$

对于纯液体，$$[\alpha]_\lambda = \frac{\alpha}{l\rho}$$

式中，ρ 为液体密度，g·cm^{-3}；l 为液层厚度，dm。

对于溶液，$$[\alpha]_\lambda^t = \frac{10\alpha}{lc}$$

式中，α 为旋光度；λ 为光的波长；t 为测定温度；l 为液层厚度，cm；c 为每立方厘米溶液（如不另作说明为水溶液）中旋光性物质的质量，g·cm^{-3}。通过手册查得的 $[\alpha]_D^{20}$ 是以钠灯 D 线 589nm 为光源，测量温度为 20℃时测得的比旋光度。

旋光仪是专供测定物质旋光度的仪器，实验室使用的 WXG-4 小型旋光仪的结构原理见图 2-10。

从钠光灯光源射出的单色光，通过起偏镜成为单一方向的平面偏振光，调节检偏镜，光轴的轴向角度与起偏镜一致。该平面偏振光全部能透过检偏镜，视野最明亮；如果旋转检偏镜，透过的光强将减弱；当检偏镜匀光轴与起偏镜垂直时，该偏振光全部不能透过检偏镜，视野黑暗，此时如在样品管中充满含有旋光性物质的溶液，由于溶液使从起偏镜中出来的平

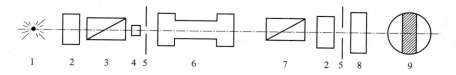

图 2-10　旋光仪结构原理图

1—光源；2—透镜；3—起偏镜；4—石英片；5—光栏；6—样品管；7—检偏镜；8—目镜；9—目镜视野

面偏振光旋转了某一角度 α，视野又能见到一定光亮，只有把检偏镜也相应地转过 α 角度后，视野才能重新变成黑暗，因为检偏镜与刻度盘同轴转动，所以转过的角度 α 也就等于样品管中旋光性物质的旋光度，可从刻度盘上直接读出。

由于很难十分准确地判断视野的黑暗程度，因此在起偏镜后装入一块具有旋光性的石英条（半渡片）形成"三分视界"（见图 2-11）。当原视野最亮时，由于通过石英片的偏振光转过一个角度 ϕ，中间一条比两旁稍暗 [见图 2-11(a)]；原视野黑暗时，中间一条稍亮 [如图 2-11(b)]，这时如将检偏镜移动 $\phi/2$ 角度（称为"半暗角"），三分视界消失 [如图 2-11(c)]，用这样的比较鉴别法是最灵敏的，因为此时只有略微向左或右转动检偏镜就会出现两边比中间暗 [如图 2-11(b)] 或两边比中间亮 [如图 2-11(a)]，因此规定，样品管中没有旋光性物质时，出现上述"暗度一致"的位置作为仪器的零点。若在样品管中装入含旋光性物质的溶液后，调节检偏镜转动角度 α，使视野再次再现"暗度一致"，则所旋的角度 α 为待测液的旋光度，可以从刻度盘上直接读出。检偏镜顺时针转动，称为右旋，用"＋"号表示，逆时针转动则称为"左旋"，用"－"号表示。

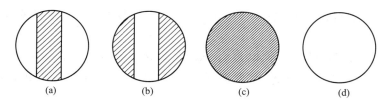

图 2-11　旋光仪测量时目镜视野图

必须注意的是如果将"半暗角"暗度一致的位置再转过 90°，整个视野特别明亮 [如图 2-11(d)]，此时左右旋转检偏镜并不出现明显的明暗交替，很难判断三分视界是否消失，不应将它误认为零点和测量的位置。

旋光仪具体使用方法如下。

① 开启电源，约 5min 后，钠光灯发光正常，可以开始工作。

② 用蒸馏水校正旋光仪零点。校正时，先洗净样品管，将一端盖子盖好，向管内灌满蒸馏水，使液体形成一凸出的液面，小心盖上环片（此时管内不应有气泡），盖上橡皮垫圈和套盖，旋上螺帽（以不漏水为限），不宜过紧，以免使环片受应力或被压碎，揩干样品管外部两端玻片（需用擦镜纸）。将样品管放入旋光仪镜筒，转动刻度盘手轮以旋转检偏镜至视野暗度一致，即三分视界消失的位置，检查角度是否准确，如有偏离，记下此时的"零位"读数。

③ 用待测液洗涤样品管三次，按上述步骤进行测定，再次调节至视野暗度一致位置，读取并记下读数。

④ 样品管用后要及时倾去溶液，用蒸馏水洗净揩干，所有镜片和样品管两端环片都只能用擦镜纸揩擦。

⑤ 仪器连续使用不宜超过 4h，如使用时间较长，中间应关熄光源 10～15min，以冷却钠灯。

⑥ 关于"双游标读数法"的说明。刻度盘共分 360 格，每格 1°，游标分 20 格（等于刻度盘的 19 格）。可以直接读到 0.05°，为了消除刻度盘的偏心差，左右各有一游标，可以通过放大镜分别读取两边读数，然后取平均值。

读数时，先找出游标零线所指的刻度盘上的度数，读取整数部分（零线指在两刻度之间，应读较小的读数）。然后寻找游标上与刻度齐平的一根线，从游标上读下其数值，为小数部分，把整数部分与小数部分相加，即得测量数值。

对于左旋部分（负数）的读数尤应注意，例如，零线在 $-1°$～$-2°$ 之间，应读较小者 $-2°$，然后从游标上读取小数部分，例如 0.35°，结果则为 $-2°+0.35°=-1.65°$。

2.7　恒电位仪

2.7.1　JH-2C 恒电位仪

使用方法：

① 如图 2-12，接通电源，打开电源开关，将 K_4 置于"准备"，K_2 置于"给定"，预热 20min。

② 连接好电极引线，将 K_2 置于"参比"，即可测得参比对研究电极的开路电位（即实验中的自然腐蚀电位）。

③ 恒电位时，将 K_3 置于"恒电位"，K_1 置于最大量程，调节给定电位粗细调 W_{10}、W_9 至所需恒定电位。然后按下 K_4 仪器即开始工作，此时参比电位应和给定电位保持一致，

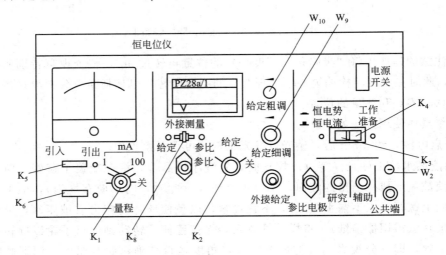

图 2-12　JH-2C 恒电位仪

K_1—恒电位时为极化电流测量量程转换开关；K_2—电位测量选择开关，置于"给定"时电位表读数值
为给定电压，置于"参比"时为参比电极，相对于研究电极的电位；K_3—恒电位、恒电流转换
开关，按下为恒电位；K_4—工作准备开关，按下为工作状态

适当调节 K_1 即可测量出极化电流。

④ JH-2C 恒电位仪数字电压表上所示的是一φ 值。

2.7.2　DJS-292 双显恒电位仪

2.7.2.1　概述

DJS-292 双显恒电位仪是一种电化学实验仪器,可广泛应用于电极过程动力学、化学电源、电镀、金属腐蚀、电化学分析及有机电化学合成等方面的研究。

仪器的主要功能是为实验提供恒电位输出和恒电流输出。在恒电位方式工作时,它使电化学体系的研究电极与参比电极之间的电位保持某一恒定值(由内给定设定),或准确地跟随给定指令信号(外给定)变化,而不受流过研究电极的电流变化的影响。在恒电流方式工作时,它使流过研究电极的电流保持某一恒定值(由内给定设定),或准确地跟随给定指令信号(外给定)变化,而不受研究电极相对于参比电极电位变化的影响。仪器配有高阻抗输入的探头和两个数字表显示,可对电解池的电位和电流同时进行测量。仪器还备有溶液电阻补偿功能和对数电流(log$i$)输出接口。仪器采用了新型高阻调整大功率运算放大器件及高性能的电压稳定器件,有较高槽电压和较好的动态响应。

2.7.2.2　工作原理

DJS-292 双显恒电位仪工作原理如图 2-13。

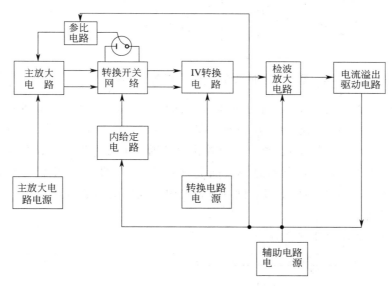

图 2-13　DJS-292 双显恒电位仪工作原理

(1)恒电位工作方式　由于 WE 接在 A_2 的相反输入端,根据运算放大器特性,WE 将维持地(虚地)电位,A_3 的输出端应与 RE 电位相等。由于 A_1 的反相输入端为虚地,且输入阻抗大,又由于 E 给定对地(虚地)和 A_3 输出端对地(虚地)的权电阻均为 $10k\Omega$,因此 A_3 输出端电位应与 E 给定电位相等,也即 RE 对研究电极(虚地)的电位,应为 E 给定的电位(符号相反),这样就达到了恒电位的目的。

从图 2-14 中可知,流过研究电极的电流与流过电流量程电阻 R 的电流必然相等,因此 A_2 的输出电压正比于流过研究电极的电流,通过琴键开关切换不同的 R,可改变量程,得到合适的电流读数。

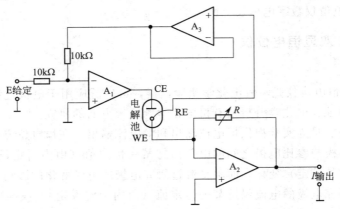

图 2-14　恒电位工作方式时的工作原理图

A₁—主放大器；A₂—I. V 转换放大器；A₃—参比跟随器；CE—辅助电极；RE—参比电极；WE—研究电极

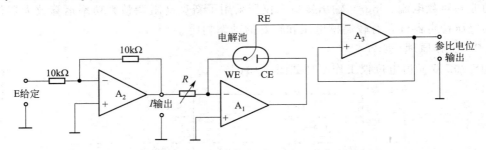

图 2-15　恒电流工作方式时的工作原理图

（2）**恒电流工作方式**　仪器可通过转换开关网络将恒电位工作方式切换为恒电流工作方式。如图 2-15 所示，A₂ 接成 1∶1 反相放大器，其输出电位与输入电位 E 给定数值相等而符号相反。由于 A₂ 具有功率输出能力，该输出电位通过电流量程电阻 R 转换成电流，接入主放大器 A₁ 反相输入端，A₁ 使流过 WE 的电流等于流过电阻 R 的电流，从而达到恒电流的目的。A₃ 将研究电极与参比电极之间的电位经阻抗变换供测量用。

2.7.2.3　使用方法

（1）**前面板**　前面板如图 2-16 所示。

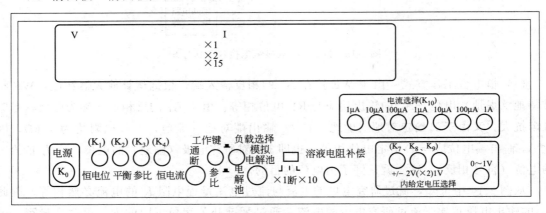

图 2-16　前面板示意图

① 显示部分　显示栏由两部分组成，左栏为电压，右栏为电流，电压显示栏有三个指示灯，"×1""×2"为恒电位工作方式，显示内给定所给直流电压，当内给定电压选择"2V"键按下时，电压指示灯"×2"亮，实际的显示值应乘2；指示灯"×15"为恒电流工作方式时，所显示的是直流槽电压。当内给定电压选择"2V"键时，所显槽电压在原（×15）基础上再乘2。电流选择按键决定电流单位。

② 电源开关　电源开关为红色有机按键 K_0，按下电源通，再按下电源断。

③ 仪器工作方式选择　仪器工作方式选择有"恒电位"（K_1）、"平衡"（K_2）、"参比"（K_3）和"恒电流"（K_4）四挡。按下 K_1 或 K_4，仪器将按恒电位或恒电流方式工作；按下 K_3，仪器测量研究电极与参比电极之间的开路电位；按下 K_2，将使实验者更容易地把给定电位调节到平衡电位上。

④ 负载由左、右两键控制　左键置"断"，则仪器与负载断开，左键置"工作"，则仪器与负载接通。右键置"模拟"状态时，仪器接通内部的模拟负载（10kΩ 电阻），置"电解池"状态时，仪器与外部电解池接通。

⑤ 溶液电阻补偿　溶液电阻补偿由控制开关和电位器（10kΩ）组成。控制开关分"×1""断""×10"三挡，在"×10"时补偿溶液电阻是"×1"的10倍，"断"则溶液反应回路中无补偿电阻。

⑥ 内给定电压选择　内给定电压选择由三个按键和电位器组成。电位器提供 $0\sim1V$ 的可调直流电压。"1V""2V"键提供在 $1\sim2V$、$2\sim3V$、$3\sim4V$ 之间的内给定可调直流电压，按下"2V"，同时使电压显示指示灯"×2"点亮。"＋/－"键确定仪器内给定的极性。

⑦ 电流选择　电流选择由七挡按键组成。分别为"1μA""10μA""100μA""1mA""10mA""100mA""1A"。

当仪器在恒电位工作方式时，由电流选择键选择合适的显示单位。

当仪器在恒电流工作方式时，电流显示为仪器提供的恒电流值。

（2）后面板　后面板如图 2-17 所示。

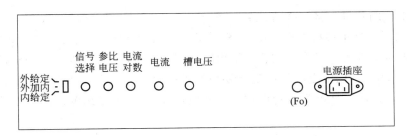

图 2-17　后面板示意图

除了电源插座和保险丝座以外，还有信号选择。信号选择由选择开关和五个高频插座组成。选择开关可选"外给定""外加内"和"内给定"三种给定方式。"外给定"方式时，由外加信号从开关右侧的高频插座插入；"内给定"方式时，由仪器内部提供直流电压信号；"外加内"方式时，则由外加信号和内部直流电压信号共同组成信号。

其余四个高频插座分别为"参比电压""电流对数""电流"和"槽电压"四个输出端，可与外接仪表或记录仪连接。各输出端的输出阻抗小于 2kΩ。为消除测量误差，要求外接仪表或记录仪的输入阻抗大小为 1MΩ。

（3）电化学实验装置的连接　仪器的外给定插座可以和信号发生器连接，提供给恒电位仪不同波形的电压信号。仪器的电位输出、电流读数输出或电流读数对数输出都可与 X-Y 记录仪或示波器连接，记录实验数据。所配的引出线中，红夹接高电位，黑夹接低电位。"槽电压"接口引线可用以监视槽电压。

一般的电化学实验装置可按图 2-18 连接。仪器的电解池电极引线接到电解池，其中黑夹接研究电极（WE），红夹接辅助电极（CE），仪器的参比电路组件探头夹子与电解池的参比电极（RE）相接。

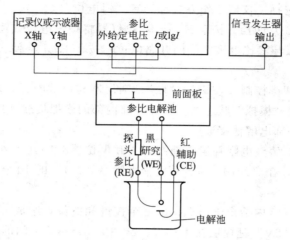

图 2-18　恒电位仪在一般电化学实验中的连接

（4）实验操作

① 实验前的准备　初次使用恒电位仪前必须仔细阅读使用说明书，掌握本仪器的基本原理和操作要领，正确连接电化学实验装置。检查 220V 交流电源是否正常，将"工作"置"断"，"电流选择"置"1A"，工作方式置"恒电位"，打开电源开关，将仪器预热 30min。

② 参比电位的测量　将工作方式置"参比测量"，工作键左键置"通"，右键置"电解池"。面板上电压表显示参比电极（RE）相对于研究电极（WE）的开路电位，符号相反。

③ 平衡电位的设置　工作方式置"平衡"，负载选择置"电解池"，调节内给定电位器，使电压表显示 0.000，该给定电位即是所要设置的平衡电位（见图 2-19）。由于此时主放大器输出电位显示 1mV，实际上给定电位离平衡电位仅差不到 0.2mV，这就使平衡电位设置更为准确。

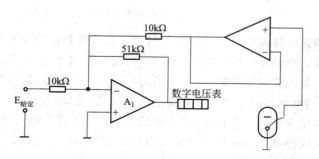

图 2-19　工作方式为"平衡"时的原理示意图

④ 极化电位、电流的调节　如要对电化学体系进行恒电位、恒电流极化测量，应先在模拟电解池上调节好极化电位、电流值，然后再将电解池接入仪器。如要利用内给定作为电化学体系的平衡电位的设置，而由外给定引入信号发生器，在此基础上给电化学体系施加不同的极化波形，可按平衡电位的设置，由内给定准确地设置到平衡电位上。"信号选择"开关置"外加内。"

由外给定接入信号发生器作为极化信号，同时应先在模拟电解池上调节好极化电位、极化电流或极化波形。

⑤ 电化学体系的极化测量　"负载选择"置于"电解池"，接通电化学体系，记录实验曲线。应注意，在恒电位工作方式时选择适当的电流量程，一般应从大电流量程到小电流量程依次选择，使之既不过载又有一定的精确度。

⑥ 溶液电阻补偿的调节和计算　一些电化学体系实验必须进行溶液电阻补偿方能得到正确结果。方法是按正常方式准备电解池体系，将给定电位设置在所研究电位化学反应的半波电位以下，即在该电位下电化学体系无法拉第电流。由信号发生器经外给定在该电位上叠加一个频率为 1kHz 或低于 1kHz、幅度为 10～50mV（峰-峰值）的方波。由示波器监视电流输出波形，溶液电阻补偿开关置"×1"或"×10"调节补偿多圈电位器使示波器波形如图 2-20 中所示的正确补偿的图形。然后在这种溶液电阻补偿的条件下进行实验。同时应注意溶液电阻与多种因素有关，特别是与电极之间的相互位置有关。因此在变动电解池体系中各电极之间相对位置以后，应重新进行溶液电阻补偿的调节。

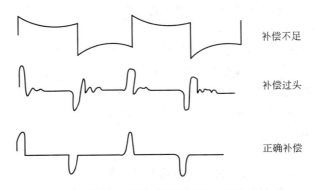

补偿不足

补偿过头

正确补偿

图 2-20　溶液电阻补偿调节时的电流输出波形

溶液电阻的计算应是溶液电阻补偿正确调节以后，溶液电阻调节多圈电位器数值乘上电流量程。例如：多圈电位器读数为 9（90%），电流量程为 10mA，电流量程电阻为 100Ω，则溶液电阻值为 90Ω。多圈电位器读数应在实验结束后，逆时针旋转多圈电位器到底，记下旋转圈数，即为多圈电位器读数。

电流量程与电流量程电阻对应关系如表 2-1。

表 2-1　电流量程与电流量程电阻对应关系

电流量程	电流量程电阻	电流量程	电流量程电阻
1μA	1MΩ	10mA	100Ω
10μA	100kΩ	100mA	10Ω
100μA	10kΩ	1A	1Ω
1mA	1kΩ		

2.8 PGM-Ⅱ型数字小电容测试仪

（1）简述

PGM-Ⅱ型数字小电容测试仪采用微弱信号锁定技术，在引进先进技术及组件的基础上设计制造而成。它综合了三大特性（高精度、低造价、宽量程），克服了高精度仪表的价格昂贵、普通仪表的低分辨率（不大于 0.1pF）和小电容仪窄量程的三大缺陷。

该仪器不但能进行电容量的测定，而且可和电容池、电容池座配套对电解质的介电常数进行测定。

（2）使用与操作

① 准备　将仪器连接 220V 交流电，插好测试线。

② 测量

a. 将电源开关置于"通"位，预热 5～10min。

b. Ⅰ挡分辨率为 0.001pF，Ⅱ挡分辨率为 0.1pF。

c. 按下"采零"键，使显示器显示"00.00"（Ⅰ挡）或"000.0"（Ⅱ挡）。

d. 将电容池与仪器插孔插好，待仪器读数稳定后，显示读数为被测电容的电容量。

③ 介电常数 ε 的测量（电容池中电容的测定）

a. 将测试线的一端与电容测试仪接好，另一端放置于电容池近处；将电容池座测试线接入电容池座，使测试线尽量不要晃动，以取得较为稳定的分布电容。

b. 待数值稳定后，将仪器"采零"。

c. 将测试头插入电容池（高精度测量时，还应将电容池上管接头接入恒温油进行循环），并记录读数 $C'_{空}$（$C'_{空}$ 为电容池的空气介质电容 $C_{空}$ 和系统分布电容 $C_{分}$ 之和）。

d. 拔下电容池测试线，将电容池中间夹层填入液体电解质（要略高于中间柱面），待数值稳定后，按"采零"键，再插上电容池测试线，测出电容池电容量 $C'_{样}$（$C'_{样}$ 为电介质电容与分布电容 $C_{分}$ 之和）。

（3）注意事项

① 严禁将带电电容器接入仪表测量，以防损坏仪器。

② 当使用测试线进行测试时，应在测试线接上仪器时按"采零"键，以消除分布电容的影响。

③ 由于是小电容测试，故开机后，应待读数稳定后再进行操作。

④ 在测试中为保证测试精度，应尽量不要改变测试线的位置。

2.9 PGM-Ⅱ型电容池

（1）概述

PGM-Ⅱ型电容池用来与 PGM-Ⅱ型数字小电容测试仪配合，测定液体样品的介电常数，并计算分子的偶极矩。

（2）使用方法

① 由于介电常数对杂质异常敏感，使用前应将加料盖及密封圈卸下，用乙醚或丙酮对内、外电极之间的间隙冲洗数次，并用电吹风吹干，才能注入样品。

② 注入的样品应浸没内、外电极，但勿接触端盖，然后将密封圈和加料盖加上旋紧，勿使漏气。

③ 测定时用电吹风将电容池二极间的空隙吹干，旋上金属盖，将电容池的测试线与小电容测试仪连接好即可。

④ 电容池在出厂时均经过严格的漏油检查，如使用过程中发现漏油，可将电容池外面衬以铝皮夹在台虎钳上用扳手（附件）将端盖进一步旋紧即可。

2.10 DY301S 稳流稳压电泳仪

DY301S 稳流稳压电泳仪是用于胶体电泳速度测定，生化物质如蛋白质、酶、核酸等生物大分子及氨基酸、核苷酸、单糖、脂肪、生物碱、维生素等生物小分子分离纯化、分析制备的重要工具。仪器电路设计先进，制造工艺严格，整机稳定性好。目前已广泛用于物理化学实验、生物化学、医学研究、免疫学、临床鉴定等领域。

（1）使用方法

① 先将仪器输出端与电泳槽连接。输出端红色为正极，黑色为负极。然后接通电源，按下"电源"开关，电源指示灯亮。

② 根据实验要求选定"稳压"或"稳流"。选择"稳压"时"稳压 V"指示灯亮，此时显示的数值为电压（V）。选择"稳流"时"稳流 mA"指示灯亮，此时显示的数值为电流（mA）。

③ 顺时针缓慢调节"输出调节"旋钮，使输出电压或电流达到所需值即可。

④ 在稳压工作状态时，按住"查看"按键可显示当前电流值（mA）。在稳流工作状态时，按住"查看"按键可显示当前电压值（V）。

（2）注意事项

① 当仪器处于工作状态（有输出）时切不可连接仪器与电泳槽接线。同样，当仪器处于工作状态时切不可拆除仪器与电泳槽接线。

② 更换保险丝时一定要拔下电源插头。所换保险丝规格须符合使用说明书"技术参数"要求。

③ 电泳实验过程中如需变换"稳压"或"稳流"工作方式，应将输出电压调至零后方可切换。

④ 开机前先检查"输出调节"旋钮应在逆时针到底的位置。

第3章 基本实验

实验3-1 恒温槽的安装与调试

【实验目的】

通过实验，熟悉恒温槽的构造、原理及其应用；初步掌握恒温槽安装和调试的基本技术；了解评判恒温槽控温品性的基本方法，掌握恒温槽曲线测定的实验技巧；掌握贝克曼温度计和温度控制仪的构造及使用方法。

【实验提要】

许多物理化学参量都与温度有关。所以在测量这些参数时，通常要求在某设定温度下进行。能维持温度恒定的装置称为恒温装置或恒温槽，大部分物理化学参数的测量实验均要求在恒温槽中进行。故恒温槽的安装、调试和使用是基础化学实验教学中要求学生必须掌握的实验技术之一。

恒温槽之所以能够恒温，主要是依靠恒温控制器来控制恒温槽的热平衡。当恒温槽的热量由于对外散失而使其温度降低时，恒温控制器就驱使恒温槽中的电加热器工作，待加热到所需的温度时，它又会使其停止加热，使恒温槽温度保持恒定。

图3-1是一种典型的恒温装置，由以下几个部件组成。

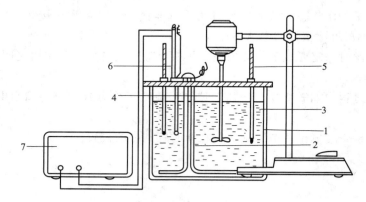

图3-1　恒温槽装置图

1. 浴槽

浴槽可根据不同的实验要求来选择合适质料的槽体，其形状、大小也可视实际需要而定。

2. 加热器或制冷器

如果设定温度值高于环境温度，通常选用加热器；反之，若设定温度低于环境温度，则需选择合适的制冷器。加热器或制冷器功率的大小直接影响恒温槽的控温品性。图3-2是几种典型的控温灵敏度曲线，其中（c）、（d）是在加热功率过大和过小时测得的曲线，（a）、 （b）则表示加热功率适中的情况。显然（a）的控温品性优于（b），通常用控温灵敏度来衡量恒温槽控温品性的好坏。

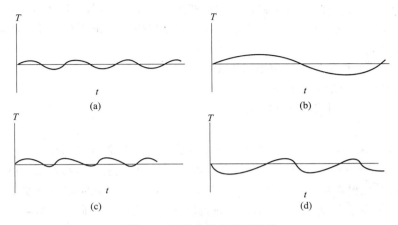

图 3-2　几种典型的控温曲线

对于具有如图 3-2(a)、（b）所示控温曲线的恒温槽，其灵敏度 t_E 可用下式计算：

$$t_E = \pm(t_{max} - t_{min})/2 \tag{3-1}$$

式中，t_{max}、t_{min} 分别是恒温槽控温曲线上的最高点与最低点的温度值。t_E 描述了实际温度与设定温度间的最大偏离值，因而可用 t_E 描述恒温槽的恒温精度。然而对于形如图 3-2(c)、（d）所示控温曲线的恒温槽，由于控温曲线的不对称性，用式(3-1) 计算"t_E"是无意义的。

3．介质

通常根据待控温范围选择不同类型的恒温介质。如待控温度在 $-60 \sim 30℃$ 时，一般选用乙醇或乙醇水溶液；$0 \sim 90℃$ 时用水；$80 \sim 160℃$ 时用甘油或甘油水溶液；$70 \sim 300℃$ 时常用液体石蜡或硅油等。有时也视实验具体要求来选择合适的恒温介质，如"偶极矩测定"实验中要求选用绝缘介质，如变压器油等。

4．搅拌器

搅拌器安装的位置、桨叶的形状对搅拌效果都有很大的影响。为了使恒温槽介质温度均匀，根据需要来选择合适的搅拌器，且搅拌时应尽量使搅拌桨靠近加热器。

5．温度计

通常选用 （1/10）℃水银温度计来准确测量系统的温度。有时应实验之需也可选用其他更精密的温度计。在本实验中，为精确测量恒温槽的温度波动性，选用高精度的贝克曼温度计测量温度变化。

6．感温元件

对温度敏感的元件称为感温元件，它是恒温控制仪的感温探头。恒温控制仪接收来自感温探头的输入信号，从而控制加热器的工作与否。感温元件有许多种，原则上凡是对温度敏感的器件均可作感温元件。常用的感温元件有热电偶、热敏电阻、水银定温计（接触式温度计或水银导电表）等。本实验选用水银导电表作感温元件。

7．恒温控制器

如前所述，它依据感温元件发送的信号来控制加热器的"通"与"断"，从而达到控制温度的目的。

【仪器和药品】

仪器和材料：20dm³ 圆形玻璃缸，电动搅拌器，1kW 加热器，温度计（0～50℃，分度 0.1℃及 0～100℃，分度 1℃），贝克曼温度计，水银导电表，恒温控制器，秒表。

【实验前预习要求】

1. 明确恒温槽的控温原理、恒温槽的主要部件及作用。
2. 了解本实验恒温槽的电路连接方式。
3. 了解贝克曼温度计的调节和使用方法。

【实验内容】

1. 按图 3-1 安装好仪器，并在玻璃槽中加入洁净的水至槽口约 5cm 处。
2. 接通电源，选择合适的搅拌速度，调压器旋至 200V 左右，再将水银导电表螺杆上的指示铁之上表面调至比设定温度值（如 25℃）低 1～2℃的位置。此时恒温控制仪红灯亮，表明加热器正在加热，观察水银温度计读数，系统温度缓缓上升。与此同时，水银导电表中水银柱不断升高，以致在某一时刻该水银柱与触针相连而使导电表两接线柱导通，恒温控制仪灯熄灭，绿灯亮，表明加热器已停止加热，仔细观察测温温度计读数。若实际温度低于设定温度可将触针向上旋，至红灯亮。如此反复调节，直至在设定温度时红绿灯刚好交替亮熄为止。
3. 适当改变调压器输出电压（亦即改变加热器加热功率），使恒温控制仪上红、绿灯亮、熄间隙时间间隔相等，记录加热电压和电流，并由此计算加热功率，该值即为该温度下最佳加热功率。
4. 在上述温度下，将贝克曼温度计的读数调整至 2～3℃之间，再将其置于恒温槽中测量温度计的附近。
5. 每隔一定时间（如 20～30s）记录一次贝克曼温度计读数，并注意在加热器的一次通断周期中至少记录 6～7 个温度值，以便于作图。连续测量 5 个周期即可。
6. 同法测量该温度下比最佳加热功率小一半和大一倍的控温曲线。
7. 将设定温度分别提高和降低 10℃，重复上述测量过程。

【注意事项】

1. 要选择合适的恒温介质、温度计和搅拌器。
2. 搅拌时注意搅拌器的位置，应尽量使搅拌桨靠近加热器。

【数据记录与处理】

1. 将测量数据以表格形式表示。
2. 以温度为纵轴，时间为横轴，作出各不同温度最佳加热功率时的控温曲线。
3. 计算不同温度时恒温槽的控温灵敏度。
4. 求作其他加热功率时的控温曲线。

【思考与讨论】

1. 讨论恒温槽控温精度的影响因素。
2. 什么是恒温槽加热器的最佳功率，如何确定最佳加热功率的控温曲线？
3. 对于如图 3-2 中曲线（c）和（d），是否仍可用式(3-1)计算，以衡量恒温槽的控温精度？为什么？曲线（c）和（d）对设定温度的偏差如何？
4. 调试时，若恒温控制仪的红灯（加热通）一直亮着，温度却无法达到设定值，分析可能的原因。

实验 3-2 液体黏度的测定

液体黏度的测定
（理论部分）

液体黏度的测定
（实操部分）

【实验目的】

通过实验，掌握恒温槽的调节和使用，了解其控温原理；了解黏度的意义和温度对黏度的影响；掌握用奥氏（Ostwald）黏度计测定黏度的方法。

【实验提要】

当液体以层流形式在管道中流动时，可看作是一系列不同半径的同心圆筒分别以不同速度向前移动，液层之间由于速度不同而表现出内摩擦现象。液体内摩擦力 f 的大小分别与两液层间的接触面积 A 和速度梯度 $\dfrac{\mathrm{d}v}{\mathrm{d}r}$ 成正比，即

$$f = \eta A \cdot \frac{\mathrm{d}v}{\mathrm{d}r} \tag{3-2}$$

式中，比例系数 η 为黏度系数（或黏度）。可见，液体的黏度可量度液体内摩擦力的大小，反映了流体内部阻碍其相对流动的特性，在国际单位制中，黏度的单位为 $N \cdot m^{-2} \cdot s$，即 $Pa \cdot s$（帕·秒），习惯上常用 P（泊）或 cP（厘泊）来表示，1 帕·秒（$Pa \cdot s$）=10 泊（P）。

测定液体黏度的方法大致有三类：

（1）测定液体在毛细管中的流出时间；

（2）测定圆球在液体中的下降速度；

（3）测定液体对同心轴圆柱体相对转动的影响。

一般以方法（1）较为方便。

液体在毛细管内因重力而流出时遵从泊肃叶（Poiseuille）公式：

$$\eta = \frac{\pi r^4 p t}{8 V l} \tag{3-3}$$

式中，$p = \rho g h$ 为液体的静压力；t 为流出时间；r 为毛细管半径；l 为毛细管长度；V 为时间 t 时流经毛细管的液体体积。

对于同一黏度计，r、V、l、h 不变，如果密度分别为 ρ_1 和 ρ_2 的两种液体在重力作用下流出时间分别为 t_1 和 t_2，则它们的黏度之比：

$$\frac{\eta_1}{\eta_2} = \frac{\rho_1 t_1}{\rho_2 t_2} \tag{3-4}$$

η_1 / η_2 称为液体 1 对液体 2 的比黏度，以已知黏度的液体为标准，则被测液体黏度便可求得。

温度对液体的黏度有明显的影响，一般温度升高，液体的黏度减小，故测定黏度必须在恒温下进行。

本实验采用 Ostwald 黏度计（图 3-3）。

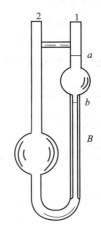

图 3-3 奥氏黏度计

【仪器和药品】

仪器和材料：恒温槽，Ostwald 黏度计，10mL 吸量管，小烧杯，秒表，洗耳球，电吹风（公用）。

药品：无水乙醇（A. R.）。

【实验前预习要求】

1. 了解恒温槽控温原理，掌握恒温槽主要组成部件的作用（见第1章1.1.3）。

2. 了解黏度大小的物理意义。了解常用的黏度测定方法及适用条件。

【安全隐患与处置措施】

1. 安全隐患

（1）本实验使用黏度计、吸量管等玻璃仪器，容易折断而划伤使用者。

（2）本实验使用恒温槽等电气设备，可能存在电路老化、漏电等隐患。

（3）本实验使用危化品乙醇，其蒸气对使用者眼和呼吸道黏膜有轻微的刺激作用。

2. 处置措施

（1）如发现有人被破碎的玻璃划伤，应立即用创可贴贴上止血；严重割伤的话，应立即包扎止血，送医院救治。

（2）使用仪器前应该检查外壳是否带电，如发现有人触电，应立即设法使触电者迅速而安全地脱离电源，将伤员移至通风处平躺。对重度症状者，实施心肺复苏，送医院救治。若因漏电出现火灾事故，尽快断开火灾现场电路，然后再施救。

（3）使用易燃化学品乙醇时要避免明火，要注意房间通风。

【实验内容】

1. 调节恒温槽到（20.0±0.1）℃。

2. 用吸量管吸取6.0mL无水乙醇放入干洁的黏度计管2中，将黏度计垂直浸入恒温槽中，上刻度 a 应略低于水面，待恒温数分钟后，用洗耳球在管1上吸气，使管中液体上升超过上刻度 a（注意：勿将液体吸入洗耳球），放开洗耳球让液体自动流下，用秒表记录液面自上刻度 a 降至下刻度 b 所经历的时间，重复测量三次，取其平均值。

3. 调节恒温槽至（25.0±0.1）℃，恒温后同上法测定。

4. 取出黏度计，将乙醇倾入回收瓶中，利用电吹风将黏度计吹干（注意：倾出乙醇后切勿用蒸馏水洗涤），然后用吸量管吸取6.0mL蒸馏水放入黏度计，在（25.0±0.1）℃用上述同样方法测定。

【注意事项】

1. 黏度计在恒温槽中要垂直放置。

2. 测定过程中，黏度计毛细管B中液体不能有气泡存在。

【数据记录与处理】

室温_____℃；大气压_____kPa。

		无水乙醇		蒸馏水
实验温度/℃				
密度 ρ/(g·cm^{-3})				
时间 t/s	1			
	2			
	3			
	平均			
黏度 η/cP				

1. 由附录查出实验温度下水的黏度及无水乙醇、水的密度填入上表。将实验数据记录于上表中。

2. 以水为标准，计算乙醇在各温度下的黏度。

【思考与讨论】

1. 组成恒温槽的主要元件有哪些？它们的作用各如何？如何调节槽温？

2. 为什么加入标准液体和待测液体的体积必须相同？

3. 温度对液体的黏度有何影响？为什么水在25℃的数据 η_2、ρ_2、t_2 与乙醇在20℃的数据 ρ_1、t_1 可代入公式 $\dfrac{\eta_1}{\eta_2}=\dfrac{\rho_1 t_1}{\rho_2 t_2}$ 计算求得 η_1？

4. 如果将乙醇倾入回收瓶后，黏度计不吹干而先用蒸馏水认真洗涤三次继续实验，对实验结果有无影响？如果在步骤4中由于操作不慎（如：用力捏住1、2两管）而将黏度计折断，是否可取另一黏度计继续实验补做完蒸馏水一组数据？

Experiment 3-2   Determination of Liquid Viscosity

【Objective】

Master the adjustment and use of thermostat bath; understand its principle of controlling temperatures; understand the significance of viscosity and the influence of temperature on viscosity; master the method of viscosity measurement with Ostwald viscometer.

【Principle】

When the liquid flows in the pipeline in the form of laminar flow, it can be regarded as a series of concentric cylinders with different radii moving forward at different speeds, and the internal friction phenomenon appears between the liquid layers due to different velocities. The friction force (f) in the liquid is proportional to the contact area (A) and velocity gradient $\dfrac{\mathrm{d}v}{\mathrm{d}r}$ between two liquid layers, namely

$$f = \eta A \cdot \frac{\mathrm{d}v}{\mathrm{d}r} \tag{3-2}$$

Where the proportional coefficient η is called viscosity coefficient (or viscosity). It can be seen that the viscosity of a liquid can be used to measure the friction force in the liquid and reflect the property of hindering its relative flow inside the liquid. In the International System of Units, the unit of viscosity is $N \cdot m^{-2} \cdot s$, namely $Pa \cdot s$. P or cP is usually used to express the viscosity, $1\ Pa \cdot s = 10\ P$.

There are three kinds of methods for measuring the viscosity of liquids:

(1) Determine the outflow time of liquid in capillary;

(2) Determine the falling speed of ball in liquid;

(3) Determine the influence of relative rotation of liquid between concentric cylinders.

Generally, method (1) is more convenient.

When flowing out of the capillary tube due to gravity, the liquid obeys the Poiseuille Equation:

$$\eta = \frac{\pi r^4 pt}{8Vl} \qquad (3-3)$$

Where $p = \rho gh$ is the static pressure of the liquid, t is the outflow time, r is the radius of capillary, l is the length of capillary, V is the volume of liquid flowing through capillary tube at the time of t.

For the same viscometer, r, V, l and h are constant. If the outflow time of two liquids with density ρ_1 and ρ_2 under gravity is t_1 and t_2 respectively, then the ratio of their viscosities is

$$\frac{\eta_1}{\eta_2} = \frac{\rho_1 t_1}{\rho_2 t_2} \qquad (3-4)$$

$\frac{\eta_1}{\eta_2}$ is called the specific viscosity of liquid 1 to liquid 2. If the liquid with known viscosity is taken as the standard, the viscosity of the measured liquid can be obtained.

Temperature has an obvious effect on the viscosity of liquid. Generally, the viscosity of liquid will decrease with the increase of temperature, so the determination of viscosity must be carried out at a constant temperature.

Ostwald viscometer (Figure 3-3) was used in this experiment.

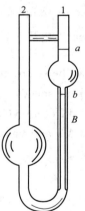

Figure 3-3　Ostwald viscometer

【Apparatus and Reagents】

Apparatus and materials: thermostat bath, Ostwald viscometer, pipette of 10mL size, small beaker, stopwatch, aurilave, blow drier (public).

Reagents: anhydrous ethanol (A. R.).

【Pre-experiment Requirement】

1. Understand the principle of controlling temperatures of thermostatic bath and master the functions of main components of thermostatic bath (see 1. 1. 3 Temperature Control in Chapter 1 Basic Knowledge and Basic Measurement Technology).

2. Understand the physical meaning of viscosity. Understand the commonly used methods of viscosity measurement and their applicable conditions.

【Potential Safety Hazard and Treatment Measures】

1. Potential Safety Hazard

(1) This experiment uses viscometers, pipettes and other glass instruments, which are easy to break and scratch the user.

(2) This experiment uses electrical equipments such as thermostat bath, which may have hidden dangers such as circuit aging and leakage.

(3) This experiment uses ethanol, a dangerous chemical, and its vapor has a slight irritation effect on the user's eyes and respiratory mucosa.

2. Treatment Measures

(1) If someone is found to have been scratched by broken glass, they should immedi-

ately use a band-aid to stop the bleeding; for severe cuts, they should be immediately bandaged to stop the bleeding and sent to the hospital for treatment.

(2) Before using the instrument, check whether the shell is charged. If anyone is found electrocuted, immediately try to make the electrocuted person quickly and safely get away from the power supply, and move the wounded to a ventilated place to lie down. For those with severe symptoms, perform cardiopulmonary resuscitation and send them to hospital for treatment. In case of fire accident due to electric leakage, disconnect the fire site circuit as soon as possible, and then rescue.

(3) Avoid open flames when using flammable chemical ethanol, and pay attention to room ventilation.

【Experimental Section】

1. Adjust the thermostatic bath to (20.0 ± 0.1)℃.

2. Use a pipette to suck 6.0mL of anhydrous ethanol into the clean viscometer tube 2 and immerse the viscometer vertically into the thermostatic bath. The upper scale "a" should be slightly lower than the water surface. After several minutes at a constant temperature, inhale in tube 1 with aurilave to make the liquid in the tube rise more than the upper scale "a" (Note: do not inhale the liquid into the aurilave), than release the aurilave and let the liquid flow down automatically. Record the time taken by the liquid level from the upper scale "a" to the scale "b" with a stopwatch. Repeat the measurements three times and take the average value.

3. Adjust the thermostatic bath to (25.0 ± 0.1)℃ and measure with the same method after keeping a constant temperature.

4. Take out the viscometer, pour the ethanol into recovery bottle, and dry the viscometer with blow drier (Note: do not wash the viscometer with distilled water after pouring out the ethanol), then use a pipette to suck 6.0mL of distilled water into the viscometer and measure at (25.0 ± 0.1)℃ with the same method as above.

【Notes】

1. The viscometer should be placed vertically in the thermostatic bath.

2. In the process of determination, there should be no bubble in capillary B.

【Data and Analysis】

Temperature _____℃; pressure _____ kPa.

		Anhydrous ethanol	Distilled water
Experiment temperature/℃			
Density $\rho/(\text{g} \cdot \text{cm}^{-3})$			
Time t/s	1		
	2		
	3		
	Average		
Viscosity η/cP			

1. Find out the viscosity of water and the density of anhydrous ethanol and water at the experimental temperature from the appendix and fill in the table above. Record the data in the table above.

2. Calculate the viscosity of ethanol at different temperatures based on water.

【Questions】

1. What are the main components of the thermostatic bath? What are their roles? How to adjust tank temperature?

2. Why must the volume of the standard liquid and the liquid to be measured be the same?

3. What is the effect of temperature on the viscosity of liquid? Why can the data (η_2, ρ_2, t_2) of water at 25℃ and (ρ_1, t_1) ethanol at 20℃ be subsituted in the equation $\dfrac{\eta_1}{\eta_2} = \dfrac{\rho_1 t_1}{\rho_2 t_2}$ to calculate η_1?

4. If the ethanol is poured into the recovery bottle and the viscometer is washed with distilled water for three times without drying, will the experiment result be affected? If the viscometer is broken due to careless operation (e. g. pinching tube 1 and tube 2) in step 4, can another viscometer be used to continue the experiment and complete a set of data of distilled water?

实验 3-3　黏度法测定高聚物的分子量

【实验目的】

通过实验，学会使用乌氏黏度计测定高聚物的分子量；掌握黏度法测定聚乙烯醇分子量的原理、过程和数据处理方法。

【实验提要】

由于高聚物的分子量大小不一、参差不齐，且没有一个确定的值，故实验测定某一高聚物的分子量实际为分子量的平均值，称为平均分子量。根据测定原理和平均值计算方法的不同，平均分子量常分为数均分子量、质均分子量、z 均分子量和黏均分子量。

对于同一聚合物，其测得的数均分子量、质均分子量、z 均分子量或黏均分子量在数值上往往不同。人们常用渗透压、光散射及超离心沉降平衡等法测得分子量的绝对值。黏度法能测出分子量的相对值，因其设备简单，操作方便，并有很好的实验精度，故是人们所常用的方法之一。

黏度是液体流动时内摩擦力大小的反映。纯溶剂黏度反映了溶剂分子间内摩擦效应之总和；而高聚物溶液黏度 η 是高聚物分子之间内摩擦、高聚物分子与溶剂分子间内摩擦以及溶剂分子间内摩擦三者总和。因此，通常高聚物溶液的黏度 η 大于纯溶剂黏度 η_0，即 $\eta > \eta_0$。为了比较这两种黏度，引入增比黏度的概念，以 η_{sp} 表示：

$$\eta_{sp} = \frac{\eta - \eta_0}{\eta_0} = \eta_r - 1 \tag{3-5}$$

式中，η_r 为相对黏度；η_{sp} 表示已扣除了溶剂分子间内摩擦效应，只留下溶剂分子与高聚物分子之间、高聚物分子相互间的内摩擦效应，其值随高聚物浓度而变。

Huggins（1941 年）和 Kraemer（1983 年）分别找出 η_{sp}/c（称为比浓黏度）以及 $\ln\eta_r/c$（称为比浓对数黏度）与溶液浓度的关系：

$$\eta_{sp}/c = [\eta] + K'[\eta]^2 c \tag{3-6}$$

$$\ln\frac{\eta_r}{c} = [\eta] + K''[\eta]^2 c \tag{3-7}$$

实验发现：对同一高聚物，两直线方程外推所得截距 $[\eta]$ 交于一点；常数 K' 为正值，K'' 一般为负值，且两者之差约为 0.5；$[\eta]$ 值是与高聚物分子量有关的量，称为特征黏度。

$$[\eta] = \lim_{c \to 0}\frac{\eta_{sp}}{c} \tag{3-8a}$$

$$[\eta] = \lim_{c \to 0}\ln\frac{\eta_r}{c} \tag{3-8b}$$

可见，$[\eta]$ 反映了在无限稀溶液中溶剂分子与高聚物分子间的内摩擦效应，它不仅与溶剂的性质有关，而且与高聚物的形态和大小有关。

$[\eta]$ 的单位是浓度的倒数，它的数值随溶液浓度的表示法不同而异。本实验用 100mL 溶液中所含高聚物分子的质量（g）作为浓度的单位。

常用于描述高聚物分子量与特征黏度的关系式是 Mark 经验式：

$$[\eta] = KM_\eta^\alpha \tag{3-9}$$

式中，M_η^α 为黏均分子量；K 和 α 是与温度、高聚物及溶剂性质有关的常数。K 值对温度较敏感，α 值主要取决于高聚物分子线团在溶剂中的舒展程度。在良性溶剂中，高聚物分子呈线性伸展，与溶剂摩擦机会增加，α 值变大；反之，在不良溶剂中，α 值小。α 值一般在 0.5～1 之间，而 K、α 的具体数值只能通过诸如渗透压、光散射等的绝对方法确定，现将常用的几种高聚物-溶剂体系的数值列于表 3-1。

表 3-1　常用的几种高聚物-溶剂体系的数值

高　聚　物	溶剂	T/K	$K \times 10^4$	α
聚乙烯醇	水	298.2	2.0	0.76
	水	303.2	6.66	0.64
聚苯乙烯	苯	293.2	1.23	0.72
	甲苯	298.2	3.70	0.62
聚甲基丙烯酸甲酯	苯	298.2	0.38	0.79

在良性溶剂中，温度对 $[\eta]$ 的影响不是很显著，因此，如果测定时的温度与表 3-1 指定的温度有所不同，K 和 α 值亦可近似适用。

至此可知，高聚物的分子量的测定最后归结为溶液特征黏度 $[\eta]$ 的测定。液体黏度的测定方法有三类：落球法、转筒法和毛细管法。前两种适用于高中黏度的测定，毛细管法适用于较低黏度的测定。本实验采用毛细管法。

当溶液在重力作用下流经毛细管黏度计时，根据 Poiseuille 近似公式：

$$\eta = \frac{\pi th g \rho r^4}{8Vl} \tag{3-10}$$

式中，η 为液体黏度；ρ 为液体密度；l 和 r 为毛细管长度和半径；t 为体积为 V 的液体流经毛细管的时间；h 为流经毛细管液体的平均液柱高度；g 为重力加速度。对某一指定毛细管黏度计，其 r、h、l 和 V 均为定值，则式(3-10) 可改写为：

$$\eta = K\rho t \tag{3-11}$$

式中，$K = \pi h g r^4 / (8Vl)$。通常是在稀溶液中测定高聚物的黏度，故溶液的密度与溶剂的密度近似相等，则溶液的相对黏度可表示为：

$$\eta_r = \frac{\eta}{\eta_0} = \frac{K\rho t}{K\rho_0 t_0} = \frac{t}{t_0} \tag{3-12}$$

式中，t 和 t_0 分别为溶液和纯溶剂的流出时间。

实验中，只要测出不同浓度下高聚物的相对黏度，即可求得 η_{sp}、η_{sp}/c 和 $\ln(\eta_r/c)$。作 η_{sp}/c 对 c 和 $\ln(\eta_r/c)$ 对 c 图，外推至 $c=0$ 时可得 $[\eta]$。在已知 K、α 值条件下，可由式 (3-9) 计算出高聚物的分子量。

【仪器和药品】

仪器和材料：恒温装置一套，乌氏黏度计，5mL、10mL 移液管各 2 支，洗耳球，秒表，100mL 容量瓶 1 只，100mL 烧杯 1 只，3 号砂芯漏斗 1 只，100mL 有塞锥形瓶 11 只。

药品：聚乙烯醇（A.R.），正丁醇（A.R.），无水乙醇（A.R.）。

【实验前预习要求】

1. 了解黏度法测定高聚物的分子量的原理。
2. 了解乌氏黏度计的构造原理和使用方法。

【实验内容】

1. 聚乙烯醇溶液的配制

准确称取聚乙烯醇 0.500g 于烧杯中，加 60mL 蒸馏水，稍加热使之溶解。待冷却至室温后，转移至 100mL 容量瓶中，加入 0.25～0.3mL 正丁醇（消泡剂）。在 298.2K 恒温约 10min，加水稀释至 100mL，如溶液浑浊则用 3 号砂芯漏斗过滤后待用。

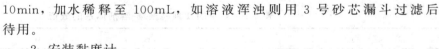

2. 安装黏度计

所用黏度计必须洁净，有时微量的灰尘、油污等会产生局部的堵塞现象，影响溶液在毛细管中的流速，而导致较大的误差。所以在做实验前，黏度计应彻底洗净，并放在烘箱中干燥。本实验采用乌氏黏度计（见图 3-4），它的最大优点是溶液的体积对测定没有影响，所以可以在黏度计内采取逐渐稀释的方法，得到不同浓度的溶液。

在侧管 C 上端套一软胶管，并用夹子夹紧使之不漏气。调节恒温槽至 (25.00±0.05)℃。把黏度计垂直放入恒温槽中，使 G 球完全浸没在水中，放置位置要合适，以便于观察液体的流动情况。恒温槽电动机的搅拌速度应调节合适，不致产生剧烈振动，影响测定的结果。

3. 溶剂流出时间 t_0 的测定

图 3-4　乌氏黏度计

用移液管取 10mL 已恒温的蒸馏水，由 A 注入黏度计中。待恒温 5min 后，利用洗耳球由 B 处将溶剂经毛细管吸入球 E 和球 G 中（注意：不要过快，以免溶剂吸入洗耳球！），然后除去洗耳球使管 B 与大气相通并打开侧管 C 的夹子，让溶剂依靠重力自由流下。记录液面从 a 到 b 标线所用的时间 t_0，重复三次（任意两次时间差不得超过

0.2s），取其平均值。

4. 溶液流出时间 t 的测定

在原 10mL 蒸馏水中加入已知浓度的高聚物溶液 10mL，加入后封闭 B 管，用洗耳球通过 A 管多次抽吸至 G 球，以洗涤 A 管，并使溶液混合均匀。然后如步骤 3，测定该溶液的流出时间 t_1。同法测定加入 5mL、5mL、10mL 和 10mL 蒸馏水后各浓度下溶液的流出时间 t_2、t_3、t_4 和 t_5。

【注意事项】

1. 溶液浓度的选择

随着溶液浓度的增加，聚合物分子链之间的距离逐渐缩短，因而分子链间作用力增大。当溶液浓度超过一定限度时，高聚物溶液的 η_{sp}/c 或 $\ln\eta_r/c$ 与 c 的关系不呈线性。因此测定时最浓溶液和最稀溶液与溶剂的相对黏度在 2.0～1.2 之间。

2. 溶剂的选择

高聚物的溶剂有良性溶剂和不良溶剂两种。高聚物分子在良性溶剂中，易伸展，在不良溶剂中，则不易伸展而团聚。α 是与高聚物在溶液中的形态有关的经验参数。在良性溶剂中，分子舒展松懈，α 较大，溶液的 $[\eta]$ 也较大；在不良溶剂中，分子团聚紧密，则 α 较小。一般而言，同一高聚物从良性溶剂到不良溶剂组成溶液，α 可在 0.5～1.7 之间变化。K 和 α 均与温度、高聚物性质、溶剂等因素有关，也与分子量大小有关。K 值受温度的影响较明显，而 α 值主要取决于高分子线团在某温度下、某溶剂中舒展的程度。在选择溶剂时，要注意考虑溶解度、价格、来源、沸点、毒性、分解性和回收等方面的因素。

3. 毛细管黏度计的选择

常用毛细管黏度计有乌氏和奥氏两种，本实验采用乌氏黏度计。其中毛细管的直径和长度以及 E 球体积的选择，应根据所用溶剂的黏度而定，使溶剂流出时间在 100s 以上，但毛细管直径不宜小于 0.5mm，否则测定时容易阻塞。

4. 恒温槽

温度波动直接影响溶液黏度的测定，国家规定用黏度法测定分子量的恒温槽的温度波动为 $\pm 0.05℃$。

【数据记录与处理】

1. 将实验数据记录于下表中。

		流出时间 t/s				η_r	η_{sp}	η_{sp}/c	$\ln\eta_r$	$\ln(\eta_r/c)$
		测量值			平均值					
		1	2	3						
溶剂					$t_0 =$					
溶液	$c = 1/2 c_0$				$t_1 =$					
	$c = 2/5 c_0$				$t_2 =$					
	$c = 1/3 c_0$				$t_3 =$					
	$c = 1/4 c_0$				$t_4 =$					
	$c = 1/5 c_0$				$t_5 =$					

2. 作 η_{sp}/c 对 c 和 $\ln(\eta_r/c)$ 对 c 图，得两直线。将两条直线外推至 $c=0$，求出 $[\eta]$ 值。

3. 根据所用溶剂和测量温度，选择合适的 K 和 α，再由 $[\eta] = K M_\eta^\alpha$ 求出聚乙烯醇的分子量。

【思考与讨论】

1. $[\eta]$ 与纯溶剂黏度是否相等？为什么？
2. 乌氏黏度计的支管 C 有何作用？
3. 分析本实验成败的关键何在。

实验 3-4　汽化法测分子量

【实验目的】

通过实验，学习用 Victor-Meyer 法测定挥发性物质的近似分子量；熟悉气压计的使用，掌握量气技术。

【实验提要】

在温度不太低、压力不太高的条件下，气体的分子量可由理想气体状态方程得出：

$$pV = nRT = \frac{m}{M}RT \tag{3-13}$$

所以

$$M = \frac{mRT}{pV} \tag{3-14}$$

如果将质量为 m 的物质汽化，置换出相同物质量的空气，在给定的温度 T 和压力 p 下测量其气体体积 V，即可计算该物质的分子量 M。

【仪器和药品】

仪器和材料：Victor-Meyer 装置一套（如图 3-5），分析天平，小玻璃泡数个，打气球，酒精灯，镊子，烧杯。

药品：乙酸乙酯（A.R.），25%NaCl 溶液。

【实验前预习要求】

预习第 1 章 1.2.2 常用测压仪表，熟悉气压计的使用方法。

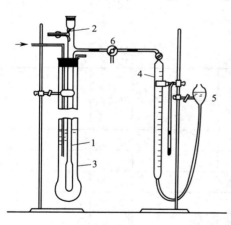

图 3-5　气体分子量测定装置

1—汽化管；2—封装样品的小玻璃泡；3—外套管；4—量气管；5—水准球；6—三通活塞

重新准确称量。

【实验内容】

1. 检查汽化管是否干燥（如不干燥，需取下汽化管将打气球玻管伸至其内，在电炉上边烘烤边打气直到干燥）。如装置图 3-5 所示，在外管中装入适量 25%食盐水，使液面与汽化管底相距 3～4cm，并在食盐水中加入少量沸石，三通活塞处于系统通大气位置，接通电炉的电源，将食盐水加热至沸点，并使之持续沸腾。

2. 读取气压计读数和气压计附属温度计读数，作气压读数的温度校正。

3. 与此同时，取三个小玻璃泡分别在分析天平上准确称量。将小玻璃泡在酒精灯上微烘，随即将毛细管端浸入烧杯内的乙酸乙酯中，玻璃泡冷却时液体即被吸入，然后于酒精灯上熔封毛细管尖端，

4. 将小玻璃泡轻轻地沿壁放入汽化管，架于横插小棒上、塞好顶塞，旋转三通活塞至汽化管和量气管相通位置（不通大气），检查系统是否漏气（将水准瓶下移一定距离，量气管水面随之稍有下降，但高于水准瓶水面，则说明不漏气，为什么？）

5. 确认系统不漏气后，检查汽化管内温度是否恒定（转动三通活塞至处于系统通大气位置，量气管和水准瓶中水面齐平，然后旋转三通活塞至汽化管和量气管相通而不通大气位置，如果液面不断变化，说明温度尚未恒定）。

6. 待温度恒定后，旋转三通活塞至处于系统通大气位置，提高水准瓶，赶出一部分空气，使量气管水面升至刻度顶点附近，旋转三通活塞至汽化管和量气管相通而不通大气位置，调节水准瓶，使量气管与水准瓶水面等高，记下量气管初读数 V_1。

7. 拉动套在横插小棒上的橡皮管以移动横插小棒，使小玻璃泡掉至汽化管底而破碎，乙酸乙酯液体迅速汽化，将空气排入量气管，注意随时移动水准瓶以保持水面等高，读取量气管中最大体积读数 V_2（随后由于部分样品蒸气进入量气管冷凝，气体体积将会有所减少）。并记下量气管温度 t。

8. 旋转三通活塞至系统通大气位置，拔去电炉电源插头。取出汽化管，清除管内碎玻片，边烘烤边用打气球吹去蒸气，干燥后，取另外两个小玻璃泡分别重复上述实验。

9. 实验结束时，按步骤 2 再次读取气压计读数并作温度校正，前后两次取平均值。

【注意事项】

封乙酸乙酯玻璃泡时要封严密，否则会由于其易挥发而带来实验误差。

【数据记录与处理】

1. 将实验数据记录于下表中。

2. 将实验数据代入公式 $M=\dfrac{mRT}{pV}$ 计算乙酸乙酯分子量。

注：设汽化管内空气中水蒸气含量与实验室中大气相同，而排入量气管后为水蒸气所饱和，则压力校正如下：

$$p=p_{大气}-p_{水}^{0}(1-\gamma) \tag{3-15}$$

式中，$p_{水}^{0}$ 为量气管温度下水的饱和蒸气压；γ 为实验室空气的相对湿度，可由干湿度计读数查知。

3. 进行误差分析，根据实验操作条件和仪器精度估算实验结果的最大误差范围、分析主要误差来源。

	气压计读数 /kPa	附属温度计读数 /℃	校正值 Δp_t /kPa	大气压力 p/kPa	
				测量值	平均值
开始时					
结束时					

编号	玻璃泡质量 /g	（玻璃泡＋乙酸乙酯）质量/g	乙酸乙酯质量/g	量气管 初读数 V_1/mL	量气管 末读数 V_2/mL	排出空气 $V=V_2-V_1$ /mL	量气管温度 t/℃	乙酸乙酯分子量 M
1								
2								
3								

1. 汽化管与量气管温度不同，为什么可用在量气管测得的被排出空气的 p、V、T 来计算乙酸乙酯的分子量？

2. 称量乙酸乙酯太多或太少对测量结果各有何影响？如果小玻璃泡毛细管尖端熔封不严，结果将偏大还是偏小？

3. 如何检查系统是否漏气和汽化管温度是否恒定？温度不恒定对实验有什么影响？

4. 为什么气压计读数一般都应作温度校正？

实验 3-5　凝固点下降法测定分子量

【实验目的】

通过实验，熟悉用凝固点下降法测定溶质的分子量的方法，加深对稀溶液依数性的理解；掌握溶液凝固点的测量技术。

【实验提要】

溶液的液相与固相平衡时的温度称为溶液的凝固点。在溶液浓度很稀时，溶液凝固点降低值仅取决于所含溶质分子的数目，凝固点下降是稀溶液依数性的一种表现。

凝固点下降法测定化合物的分子量是一个简单而又较为准确的方法。

若一难挥发的非电解质物质溶于纯液体中形成一种稀溶液，则此液的凝固点降低值与溶质的质量摩尔浓度成正比，即：

$$\Delta T = T_0 - T = K_f \frac{1000 m_B}{M m_A} \tag{3-16}$$

式中，T_0、T 分别为纯溶剂和溶液的凝固点；m_B、m_A 分别为溶质、溶剂质量；M 为溶质的分子量；K_f 为溶剂的凝固点降低常数，其值与溶剂的性质有关，以水作溶剂，则为 1.86。

溶质在溶液中有离解、缔合、溶剂化和络合物生成等情况存在，都会影响溶质在溶剂中的分子量。因此，溶液的凝固点降低法也用于研究溶液的电解质电离度、溶质的缔合度、溶剂的渗透系数和溶质的活度等。

由于过冷现象的存在，纯溶剂的温度要降到凝固点以下才析出固体，然后温度再回升到凝固点。溶液冷却时，由于随着溶剂的析出，溶液浓度相应增大，故凝固点随溶剂的析出而不断下降，在冷却曲线上得不到温度不变的水平线段，一般地，溶液的凝固点应从冷却曲线上待温度回升后外推而得。因此，测定过程中应设法控制适当的过冷程度，一般可以通过调节制冷介质的温度、控制搅拌速度等方法来实现。

【仪器和药品】

仪器和材料：数字式精密温差测定仪，凝固点测定管，800mL、250mL 烧杯各一只，50mL、10mL 移液管各一支，空气套管一只，干燥器，放大镜一只，温度计（±20℃）一支。

药品：尿素（A.R.），NaCl。

【实验前预习要求】

1. 掌握稀溶液依数性原理及公式使用条件。

2. 了解过冷现象产生的原因。

【实验内容】

1. 用分析天平称取 0.250~0.300g 的尿素两份，置于干燥器内。

2. 将适量食盐、碎冰及水放入大烧杯中混合为冷浴，准确移取 60mL 蒸馏水注入清洁干燥的凝固点管，并将其置于冷浴内。

3. 按图 3-6 装好搅拌器，数字式精密温差测定仪的探头应位于管中心，并保持冷浴温度在 -2~-3℃ 左右。

4. 调节温差测定仪，数字显示为 "0" 左右。

5. 用搅拌器不断搅拌液体，注意切勿使搅拌器与探头相摩擦，仔细观察温度变化情况，温度降低一定值，有冰析出，从冰浴中取出凝固点管，迅速擦干管外部，将其放入空气套管内，并置于冰浴中缓慢均匀搅拌液体。温度在一定时间内保持不变时，即已达水的凝固点，记下此温度，作为水的近似凝固点。取出测定管以手温之，管中冰融化，重置冷浴中测定，当温度降至高于近似凝固点 0.5℃ 时迅速取出凝固点管，擦干，将其放入空气套管内，并置于冰浴中缓慢均匀搅拌液体。当温度降至接近凝固点时，迅速搅拌，以防过冷超过 0.5℃。冰析出后，温度回升时改为缓慢搅拌，直至稳定，此温度为水的凝固点。重复三次，三次测定结果偏差不超过 0.004℃。温度回升至最高温度后又下降。

6. 取出测定管，使管中冰融化，加入第一份试样，使之全部溶解。测定溶液的凝固点的方法与测纯溶剂相同。不同的是，溶液凝固点是取过冷后回升所达到的最高温度。如此重复三次后，再加入第二份试样，同样进行测定。

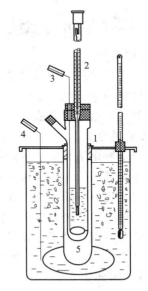

图 3-6　凝固点测定仪
1—凝固点管；2—温差测定仪；
3,4—搅拌棒；5—空气套管

【注意事项】

1. 盐水冰浴的温度应不低于待测溶液凝固点 3℃。

2. 测定溶液凝固点过程中，要注意防止过冷温度超过 0.5℃，否则所得凝固点将偏低，影响分子量测定的结果。

3. 如用贝克曼温度计测定温差，则要注意水银球，防止搅拌不慎而打破。

【数据记录与处理】

1. 将实验数据记录于下表中。

室温＿＿＿＿＿℃；大气压＿＿＿＿＿kPa。

纯水体积		纯水温度		纯水密度	
纯水量		样品"1"重		样品"2"重	
编　　号	凝　固　点/℃				
	1	2	3	平均	
溶剂					
溶液"1"					
溶液"2"					

2. 由所得数据计算尿素的分子量，并与按分子式计算的分子量比较，计算其百分误差。

【思考与讨论】

1. 凝固点下降公式在何种条件下适用？

2. 采取哪些措施可避免过冷现象或减少过冷程度？

3. 本实验中凡与溶液接触的物品（凝固点测定管，数字式精密温差测定仪、搅拌器）均应干燥清洁，何故？

实验 3-6　燃烧热的测定

【实验目的】

通过实验，熟悉量热计的原理、构造及使用方法；用氧弹式量热计测有机物的燃烧热，了解恒容燃烧热和恒压燃烧热的关系；学会用雷诺图解法来校正温度改变值。

燃烧热的测定
（理论部分）

【实验提要】

一般化学反应的热效应，往往因为反应太慢或反应不完全，不是不能直接测定，就是测不准，但是利用盖斯定律和燃烧热数据可以间接求算，因此燃烧热广泛地用在各种热化学计算中。

量热法是热力学实验的一个基本方法。测定燃烧热可以在恒容条件下，亦可在恒压条件下，由热力学第一定律可知：在不做非膨胀功的情况下，恒容燃烧热（Q_V）等于内能变化 ΔU，恒压燃烧热（Q_p）等于焓变化

燃烧热的测定
（实操部分）

ΔH，因此两者有下面的关系：

$$Q_p = Q_V + \Delta n(g)RT \tag{3-17}$$

式中，$\Delta n(g)$ 为反应过程中生成物与反应物中气体的物质的量之差；R 为摩尔气体常数；T 为反应的温度，K。

图 3-7　氧弹外形图

测量热效应的仪器称作量热计（卡计），量热计的种类主要为定容（弹式）和定压（火焰式）两类。前者适用于固态和液态物质的燃烧，后者适用于气态或挥发性液态物质的燃烧。根据测定原理，燃烧热的测量方法可分为补偿式和温差式。补偿式量热法是把研究体系置于一等温量热计中，这种量热计的研究体系与环境之间进行热交换时，两者的温度始终保持恒定，并且与环境温度相等，常用相变潜热或电加热补偿研究体系吸、放的热量；温差式量热方法是假设研究体系发生热效应时，与环境之间不发生热交换（绝热式量热计），热效应会导致量热计的温度发生变化，通过测定温度变化便可求得热效应。

本实验用氧弹卡计测量燃烧热。图 3-7 为氧弹外形图。测量基本原理是能量守恒定律，即样品完全燃烧放出的热使卡计本身及其周围的介质（本实验用水）温度升高，测量了介质燃烧前后温度的变化，就可以求算该样品的恒容燃烧热。其关系式如下：

$$\frac{m}{M}|Q_V| = (3000\rho c + C_卡)\Delta T - 3.136L \tag{3-18}$$

式中，M 为待测物质的分子量；m 为样品的质量；3000 为卡计中介质水的体积，cm^3；

ρ 为水的密度；c 为水的比热容；$C_卡$ 为卡计的水当量（量热计每升高 1℃所需的热量）；L 为合金丝的长度（其燃烧值为 3.136J·cm^{-1}）。

氧弹卡计的水当量 $C_卡$ 一般采用测热值用标准物质苯甲酸的燃烧热来标定（苯甲酸的恒容燃烧热 $Q_V = -26460$J·g^{-1}），即称取质量为 m 的苯甲酸放在氧弹卡计中燃烧，测其始、末温度，代入式（3-18）便可求得。

热化学中定义 1mol 物质完全氧化时的反应热称燃烧热。所谓"完全氧化"是指：有机物中 C 的燃烧产物为 CO_2(g)，H 的燃烧产物为 H_2O(l)，N 的燃烧产物为 N_2(g)。为了保证样品完全燃烧，氧弹中必须充足高压氧气，因此要求氧弹密封，耐高压，耐腐蚀，同时粉末样品必须压成片状，以免充气时充散样品，使燃烧不完全而引进实验误差，完全燃烧是实验成功的第一步。第二步还必须使燃烧后放出的热量不散失，不与周围环境发生热交换，全部传递给卡计本身和其中盛放的水，使卡计和水的温度升高。为了减少卡计与环境发生热交换，卡计放在一恒温的套壳中。卡计和套壳中间有一层挡屏，以减少空气的对流，同时卡计壁高度抛光，减少热辐射。即便如此，热漏还是无法完全避免，因此燃烧前后温度变化的测量值必须经过雷诺作图法校正。校正方法如下：称适量待测物质，使燃烧后，水温升高 1.5～2.0℃。预先调节水温低于室温 0.5～1.0℃。然后将燃烧前后历次观察的水温对时间作图，连成 $FHIDG$ 折线（图 3-8），图中 H 相当于开始燃烧的点，D 为观察到的最高的温度读数点，作相当于室温的平行线 JI 交折线于 I，过 I 点作横轴的垂线 ab，然后将 FH 线和 GD 线外延交 ab 线于 A、C 两点，A、C 两点所表示的温度差即为欲求温度的升高 ΔT。图中 AA' 为开始燃烧到温度上升至室温这一段时间 Δt_1 内，由环境辐射进来和搅拌引进的能量而造成卡计温度的升高，必须扣除。CC' 为温度由室温升高到最高点 D 这一段时间 Δt_2 内，卡计向环境辐射出能量而造成卡计温度的降低，因此需要添加上。由此可见，AC 两点的温差较客观地表示了由于样品燃烧使卡计温度升高的数值。

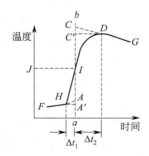

图 3-8　绝热较差时的雷诺校正图

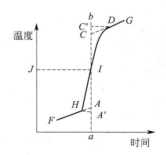

图 3-9　绝热良好时的雷诺校正图

有的卡计绝热情况良好，热漏小，而搅拌器功率大，不断引进能量使得燃烧后的最高点不出现（如图 3-9）。这种情况下仍可按同样原理校正。

【仪器和药品】

仪器和材料：GR-3500 型氧弹式量热计，压片机，氧气钢瓶（附减压阀），贝克曼温度计或数字式精密温度测定仪一台，2000mL 及 1000mL 容量瓶各一只，合金丝，万用电表（公用）。

药品：萘（A.R.），煤，苯甲酸（燃烧热专用）。

【实验前预习要求】

1. 学习第 1 章 1.1.4 热效应的测量方法。

2. 学习高压钢瓶和氧气减压阀的使用注意事项。

【安全隐患与处置措施】

1. 安全隐患

（1）本实验使用压力容器，可能存在氧气钢瓶和氧弹爆炸的危险。

（2）本实验使用的电气设备，可能存在电路老化，从而引发仪器漏电与使用者触电的危险。

（3）本实验使用样品萘等有机物，萘等芳香族化合物大都具有麻醉作用及抑制造血功能的毒性。

2. 处置措施

（1）氧气钢瓶须在固定钢瓶柜中，按照钢瓶最高压力和使用压力范围选择合适规格的氧气减压阀，氧气减压阀要专用，不能与其他阀互换。另外，在给氧弹充氧气过程中，要注意钢瓶中气体不能用尽。

（2）如发现有人触电，应立即切断电源，将伤员移至通风处平躺。对重度症状者，实施心肺复苏，送医院救治。若因漏电出现火灾事故，尽快断开火灾现场电源，然后再施救。

（3）由于样品萘易挥发、易升华，要注意呼吸系统和眼睛的防护。可以用煤等代替该样品。

【实验内容】

1. 样品压片

用台秤称取约 0.8g 的苯甲酸（切不可超过 1.1g）。用分析天平准确称量长度为 15cm 长的合金丝。将已称好的苯甲酸样品倒入模子中，将模子装在压片机上，压片，直到压紧样品为止。取出压好样品，将此样品在分析天平上准确称量后即可供燃烧用。

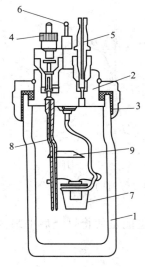

图 3-10　氧弹的结构图

1—氧弹外筒；2—弹盖；3—螺纹；
4—进气口；5—排气口；6—电极；
7—燃烧杯；8—电极；9—火焰遮板

2. 充氧气

把氧弹的弹头放在弹头架上，将装有样品的燃烧杯放入燃烧杯架上，燃烧丝绕成弹簧状置于样品上，燃烧丝的两端分别紧绕在氧弹头中的两根电极上（两电极与燃烧杯切不可相碰），再将弹头放入弹杯内，用手将弹帽拧紧。用万用电表检查两电极是否通路，若通路，则充氧。在使用高压钢瓶时，必须严格遵守操作规则。氧弹结构见图 3-10。

充氧气如图 3-11 所示。充氧气步骤如下：将氧气表头的导管和氧弹的进气管接通，此时减压阀门 2 应逆时针旋松（即关紧），打开阀门 1 直至表 1 指针指在表压 10MPa 左右，然后渐渐旋紧减压阀门 2（即打开），使表 2 指针指在表压 2MPa，氧气已充入氧弹中。1～2min 后旋松（即关闭）减压阀门 2，关闭阀门 1，再松开导气管，氧弹已充有 2.1MPa 的氧气（注意不可超过 3MPa），可作燃烧之用。但是阀门 2 至阀门 1 之间尚有余气，因此要旋紧减压阀门 2 以放掉余气，再旋松阀门 2，使钢瓶和氧气表头恢复原状。

3. 燃烧和测量温度

用万用电表检查充好氧气的氧弹是否通路后，将氧弹放入内筒内，见示意图 3-12。

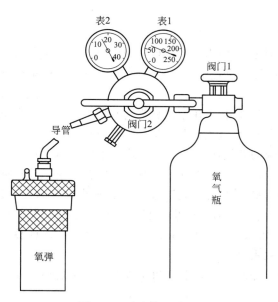

图 3-11　充氧气示意图

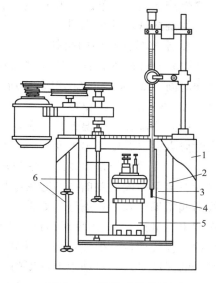

图 3-12　氧弹式量热计

1—恒温外层；2—挡板；3—不锈钢水桶；
4—贝克曼温度计；5—氧弹；6—搅拌器

将温差测量仪探头插入量热计的外筒水中，记下水的温度，作为室温（环境温度）。

用容量瓶取已调节到低于室温 $1 \sim 2K$ 的水（为什么？）3000mL 倒入内筒中，水面盖过氧弹（两电极应保持干燥），如有气泡逸出表明氧弹漏气，需寻找漏气的原因并排除。装好搅拌电动机，盖上盖子，将温差测量仪探头插入内筒水中。

把控制箱上的电极插头插在氧弹的两电极上，检查控制箱的开关，把"振动、点火开关"拨在"振动"挡上（否则在打开"总电源开关"时即点火）。旋转"点火电源旋钮"到最小，打开"总电源开关"（此时总电源指示灯和计时指示灯亮）和"搅拌开关"，把"计时开关"拨向"1分"挡（使每隔 1min 报时一次），待搅拌电动机运转 $2 \sim 3$min 后，每隔 1min 读取水温一次（精确至 ± 0.002℃），直至连续五次水温保持不变。把"振动点火开关"由"振动"挡拨向"点火"挡，旋转"点火电源旋钮"，先用小电流，后逐步加大电流，直至点火指示灯熄灭，即表示样品已经燃烧，杯内样品一经燃烧，水温很快上升，每 30s（把计时开关拨向 0.5min 挡，使其每隔 0.5min 报时一次）记录温度一次，当温度升到最高点后，读数改为每 1min 一次，再继续记录十次，停止实验。

实验停止后，取出氧弹，打开氧弹出气口放出余气，最后旋出氧弹盖，检查样品燃烧结果。若弹中没有燃烧残渣，表示燃烧完全。若留有许多黑色残渣，表示燃烧不完全，实验失败。用尺量取燃烧后剩下的合金丝长度。

用水冲洗氧弹及燃烧杯，倒去内桶中的水，把这些物件一一擦干待用。

4. 测量萘的燃烧热

称取 0.5g 左右的萘，代替苯甲酸，重复上述实验步骤。

5. 测量煤的燃烧热

称取 1g 左右的煤，代替苯甲酸，重复上述实验步骤。注意此时式（3-18）应变为

$$m|Q_V| = (3000\rho c + C_卡)\Delta T - 3.136L \tag{3-19}$$

其中燃烧热 Q_V 的单位应为 $J \cdot g^{-1}$，燃烧后会有少量残渣。

燃烧热软件使用说明

1. 水当量曲线图的绘制

(1) 打开软件，首先选择"设置"菜单中计算机的串行口 COM1 或 COM2，确定数据采样时间，如 5s（建议使用 5s，所作的图形更好），设置坐标系（对话框中输入坐标系的数据，如 40min，$-2\sim2$℃）。

(2) 待温控仪上温差稳定后，点击"操作"菜单中"开始绘图"，软件开始绘图，到适当时候点火（温度基本不变）。实验结束时，点击"停止绘图"，进入数据处理。

(3) 在"水当量曲线图"窗口里绘制水当量的曲线图。点击"温差校正"，出现对话框。鼠标右击第一段温差曲线的起始编号和终止编号，鼠标右击中间温度，鼠标右击第二校正曲线的起始编号和终止编号。如果对校正曲线不满意，点击"是"按钮，否则点击"否"。点击"水当量计算"，出现对话框。根据提示依次输入数据（燃烧丝长度，样品质量，燃烧丝系数，棉线质量，棉线系数，样品恒容燃烧热如苯甲酸：26460J·g^{-1}）。此时，在计算水当量的区域里软件自动填上计算的结果（温差和水当量）。

(4) 保存水当量及曲线图，但不能关闭软件和清屏水当量值和曲线图，否则后面无法计算待测物质的燃烧热值。

2. 待测物曲线图的绘制

(1) 在"待测物曲线图"窗口下绘制待测物的曲线图。待温控仪上温差稳定后，点击"操作"菜单中"开始绘图"，软件开始绘图，到适当时候点火（温度基本不变）。实验结束时，点击"停止绘图"，进入数据处理。然后，校正待测物的温差和计算待测物的燃烧热（注：在计算待测物的燃烧热值时确保水当量的文本框内有数据，否则无法计算）。点击"温差校正"，根据对话框提示操作。再点击"燃烧热计算"按钮，根据提示依次输入数据〔燃烧丝长度，样品质量，燃烧丝系数，棉线质量，棉线系数，室温，样品分子量，Δn（反应前后气体的物质的量差值）〕，此时在待测物质计算结果的区域里，软件自动填上计算的结果（温差和燃烧热值）。

(2) 保存数据和曲线。此时保存的是水当量、水当量曲线图、待测物的燃烧热值及待测物曲线图。

(3) 清除"待测物曲线图"窗口里的内容，重复步骤（1），计算下一组待测物的燃烧热值。

【注意事项】

1. 待测样品需干燥，否则样品不易燃烧且带来称量误差。

2. 燃烧丝绕电极要紧，否则点火时易在此处先断，造成点火失败。

【数据记录与处理】

1. 用图解法求出由苯甲酸燃烧引起卡计温度变化的差值 ΔT_1，并根据式（3-18）计算卡计的水当量。

2. 用图解法求出由萘燃烧引起卡计温度变化的差值 ΔT_2，并根据式（3-18）计算萘的恒容燃烧热 Q_V。

3. 根据式（3-17），由 Q_V 计算萘的恒压燃烧热 Q_p。

4. 用图解法求出由煤燃烧引起卡计温度变化的差值 ΔT_3，并根据式（3-19）计算煤的恒容燃烧热 Q_V。

【思考与讨论】

1. 试述贝克曼温度计与普通水银温度计的区别以及使用它的方法。

2. 实验中，哪些因素容易造成误差？如何提高实验的准确度？

3. 如何用萘的燃烧热数据计算萘的标准生成热？

4. 由于氧气中常含杂质 N_2，有些样品中也含 N 元素，在燃烧过程中会生成一些硝酸和其他氮的氧化物，当它们生成和溶入水中会使体系温度变化而引起误差。若要减少此误差，应如何操作？

Experiment 3-6　Determination of the Combustion Heat

【Objective】

Be familiar with the principle, structure and use of the calorimeter through experiments; use the oxygen bomb calorimeter to measure the combustion heat of organic compounds; understand the relationship between the combustion heat under constant volume and the one under constant pressure; master the Reynolds diagram method to correct the change value of the temperature.

【Principle】

The thermal effect of general chemical reactions often cannot be measured directly or precisely due to the slow or incomplete reaction. However, it can be calculated indirectly by Hess's law using the data of combustion heat. Therefore, the combustion heat is widely used in various thermochemical calculations.

Calorimetry is a basic method of thermodynamic experiments. The combustion heat can be measured under constant volume conditions and under constant pressure conditions, according to the first law of thermodynamics: In the absence of non-expansion work, the combustion heat under constant volume (Q_V) is equal to the internal energy change (ΔU), the combustion heat under constant pressure (Q_p) is equal to the enthalpy change ΔH, so we obtain the equation:

$$Q_p = Q_V + \Delta n(\text{g})RT \tag{3-17}$$

Where Δn (g) is the difference in the amount of the gas between the product and the reactant during the reaction; R is the gas constant; T is the reaction temperature, K.

The instrument that measures the heating effect is called a calorimeter, the main types of calorimeters are constant volume (bomb type) and constant pressure (flame type). The former is suitable for the combustion of solid and liquid substances, and the latter is suitable for the combustion of gaseous or volatile liquid substances. According to the measurement principle, the measurement method of combustion heat can be divided into compensation type and thermometric type. Compensation calorimetry is to place the research system in an isothermal calorimeter, the temperature of the system and environment remain constant and are equal to the ambient temperature during heat exchange. Latent heat of phase transformation or electric heating compensate is commonly used to study the heat absorbed and released by the system. Thermometric calorimetry is assuming that there is no heat exchange (adiabatic calorimeter) between the research system and the environment when the thermal effect occurs. The thermal effect will cause the temperature of this calorimeter to change, and the thermal effect can be obtained by measuring the change in temperature.

The oxygen bomb calorimeter is used to measure the heat of combustion in this experiment. The outline drawing of the oxygen bomb is shown in Figure 3-7. The basic principle of measurement is the law of conservation of energy, that is, the complete combustion heat of the sample can increase the temperature of the calorimeter itself and the surrounding medium (water for this experiment). After measuring the temperature change of the medium before and after combustion, the constant volume combustion heat of the sample can be calculated. The calculation equation is as follows:

$$\frac{m}{M} \mid Q_V \mid = (3000\rho c + C_{卡})\Delta T - 3.136L \qquad (3\text{-}18)$$

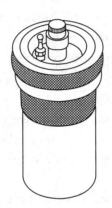

Where M is the molecular weight of the substance to be tested; m is the mass of the sample; 3000 is the volume of water in the calorimeter, cm^3; ρ is the density of water; c is the specific heat capacity of water; $C_{卡}$ is the water equivalent of the calorimeter (the amount of heat required for every 1℃ increase of the calorimeter); L is the length of the alloy wire (its combustion value is 3.136J $\cdot$ cm^{-1}).

The water equivalent of the oxygen bomb calorimeter $C_{卡}$ is generally calibrated with the combustion heat of standard material benzoic acid (the constant volume combustion heat of benzoic acid

Figure 3-7　The outline drawing of the oxygen bomb

$Q_V = -26460J \cdot g^{-1}$). Weigh the benzoic acid of mass m and burn it in the oxygen bomb calorimeter, then measure the beginning and ending temperatures of the calorimeter, $C_{卡}$ can be obtained by substituting the temperature difference data into Equation (3-18).

When 1 mole of substance is completely oxidized, the heat of this reaction is defined as combustion heat in thermochemistry. The so-called "completely oxidized" means that the combustion product of C in organic compound is CO_2 (g), the combustion product of H is H_2O (l), and the combustion product of N is N_2 (g). In order to ensure the complete combustion of the sample, there must be enough high-pressure oxygen in the oxygen bomb, so the oxygen bomb is required to be sealed, resistant to high pressure and corrosion. At the same time, the powder sample must be pressed into a sheet to prevent the sample from being scattered during inflation, which will result in incomplete combustion, and introduce experimental errors, so complete combustion is the first step to success. The second step must ensure that the heat released after combustion is not lost, and no heat exchange occurs with the surrounding environment. All the heat is transferred to the calorimeter itself and the water in it, so that the temperature of the calorimeter and the water rises. In order to reduce the heat exchange between the calorimeter and the environment, the calorimeter is placed in a thermostatic casing. There is a barrier between the calorimeter and the case to reduce air convection, and the wall of the calorimeter is highly polished to reduce heat radiation. Even so, heat leakage cannot be completely avoided, so the measured value of temperature changes before and after combustion must be corrected by Reynolds graphing method. The correction method is as follows:

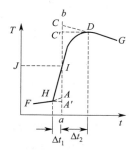

Figure 3-8   Reynolds correction diagram
when thermal insulation is poor

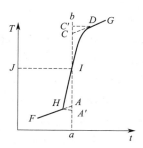

Figure 3-9   Reynolds correction diagram
when thermal insulation is good

After weighing an appropriate amount of the tested substance and burning it, the water temperature will increase by $1.5 \sim 2.0\,℃$. Adjust the water temperature in advance to be $0.5 \sim 1.0\,℃$ below room temperature. Then plot the observed water temperature before and after combustion against time to form a $FHIDG$ line (Figure 3-8). In the Figure 3-8, H is equivalent to the point where combustion begins, and D is the highest temperature reading point observed. Make a parallel line JI which represent room temperature to intersect the polyline at point I. A straight line ab is perpendicular to the abscissa through point I, then extend the FH line and GD line to intersect line ab at two points A and C, The temperature difference represented by points A and C is the increase in temperature ΔT. AA' is the increase in the temperature of the calorimeter caused by the energy introduced by environmental radiation and stirring during the period of Δt_1 from the beginning of combustion to the temperature rising to room temperature, which must be deducted. During the period Δt_2 when the temperature rises from room temperature to the highest point D, CC' is the decrease in temperature of the calorimeter caused by the radiation of energy from the calorimeter to the environment, which must be added. From this, the temperature difference between the two points of A and C represents the value of the increase in the temperature of the calorimeter due to sample combusion.

Some calorimeters have good thermal insulation and low heat leakage. The power of the agitator is large, so energy can be continuously introduced to prevent the highest point after combustion (Figure 3-9). In this case, it can still be corrected according to the same principle.

【Apparatus and Reagents】

Apparatus and materials: GR-3500 oxygen bomb calorimeter, tablet press, oxygen cylinder (with pressure reducing valve), Beckman thermometer or digital precision temperature measuring instrument, one 2000mL and one 1000mL volumetric flask, alloy wire, multimeter (public).

Reagents： naphthalene (A. R)，coal，benzoic acid (for the combustion heat).

【**Pre-experiment Requirement**】

1. Learn about the measurement method of thermal effect in Section 1. 1. 4 of Chapter 1.

2. Learn the precautions for the use of high-pressure cylinders and oxygen pressure reducing valves.

【**Potential Safety Hazard and Treatment Measures**】

1. Potential Safety Hazard

（1）This experiment uses a pressure vessel，there may be a danger of explosion of oxygen cylinders and oxygen bombs.

（2）The electrical equipment used in this experiment may have circuit aging，which may cause the risk of electric leakage of the instrument and electric shock to the user.

（3）This experiment uses organic substances such as naphthalene，and most aromatic compounds such as naphthalene have anesthetic effect and the toxicity of inhibiting hematopoietic function.

2. Treatment Measures

（1）The oxygen cylinder must be in a fixed cylinder cabinet，and an oxygen pressure reducing valve of appropriate specifications should be selected according to the maximum pressure of the cylinder and the operating pressure range. The oxygen pressure reducing valve must be special and cannot be used interchangeably with other valves. In addition，notice that the gas in the cylinder should not be used up in the process of filling the oxygen bomb with oxygen.

（2）If anyone is found to be electrocuted，cut off the power supply immediately，and move the injured to a ventilated place to lie down. For those with severe symptoms，perform cardiopulmonary resuscitation and send them to hospital for treatment. In case of fire accident due to electric leakage，disconnect the fire site circuit as soon as possible，and then rescue.

（3）Since the sample naphthalene is easy to volatile and sublimate，pay attention to the protection of the respiratory system and eyes. The sample can be replaced with coal or the like.

【**Experimental Section**】

1. Sample compression

Use a platform scale to weigh about 0. 8g of benzoic acid (do not exceed 1. 1g). Use an analytical balance to weigh the alloy wire with a length of 15cm accurately. Pour the weighed benzoic acid sample into the mold，set the mold on the tablet press，and press the tablet until the sample is compressed. Take out the pressed sample and weigh the sample on the analytical balance accurately before it can be used for combustion.

2. Fill the oxygen bomb with oxygen

Put the warhead of the oxygen bomb on the warhead holder. Put the combustion cup with the sample on the combustion cup holder. The combustion wire is wound into a spring and placed on the sample. Both ends of the combustion wire are tightly wound on the two electrodes in the oxygen warhead (the two electrodes and the combustion cup must not touch each other). Put the bullet into the bullet cup and tighten the bullet cap by hand. Use a multimeter to check whether two electrodes are connected. If they are connected, fill the oxygen bomb with oxygen. When using high-pressure steel cylinders, one must follow the operating rules strictly. The structure of the oxygen bomb is shown in Figure 3-10.

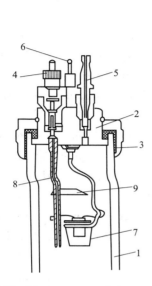

Figure 3-10   The structure of the oxygen bomb
1—outer cylinder; 2—cover; 3—screw thread; 4—air inlet;
5—air outlet; 6—electrode; 7—burning cup;
8—electrode; 9—flame shutter

Figure 3-11   Schematic diagram of
filling oxygen bomb with oxygen

Filling oxygen bomb with oxygen is shown in Figure 3-11. The process of filling oxygen bomb with oxygen is as follows: Connect the pipe of oxygen cylinder valve and the inlet pipe of the oxygen bomb. At this time, the pressure reducing valve 2 should be loosened counterclockwise (closed). Open valve 1 until the pointer of gauge 1 is at a pressure of about 10MPa, then gradually tighten the pressure reducing valve 2 (open) until the pointer of gauge 2 at a pressure of about 2MPa, indicating that oxygen has been charged into the oxygen bomb. After 1~2 minutes, loosen (i. e. close) the pressure reducing valve 2, and close the valve 1, then loosen the pipe of oxygen cylinder valve. The oxygen bomb has been filled with 2.1MPa oxygen (note that it cannot exceed 3MPa) and can be used for combustion. But there is still air between valve 2 and valve 1, so it is necessary to tighten the pressure reducing valve 2 to release the air. Loosen valve 2 again to restore the cylinder and oxygen gauge to their original state.

3. Burn and measure temperature

After the oxygen is filled, check the circuit with a multimeter. If the circuit is a path, put the oxygen bomb into the inner cylinder, as shown in Figure 3-12.

Insert the probe of the temperature difference measuring instrument into the water in the outer cylinder of the calorimeter. Record the temperature of the water as room temperature (ambient temperature).

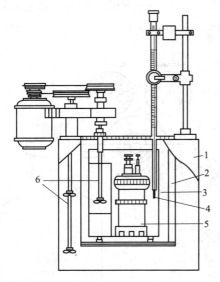

Figure 3-12　The outline drawing of the oxygen bomb calorimeter

1—thermostatic outer layer; 2—baffle; 3—stainless steel bucket; 4—Beckman thermometer; 5—oxygen bomb; 6—stirrer

Use a volumetric flask to take 3000 mL of water that has been adjusted to 1~2K below room temperature (why?) and pour it into the inner cylinder. The water surface covers the oxygen bomb (two electrodes should be kept dry). If bubbles escape, it indicates that the oxygen bomb is leaking. The cause of the leak should be found and eliminated. Install the stirring motor, close the lid, and insert the probe of the temperature difference measuring instrument into the water in the inner cylinder.

Insert the electrode plugs on the control box into the two electrodes of the oxygen bomb, check the switch of the control box, and set the "vibration and ignition switch" to the "vibration" position (otherwise, the ignition will be triggered when the "main power switch" is turned on). Rotate the "ignition power knob" to the minimum, turn on the "main power switch" (at this time the main power indicator and the timer indicator are on) and the "stir switch", and turn the "timer switch" to the "1 minute" position (report the time every 1 minute). After the stirring motor runs for 2 to 3 minutes, read the water temperature every 1 minute (accurate to ±0.002℃) until the water temperature remains the same for five consecutive times. Turn the "vibration ignition switch" from the "vibration" position to the "ignition" position, turn the "ignition power knob". Apply the small current firstly, then increase the current gradually until the ignition indicator goes out, which means that the sample has burned. Once the sample burns in the cup, the water temperature rises quickly, and the temperature is recorded every 30 seconds (turn the timer switch to 0.5 minute to make it report the time every 0.5 minute). When the temperature rises to the highest point, the reading is changed to once every 1 minute, then continue to record ten times and stop the experiment.

After the experiment, take out the oxygen bomb, open the oxygen ejection port to release the remaining gas, and finally unscrew the oxygen bomb cover to check the combustion results of the sample. If there is no combustion residue in the bomb, it means that the combustion is complete. If there are many black residues, it means that the combustion is incomplete and the experiment has failed. Measure the length of the alloy wire remaining after burning by a ruler.

Rinse the oxygen bomb and the combustion cup with water, pour out the water in the inner cylinder, and dry these objects one by one for later use.

4. Measure the heat of combustion of naphthalene

Weigh about 0.5 g of naphthalene to replace benzoic acid, repeat the above experimental steps.

5. Measure the heat of combustion of coal

Weigh about 1g of coal to replace benzoic acid, repeat the above experimental steps. Note Equation (3-18) should be

$$m \mid Q_V \mid = (3000 \rho c + C_{\text{卡}}) \Delta T - 3.136L \qquad (3-19)$$

The unit of combustion heat Q_V should be $J \cdot g^{-1}$, and there will be a small amount of residue after combustion.

Instructions for the use of combustion heat software

1. Drawing of water equivalent curve

(1) Open the software, select the computer's serial port COM1 or COM2 in the "Settings" menu firstly, determine the sampling time, such as 5 seconds (5 seconds is recommended, the graph is better), and set the coordinate system (input the data of the coordinate system in the dialog box, such as 40minutes, $-2 \sim 2$℃).

(2) After the temperature difference on the temperature controller stabilizes, click "Start Drawing" in the "Operation" menu, the software will start drawing, and it will ignite at an appropriate time (the temperature is basically unchanged). At the end of the experiment, click "Stop Drawing", then deal with experimental data.

(3) Draw the water equivalent curve in the "Water Equivalent Curve Graph" window. Click "Temperature Correction" and a dialog box appears. Right-click the start number and end number of the first temperature difference curve, right-click the temperature in the middle, and right-click the start number and end number of the second calibration curve. If you are not satisfied with the calibration curve, click the "Yes" button, otherwise click "No". Click "Water Equivalent Calculation" and a dialog box appears. According to the prompts, input the data in sequence (length of combustion filament, weight of sample, coefficient of combustion filament, weight of cotton thread, coefficient of cotton thread, sample constant volume combustion heat such as benzoic acid: $26460J \cdot g^{-1}$). Meanwhile, the software automatically fills in the calculated results in the area for calculating water equivalent (temperature difference and water equivalent).

(4) Save the water equivalent and the graph, but you cannot close the software and clear the water equivalent value and graph, otherwise the combustion heat value of the substance to be measured cannot be calculated later.

2. Drawing of the curve of the substance to be tested

(1) Draw the curve graph of the object under the "Object Curve Graph" window. After the temperature difference on the temperature controller stabilizes, click "Start Drawing" in the "Operation" menu, the software will start drawing, and it will ignite at an appropriate time (the temperature is basically unchanged). At the end of the experiment, click "Stop

Drawing", and deal with experimental data. Then, calibrate the temperature difference of the test object and calculate the combustion heat of the test object (Note: When calculating the combustion heat value of the test object, make sure that there is data in the water equivalent text box, otherwise it cannot be calculated). Click "Temperature Correction" and follow the prompts in the dialog box. Then click the "Calculation of the Combustion Heat" button, and input the data in turn according to the prompts [length of burning wire, weight of sample, coefficient of burning wire, weight of cotton thread, coefficient of cotton thread, room temperature, relative molecular weight of sample, Δn (the difference in the amount of gas before and after the reaction)]. The calculated results in the area of the calculation results of the substance to be tested is filled automatically (the temperature difference and the combustion heat).

(2) Save data and curves. At this time, the water equivalent, water equivalent curve, combustion heat value of the test object and the curve of the test object are saved.

(3) Clear the content in the "Object Curve Graph" window, and repeat Step (1) to calculate the combustion heat value of the next set of the test objects.

【Notes】

1. The sample to be tested must be dry, otherwise the sample will not burn easily and will cause weighing errors.

2. The burning wire should be tightly wound around the electrode, otherwise it is easy to break here during ignition, causing ignition failure.

【Data and Analysis】

1. Use the graphical method to calculate the difference ΔT_1 of the temperature change of the calorimeter caused by the combustion of benzoic acid, and calculate the water equivalent of the calorimeter according to Equation (3-18).

2. Use the graphical method to obtain the difference ΔT_2 of the temperature change of the calorimeter caused by the combustion of naphthalene, and calculate the constant volume combustion heat Q_V of naphthalene according to Equation (3-18).

3. According to Equation (3-17), calculate the constant pressure combustion heat Q_p of naphthalene from Q_V.

4. Use the graphic method to find the difference ΔT_3 of the temperature change of the calorimeter caused by coal combustion, and calculate the constant volume combustion heat Q_V of coal according to Equation (3-19).

【Questions】

1. Describe the difference between Beckman thermometer and ordinary mercury thermometer and how to use Beckman thermometer.

2. What factors are likely to cause errors in the experiment? How to improve the accuracy of the experiment.

3. How to use the data of naphthalene's combustion heat to calculate the standard heat of naphthalene's formation?

4. Since oxygen usually contains nitrogen, and some samples also contain element N,

some nitric acid and other nitrogen oxides will be generated during the combustion process. When they are generated and dissolved in water，the temperature of the system will change and cause errors. What should you do to reduce this error?

实验 3-7   溶解热的测定

【实验目的】

通过实验，学会用量热法测定 KNO_3 的积分溶解热；掌握积分溶解热的定义。

【实验提要】

溶解热是重要的热化学数据之一，分为积分溶解热和微分溶解热。积分溶解热是指在一定温度、压力下把 1mol 溶质溶解到物质的量为 n 的溶剂中所产生的热效应，它是溶液组成的函数，也称变浓溶解热；微分溶解热是在温度、压力及溶液组成不变的条件下，向溶液中加入溶质溶解后的热效应，或把 1mol 溶质溶解在无限量的某一定溶液中产生的热效应，也称定浓溶解热。积分溶解热可由实验测定。

在绝热容器中测定方法大致有两种：一是先用标准物质测出量热计的热容，然后测定待测物质溶解过程的温度变化，求出热效应。二是测定溶解过程温度降低值，然后由电热法使该物系恢复到起始的温度，根据所耗电能计算出热效应。本实验采用第一种方法，溶解过程的温度变化用数字式精密温差测定仪测定。

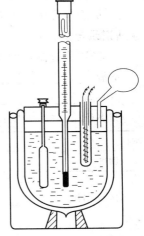

图 3-13   溶解热测定装置

设杜瓦瓶量热计的热容为 C，溶剂水的比热容和质量为 c_1 和 m_1，溶质的比热容和质量为 c_2 和 m_2，溶质分子量为 M，溶解过程的真实温差为 ΔT，则该溶质在溶液温度及浓度下的积分溶解热为：

$$\Delta H_{溶解} = -(M/m_2) \cdot (c_1 m_1 + c_2 m_2 + C)\Delta T \qquad (3-20)$$

溶解时温度下降，$\Delta T < 0$，则 $\Delta H_{溶解} > 0$，溶解过程吸热。

【仪器和药品】

仪器和材料：溶解热测定装置（图 3-13 所示）一套，称量瓶，干燥器，天平，秒表，放大镜，大烧杯等。

药品：KNO_3(A. R.)，KCl(A. R.)。

【实验前预习要求】

1. 理解溶解热的概念。

2. 了解溶质、溶剂的本性，温度以及溶液浓度等对溶解热的影响。

【实验内容】

1. 将 KNO_3、KCl 分别置于研钵中磨细，放在称量瓶中并于烘箱中烘干，然后放入干燥器内待用（实验室技术人员已代做）。

2. 在台秤上称取 450g 蒸馏水置于干燥洁净的杜瓦瓶中。调节数字式精密温差测定仪，记录蒸馏水温度。

3. 在天平上分别称取 (9.35±0.005)g KCl（按 1mol KCl：200mol H_2O 计算）和 (6.35±0.005)g KNO_3（按 1mol KNO_3：400mol H_2O 计算）。

4. 按一定节奏轻压连接于搅拌器上方的小洗耳球，利用玻璃管中的液柱上下搅动杜瓦瓶中液体（注意不要使玻璃管中液柱高出软木塞，也不要将大量气泡压入杜瓦瓶中），按下秒表开始计时，每分钟记录一次读数，约 5～8min。

5. 迅速将 KCl 从玻璃漏斗处加入杜瓦瓶中（可用干净毛笔将漏斗上少量 KCl 全部掸入），取下漏斗，用小塞子塞住加料口，在此过程中仍需不断搅拌并每隔半分钟读数，直至温度不再下降，继续搅拌和记录读数 5～8min（温度将略有回升），停止搅拌，打开量热器检查 KCl 是否溶完（如未溶完，本实验须重做），用普通水银温度计测出溶液温度。

6. 以相同方法和步骤记录 KNO_3 溶解过程中的温度变化。

【注意事项】

1. 实验前要对样品加以研磨，确保样品充分溶解。

2. 实验过程中，需有合适的搅拌速度；加入样品时的速度也要控制好。

【数据记录与处理】

1. 将实验数据记录于下表中。

室温_____；大气压_____。

（1）水_____g；KCl_____g。

加 KCl 前后，温度计读数记录：

时间	
温度读数	

溶液温度_____℃，真实温差 ΔT_1 _____℃，量热计热容_____J·℃$^{-1}$。

（2）水_____g；KNO_3_____g。

加 KNO_3 前后温度计读数记录：

时间	
温度读数	

溶液温度_____℃，真实温差 ΔT_1 _____℃，KNO_3 积分溶解热_____J·mol^{-1}。

2. 由于杜瓦瓶不是严格的绝热系统，在溶解过程中与环境仍有微小的热交换，所以要采用雷诺图解法进行校正，以求得真实温差 ΔT，其方法如下。

根据实验数据作温度-时间曲线，如图 3-14 中的实线 $ABCD$，量取 BC 的垂直距离 BE 即为溶解前后温差 $\Delta T'$。过 BE 的中点作平行于横轴的直线交 BC 于 F，然后过 F 作垂直线分别交 AB 和 DC 的延长线于 G 和 H，则 GH 为真实温差 ΔT。

3. 计算量热计（不包括其中液体）的热容 C。

4. 计算 KNO_3 在该溶液温度、浓度的积分溶解热。

附注：（Ⅰ）KCl(s) 和 KNO_3(s) 在 20℃ 左右的比热容分别为 0.669J·g^{-1}·℃$^{-1}$ 和 0.895J·g^{-1}·℃$^{-1}$。

（Ⅱ）1mol KCl 溶于 200mol H_2O 中的积分溶解热如下：

温度/℃	10	11	12	13	14	15	16	17	18	19
溶解热/(kJ·mol⁻¹)	19.96	19.76	19.60	19.43	19.26	19.04	18.91	18.75	18.58	18.43
温度/℃	20	21	22	23	24	25	26	27	28	29
溶解热/(kJ·mol⁻¹)	18.28	18.13	17.98	17.83	17.69	17.54	17.40	17.26	17.12	16.99

【思考与讨论】

1. 温度、浓度对溶解热是否有影响？你所得溶解热是什么温度、浓度下的 KNO_3 积分溶解热？

2. 如何从实验温度下测得的溶解热，计算其他温度下的溶解热？需要哪些数据？

3. 为什么要对实验测量所得的温差进行校正？

4. 贝克曼温度计与一般水银温度计有何不同？如果要用于测量水溶液的冰点下降值，应如何调节温度量程较为合适？

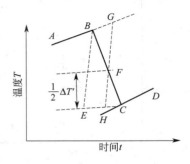

图 3-14　温度-时间曲线

实验 3-8　差热分析

【实验目的】

通过实验，掌握差热分析的基本原理和差热分析仪器的使用方法；测定 $CuSO_4 \cdot 5H_2O$ 的差热图并分析其结果。

【实验提要】

差热分析（differential thermal analysis）是热分析的一种。物质在受热或冷却过程中，如有物理或化学变化就会放热或吸热，差热分析法是在相同受热条件下，测定被测样品和参比物（在所测定的温度范围内不会发生任何物理或化学变化的热稳定物质）之间的温差与温度或时间的关系的一种方法，它是一种动态分析法。

差热分析仪的简单原理如图 3-15，它主要有放样品和参比物的坩埚、加热炉、温度程序控制单元、记录仪以及两对相同材料热电偶并联而成的热电偶组，它们分别置于样品和参比物的中心，测量它们的温度和温差。

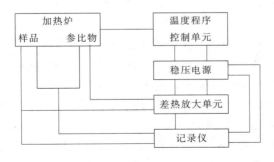

图 3-15　差热分析仪的简单原理

在差热图中有两条曲线，一条是温度线，它表明温度随时间的变化；另一条是差热线，它表示样品与参比物间温度差随时间的变化。差热线和时间轴平行的线段（见图 3-16）ab、

de、gh 称为基线,表示当样品无热效应时,样品和参比物间温差为零;图中 bcd 和 efg 为二个差热峰,其方向相反,表示其中之一为吸热峰,另一个为放热峰,样品有热效应发生,正确判断是吸热还是放热与使用的仪器有关。

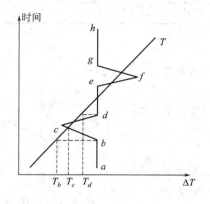

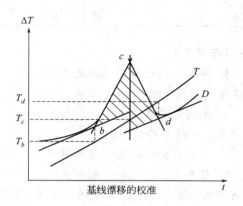

图 3-16 差热分析图   图 3-17 差热峰的起点、终点和峰面积

差热峰的数目、位置、方向、高度、宽度、对称性和峰面积是进行分析的依据。峰的数目代表在测温范围内样品发生物理、化学变化的次数;峰的位置代表样品发生变化的温度范围;峰的方向代表热效应的正负;峰面积代表热效应的大小。

差热峰有三个转折点,如图 3-17 所示,b 为峰的起点,c 为峰的顶点,d 为峰的终点。可以在温度线上找到这三点对应温度 T_b、T_c、T_d。T_b 代表开始起变化的温度,故用 T_b 表征峰的位置。对很尖锐的峰也常用 T_c 表示峰位置。

在实际测定中由于种种原因,差热线的基线往往和时间轴不平行,峰前后的基线也不在一条直线上,因此 b,c,d 三个转折点不明显,可用做切线的方法确定转折温度(见图 3-17)。

影响差热分析的因素来自两个方面。一是仪器的原因,如炉子的大小与形状,样品支架的材料和形状,热电偶的尺寸和位置,炉气氛及加热速度等。二是样品因素,如参比物的选择、试样的粒度、用量及填充密度等。对于实验来讲,影响因素有以下几条。

(1)升温速度 一般而言加热速度慢,差热曲线基线漂移小,接近系统平衡条件,可以分辨出靠得很近的变化过程,但测定时间太长。加热速度快时,峰形比较尖锐,测定时间短,但与平衡条件相差远,基线漂移明显,出峰温度误差较大,分辨率下降。故应选择合适的加热速度。

(2)参比物的选择 参比物必须在整个测温范围内保持良好的热稳定性,不能有任何产生热效应的变化,尽可能选与样品的比热容、热导率相近的材料作参比物。

(3)样品的用量 样品量尽可能少,这不仅节省样品,更重要的是可以得到比较尖锐的峰,并能分辨靠得很近的相邻峰。样品太多,峰就形成很大的包,使相邻峰重叠而无法分辨。

(4)从理论上讲,峰面积 S 的大小和样品的热效应 ΔH 大小成正比,$\Delta H = KS$。K 为比例系数。但由于未知样品和参比物的比热容、热导率、粒度、装填紧密度不同,在测定中又因为熔化、分解、转晶等物理及化学变化,样品和参比物的 K 不同,故进行定量分析时误差较大。但该法和其他方法配合用于鉴别未知物质还是很有意义的。

【仪器和药品】

仪器和材料:PCR-1 型差热仪,铝坩埚 2 个,镊子 2 个。

药品：$CuSO_4 \cdot 5H_2O$（分析纯），α-Al_2O_3（分析纯），实验前将它们碾成100～300目的粉末。

【实验前预习要求】

1. 了解差热分析的基本原理及仪器的基本操作。

2. 了解差热分析的影响因素。

【实验内容】

1. 打开加热炉的冷却水。

2. 在两个坩埚中分别装入等量的样品和参比物，其体积不要超过坩埚体积的三分之二。

3. 将样品坩埚轻轻放在左侧样品专架上，将参比物坩埚放在右侧的参比物专架上。

4. 差热量程调到$100\mu V$挡，加热速度调到$5℃ \cdot min^{-1}$，打开电源开关。

5. 记录仪温度测量挡（红笔）放在$0.25mV \cdot cm^{-1}$，差热测量挡（绿笔）放在$0.5mV \cdot cm^{-1}$，记录仪走纸速度定为$6cm \cdot h^{-1}$，设置好后，打开记录仪电源开关。

6. 调整差热记录笔和温度记录笔的零点位置。将记录仪放大器开关置于ZERO处；将测温记录笔零点定在最右边的0、5或10处，将差热记录笔的零点定在中间的0或5处。

7. 调整程序功能键。首先将程序功能键置于"—"，偏差表头指针应为零，按下程序功能键"/"，偏差表头指针应为负偏差，按下差热仪的加热开关，如果偏差表头指针不为负偏差，则一定不能按下加热开关，须请示指导教师。

8. 将记录仪上的记录纸传动开关置于"START"，开始记录。

9. 当温度升到350℃时，抬起记录笔，记录纸传送开关置于STOP，关掉记录仪电源。按下程序功能键中左边的"—"，关闭加热开关，再关掉差热仪的电源开关。取下记录笔并盖上笔帽。

10. 待炉温下降后，升起炉子。用小镊子取出样品和参比物，关掉水源和电源。

【注意事项】

1. 通电加热前一定先开冷却水。

2. 样品在实验前应磨成100～300目的粉末，装样时应在实验台上敲几下，让样品之间有良好接触，样品和参比物装填的紧密程度应一致。

3. 当差热偏差表头指针不为负偏差时，一定不能按下加热开关。

4. 加热速度选择量程，一定不要按红色的快速升温键，否则会损坏加热炉。

5. 升起炉子时，不要接触炉体，以免烫伤。

6. 若要放下炉子，应先把炉体转回原处（即样品杆要位于炉子的中心）才能摇动手柄放下炉子，否则会弄断样品杆。

【数据记录与处理】

1. 分析样品差热图中的起始温度和峰温度。

2. 根据样品的物理化学性质分析各峰可能对应的变化，写出有关的化学方程式，找出对应的脱水温度。

【思考与讨论】

1. 差热分析和简单热分析（步冷曲线）有何区别？

2. 影响差热分析的主要因素有哪些？

3. 测温热电偶插在试样和插在参比物中，其升温曲线会相同吗？

4. 升温和降温过程所作的差热分析结果相同吗？为什么？

实验 3-9　液体饱和蒸气压的测定

测定液体饱和蒸气压的方法有三类。

（1）静态法　在某一温度下直接测定饱和蒸气压。此法一般适用于蒸气压较大的液体。

（2）动态法　在不同外界压力下测定其沸点，此法应用于沸点较低的液体时效果较好。

（3）饱和气流法　在一定的温度和压力下，让干燥的惰性气体缓缓通过被测液体，使气流为该液体的蒸气所饱和，然后用某物质将气流吸收，测定其中待测液体蒸气之含量，由分压定律即可算出该液体的饱和蒸气压。此法一般适用于蒸气压较小的液体。

实验 3-9-1　静　态　法

【实验目的】

通过实验，理解液体饱和蒸气压和气液平衡的概念，理解纯液体饱和蒸气压与温度的关系即 Clausius-Clapeyron 方程。了解用静态法测定纯液体在不同温度下的饱和蒸气压的原理，学会求其平均摩尔蒸发焓的方法。熟悉恒温槽、真空泵及压力计的使用。

液体饱和蒸气压的
测定（理论部分）

【实验提要】

在一真空密闭容器中，液体于某温度下与其蒸气达到动态平衡，即液体分子从表面逃逸速度与蒸气分子向液面凝结速度相等，此时液面上的蒸气压称为该液体在此温度时的饱和蒸气压。当蒸气压与外压相等时，液体便沸腾，外压不同时，液体的沸点也不同，外压为 101325Pa 时的沸腾温度称为液体的正常沸点。

液体饱和蒸气压的
测定（实操部分）

纯液体的饱和蒸气压与温度的关系可用 Clausius-Clapeyron 方程表示：

$$\frac{\mathrm{d}\ln p}{\mathrm{d}T}=\frac{\Delta_{\mathrm{vap}}H_{\mathrm{m}}}{RT^2} \tag{3-21a}$$

$$\lg p=-\frac{\Delta_{\mathrm{vap}}H_{\mathrm{m}}}{2.303R}\times\frac{1}{T}+C \tag{3-21b}$$

式中，p 为液体在 T（K）时的饱和蒸气压；$\Delta_{\mathrm{vap}}H_{\mathrm{m}}$ 为实验温度下的平均摩尔蒸发焓；C 为积分常数。如以 $\lg p$ 对 $1/T$ 作图，得一直线，其斜率 $m=-\Delta_{\mathrm{vap}}H_{\mathrm{m}}/2.303R$，即可求 $\Delta_{\mathrm{vap}}H_{\mathrm{m}}$。

采用静态法测定乙醇在不同温度下的饱和蒸气压的仪器装置如图 3-18。在一定温度下，当等位仪（见图 3-19）A 球上部为纯乙醇蒸气，且 U 形管 BC 两液面处于同一水平时，则 A 球上部乙醇的蒸气压与施于 C 管液面上的压力相等，只要用实验时的大气压，减去数字压力计（或水银压力计两水银面的高度差）上的读数，即可求得该温度下乙醇的饱和蒸气压。

【仪器和药品】

仪器和材料：恒温槽一套，数字式低真空测压仪一套。

药品：无水乙醇（A.R.）。

【实验前预习要求】

1. 掌握纯液体饱和蒸气压与温度之间的关系。
2. 掌握真空泵的使用方法及注意事项。

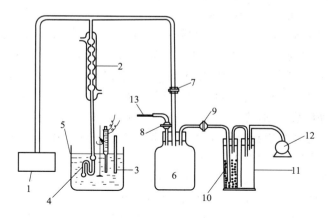 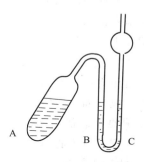

图 3-18　静态法液体饱和蒸气压测定装置
1—数字压力计；2—冷凝管；3—精密温度计；4—等位仪；
5—恒温槽；6,11—缓冲瓶；7~9—活塞；10—干燥塔；
12—真空泵；13—毛细管

图 3-19　等位仪示意图

【安全隐患与处置措施】

1. 安全隐患

（1）本实验使用的恒温槽中，存在玻璃等位仪被搅拌桨打碎的危险。

（2）本实验使用的恒温槽等电气设备，可能存在电路老化、漏电等隐患。

（3）本实验使用的真空泵是旋片式油泵，可能存在高速旋转和负压操作而带来的危险隐患。

（4）本实验使用危化品乙醇，乙醇虽低毒，但其蒸气对使用者眼和呼吸道黏膜有轻微的刺激作用。由于其易挥发，易燃烧，蒸气与空气混合会形成爆炸性气体，存在遇到高热、明火能燃烧或爆炸的危险。

2. 处置措施

（1）若要从恒温槽中取出玻璃等位仪时，须先关闭搅拌开关。

（2）使用仪器前应该检查外壳是否带电，如发现有人触电，应立即切断电源，将伤员移至通风处平躺。对重度症状者，实施心肺复苏，送医院救治。若因漏电出现火灾事故，尽快断开火灾现场电路，然后再施救。

（3）若是三相电动机带动的泵，使用时要注意三相马达旋转方向是否正确。旋转电机要小心防止头发等卷入。

（4）使用易燃化学品乙醇时要避免明火，要注意房间通风。

【实验内容】

1. 在等位仪的 A 球内装入约 2/3 体积的无水乙醇，并使一部分乙醇在 U 形管 BC 中形成液封，如图 3-18 连接装置（此步骤实验室技术人员已代做），记录实验开始时的大气压力。

2. 调节恒温槽温度至 20℃，接通冷凝水，在活塞 9 接通而活塞 8 通大气的情况下接通真空泵电源，使真空泵正常运转数分钟，关闭活塞 8，缓慢打开活塞 7，系统减压，至压力计读数为 $-80kPa$（或水银压力计水银面相差约 $600mmHg$）时关闭活塞 7，打开活塞 8，使真空泵通大气后断开电源，如果在 $2min$ 内压力计读数（或水银面高度差）没有明显变化，表明系统不漏气，否则应仔细检查各处接口，直至不漏气为止。

3. 在 20℃恒温条件下按上述步骤抽气，随着系统继续减压，开始有气泡从等位仪 C 管逸出，气泡逸出速度应以一个一个逸出为宜，不要成串冲出，如气泡逸出速度太快，可微微打开活塞 8 漏入少量空气，但应注意不要使空气倒灌入 A 球，如此沸腾数分钟后，可认为 A 球液面上的空气已被全部赶出（残留的空气分压降至实验误差以下），关闭活塞 9，小心开启活塞 8，使空气缓缓漏入，至等位仪 U 形管 BC 两侧液面等高时迅速关闭活塞 8，准确读取此时压力计读数 Δp（或水银压力计高度差 h）和温度计读数 T（注意：开启活塞 8 时切不可太快。如空气倒灌入 A 球，则需重新抽气）。

4. 升高恒温槽温度，分别在 25℃、30℃、35℃、40℃、45℃时重复上述测定，只要不发生空气倒灌可不必另行抽气。升温时乙醇若有暴沸现象，可小心开启活塞 8 以避免之。

5. 测定完毕后，缓缓打开活塞 8，系统通大气。记录实验结束时的大气压，取前后两次的平均值作为实验时的大气压。

【注意事项】

1. 实验过程中，应将等位仪 A 球液面上方的空气抽尽。

2. 抽气速度要适宜，防止将 BC 管内液体抽尽。

3. 开、关真空泵时，注意先通大气。

【数据记录与处理】

1. 将实验数据记录于下表中。

室温_____；大气压：开始时_____ kPa，结束时_____ kPa，平均_____ kPa，$p_0 = $ _____ kPa。

编号	实验温度 T/K	压力计读数 $\Delta p/kPa$	蒸气压 $p = (p_0 - \Delta p)/kPa$	$\lg p$	$1/T$
1					
2					
3					
4					
5					
6					

2. 根据实验数据作出 $\lg p$-$1/T$ 图。

3. 求斜率并计算乙醇在实验温度范围内的平均摩尔蒸发焓。

【思考与讨论】

1. 如果抽气沸腾时间太短或实验过程中空气倒灌入 A 球，对实验结果有何影响？

2. 开启活塞 8 放入空气时，如果出现 C 管液面低于 B 管的现象，应立即采取什么办法？

3. 测定时温度为什么要保持恒定？如果不慎将恒温槽温度调节超过本实验所指定的某一温度，是否需要加冷水使之下降至该温度？

4. 接通或断开真空泵电源时应注意什么？

实验 3-9-2 动态法

【实验目的】

通过实验，了解用动态法测定液体饱和蒸气压的方法和原理；掌握饱和蒸气压法测定液体蒸发焓的基本原理。

【实验提要】

液体的饱和蒸气压 p 与温度 T 有关，通常 T 越高，p 越大。其定量关系可用克劳修斯-克拉贝龙方程式表示：

$$\frac{\mathrm{d}\ln p}{\mathrm{d}T} = \frac{\Delta_{\mathrm{vap}}H_{\mathrm{m}}}{RT^2} \qquad (3\text{-}22)$$

式中，R 为摩尔气体常数；$\Delta_{\mathrm{vap}}H_{\mathrm{m}}$ 为液体摩尔蒸发焓，通常随温度变化而变化。但若温度变化的范围不大，则 $\Delta_{\mathrm{vap}}H_{\mathrm{m}}$ 可视为与温度无关的常数，则式(3-22)可写成积分形式：

$$\lg p = -\frac{\Delta_{\mathrm{vap}}H_{\mathrm{m}}}{2.303R} \times \frac{1}{T} + C \qquad (3\text{-}23)$$

式中，C 为积分常数。以 $\lg p$ 对 $1/T$ 作图得一直线，从直线的斜率可求得 $\Delta_{\mathrm{vap}}H_{\mathrm{m}}$。

本实验利用动态法测定水的饱和蒸气压，即利用改变外压测定不同的沸腾温度，求出蒸气压与温度的关系，从而得到不同温度下的蒸气压。由于沸腾温度 T 是液体饱和蒸气压 p 与其受到的外压 p_0 相等时的温度值，若作 p-T 曲线，由 p-T 曲线可求得压力为 $1.01325 \times 10^5\mathrm{Pa}$ 时对应的沸腾温度值 T_{b}，T_{b} 即为该液体的正常沸点。

【仪器和药品】

仪器和材料：真空系统，500W 电热套，1kW 调压器，500mL 三口烧瓶，带旋塞的尖嘴毛细管，精密温度计（50～100℃，1/10）。

【实验前预习要求】

1. 了解真空装置的构造及其操作注意事项。
2. 了解压力、真空度的测量及其校正方法。

【实验内容】

1. 读取压力初读数

准确读取实验时的大气压值。

2. 连接仪器，检查气密性

按图 3-20 连接好仪器。将洁净干燥的三口烧瓶 2 与冷凝管 7 相连，打开真空旋塞 8、11，关闭进气毛细管旋塞 6、9 以及真空旋塞 10。使真空泵与大气相通，开启真空泵电源，待其运转正常后，使真空泵与真空系统相接，并打开旋塞 10 给测量系统减压，直至真空表读数为 -80.0kPa。关闭旋塞 10，5min 内压力读数无变化，说明系统不漏气。若压力读数不断上升，说明系统漏气，必须设法排除。检查完毕后，打开旋塞 9，使测量系统恢复常压。

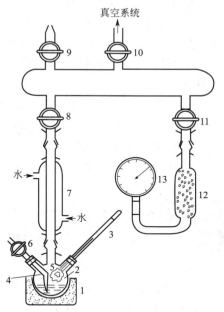

真空系统

图 3-20　动态法液体饱和蒸气压测定装置
1—电热套；2—三口烧瓶；3—50～100℃精密温度计；4—毛细管；5—纱布；6,9—进气毛细管旋塞；7—冷凝管；8,10,11—真空旋塞；12—干燥管；13—精密真空表

3. 不同外压下水沸腾温度的测定

向三口烧瓶中注入约占其体积 1/2 的蒸馏水，使水面距测量温度计水银球约 1～2cm，插入带旋塞的毛细管，打开冷却水。将测量系统减压至表压为 −80.0 kPa 左右，关闭旋塞 10，将调压器调至 150～180V 左右，加热升高水温直至沸腾，适当改变调压器输出电压使水保持微沸。待压力表读数稳定后，记下标准温度计 3 的读数 $T_观$ 和真空表 13 的压力值 p。

打开旋塞 6，使系统缓慢增压直至表压为 −70.0kPa，关闭旋塞 6，依照上述步骤，测定该压力下的沸腾温度及压力值。同理依次分别测定表压在 −60.0kPa、−50.0kPa、−40.0kPa、−30.0kPa、−20.0kPa、−10.0kPa、0kPa 时的沸腾温度值，在测量表压为 0kPa 时的沸腾温度时，必须打开旋塞 9。

4. 仪器整理

实验结束后，关闭冷却水，取下三口烧瓶，洗净、烘干、备用。关闭旋塞 11，以免干燥管中的干燥剂受潮。

【注意事项】

1. 为保证实验测量精度，必须选用新鲜蒸馏水，不可多次重复使用。

2. 标准口涂真空油脂时，只能涂下面 2/3 左右，以免沾污被测系统。

3. 开关真空泵前，均应将其与大气接通。

【数据记录与处理】

1. 将所测的实验数据列表表示。

2. 求作 p-T 曲线，并用公式 $p = \exp(-\Delta_{vap} H_m / RT + C)$ 进行非线性拟合得 $\Delta_{vap} H_m$。

3. 以 $\lg p$ 对 $1/T$ 作图，再从直线的斜率求算水的平均摩尔蒸发焓 $\Delta_{vap} H_m$ 以及水的正常沸点 T_b，并与文献值比较，计算相对误差。

4. 利用误差传递理论，分析温度、压力测量精度对平均摩尔蒸发焓的影响。

【思考与讨论】

1. 正常沸点与沸腾温度有何区别？

2. 系统放空后，有时测得的沸腾温度大于 100℃，分析可能的原因。

3. 在测量大气压时的沸腾温度时，为什么一定要打开旋塞 9？

4. 打开和关闭机械泵时，为什么总要先将其放空？

Experiment 3-9　Determination of Saturated Vapor Pressure of Liquid

There are three methods for measuring the saturated vapor pressure of liquid.

(1) Static method. The saturated vapor pressure is measured directly at a certain temperature. This method is generally applicable to liquids with higher vapor pressure.

(2) Dynamic method. The boiling points of liquids are measured under different external pressures. This method is more applicable to liquids with lower boiling points.

(3) Saturated air flow method. Under a certain temperature and pressure, the dry inert gas is carefully controlled to slowly pass through the liquid to be measured, making the gas stream be saturated with the vapor of the liquid; then the gas stream is absorbed by a material, and we can determine the content of vapor absorbed in the material. According to the a-

bove results, the saturated vapor pressure can be calculated by the law of partial pressure. This method is generally applicable to liquids with lower vapor pressure.

Experiment 3-9-1　Static Method

【Objective】

Through these experiments, we should have an understanding of these following knowledge.

(1) The concepts of liquid saturated vapor pressure and vapor-liquid equilibrium;

(2) The relationship between saturated vapor pressure of pure liquid and temperature (Clausius-Clapeyron equation).

(3) The principle of static method to determine the vapor pressure of pure liquid at different temperatures, and the calculation method of average molar enthalpy of evaporation.

(4) The usage of thermostatic bath, vacuum pump and pressure gauge.

【Principle】

In a vacuum-tight container, the liquid reaches a dynamic equilibrium with its vapor at a certain temperature, that is, the rate of liquid molecules escape from the liquid surface is equal to the rate of vapor molecules condense to the liquid surface. At this time, the vapor pressure on the liquid surface is called the saturated vapor pressure of the liquid at this temperature. When the vapor pressure is equal to the external pressure, the liquid will boil. The boiling point of liquid changes with the external pressure. The boiling point under the external pressure of 101325Pa is called the normal boiling point of this liquid.

The relationship between the saturated vapor pressure and temperature of a pure liquid can be expressed by Clausius-Clapeyron equation:

$$\frac{\mathrm{d}\ln p}{\mathrm{d}T} = \frac{\Delta_{vap}H_m}{RT^2} \tag{3-21a}$$

$$\lg p = -\frac{\Delta_{vap}H_m}{2.303R}\frac{1}{T} + C \tag{3-21b}$$

Where, p is the saturated vapor pressure of the liquid at T (K); $\Delta_{vap}H_m$ is the average molar enthalpy of evaporation at experimental temperature; C is the integral constant. Taking $\lg p$ as ordinate and $1/T$ as abscissa, we can get a straight line, its slope $m = -\Delta_{vap}H_m/2.303R$, so $\Delta_{vap}H_m$ can be obtained.

The experimental equipment for measuring the saturated vapor pressure of ethanol at different temperatures by static method is shown in Figure 3-18. At a certain temperature, when the upper part of ball A of equipotential meter (see Figure 3-19) is full of pure ethanol vapor and the B and C liquid levels of the U-shaped tube are at the same level, the vapor pressure of ethanol in the upper part of ball A is equal to the pressure on the liquid surface of C tube. The saturated vapor pressure of ethanol at this temperature can be obtained by subtracting the value of digital pressure gauge (or the height difference between two mercury surfaces of mercury pressure gauge) from the atmospheric pressure during the experiment.

【Apparatus and Reagents】

Apparatus and materials: thermostatic bath, digital low-vacuum pressure gauge.

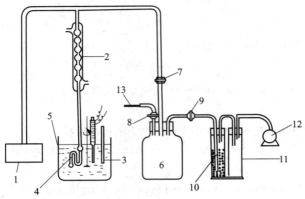

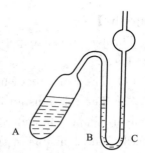

Figure 3-18　The equipment of determination of saturated
vapor pressure of liquid by static method

1—digital pressure gauge；2—condenser tube；3—precision
thermometer；4—equipotential meter；5—thermostatic bath；
6，11—buffer bottle；7～9—piston；10—drying tower；
12—vacuum pump；13—capillary

Figure 3-19　Schematic diagram
of equipotential meter

Reagents：anhydrous ethanol（A. R.）.

【**Pre-experiment Requirement**】

1. The students should have a grasp of the relationship between the saturated vapor pressure of pure liquid and temperature.

2. The students should master the usage and precautions of vacuum pumps.

【**Potential Safety Hazard and Treatment Measures**】

1. Potential Safety Hazard

（1）In this experiment，there is a risk that the glass equipotential meter could be broken by the stirring paddle in the thermostatic bath.

（2）The thermostatic bath and other electrical equipments used in this experiment may have potential risks such as circuit aging and electric leakage.

（3）The vacuum pump used in this experiment is a rotary vane oil pump，which may have potential risks caused by high-speed rotation and negative pressure operation.

（4）In this experiment，we need to use ethanol，which is a dangerous chemical. Ethanol is low toxic，but its vapor has a slight irritation to the user's eyes and respiratory mucosa. Ethanol is volatile and easy to burn，its vapor will form explosive gas when mixed with air，and there is a risk of combustion or explosion in case of high heat and open flame.

2. Treatment Measures

（1）If you want to take out the glass equipotential meter from the thermostatic bath，you must first turn off the stirring switch.

（2）Before using the instrument，check whether the shell is charged. If anyone is found to be electrocuted，cut off the power supply immediately and move the injured person to a ventilated place to lie down. For those with severe symptoms，perform cardiopulmonary resuscitation and send them to hospital for treatment. In case of fire accident due to electric leakage, disconnect the fire site circuit as soon as possible, and then rescue.

(3) If the pump is driven by a three-phase motor, pay attention to whether the rotation direction of the three-phase motor is correct when using it, and be careful to prevent the hair from getting involved in the rotating motor.

(4) Avoid open flames when using flammable chemical ethanol, and pay attention to room ventilation.

【Experimental Section】

1. Add 2/3 volume of anhydrous ethanol to the ball A of the equipotential meter, and some ethanol is used as liquid seal in the BC part of U-shaped tube. Connect the device according to Figure 3-18 (the lab technician has done it), record the atmospheric pressure at the beginning of the experiment.

2. Adjust the temperature of thermostatic bath to 20℃, and then turn on the condensate water. Subsequently turn on the power supply of vacuum pump after piston 9 is opened and piston 8 is connected with atmosphere, making the vacuum pump run normally for several minutes. Then close piston 8 and slowly open piston 7 to depressurize the system to −80kPa (or the height difference between mercury surfaces of mercury manometer is about 600 mm-Hg). Next, close piston 7 and open piston 8, making the vacuum pump be connected to the atmosphere and then cut off the power. If there is no obvious change in the reading of pressure gauge (or the height difference of mercury level) within 2 minutes, indicating the system is not leaking. Otherwise, we should check all connections carefully until there is no air leakage.

3. At the constant temperature of 20℃, the air is extracted according to the above steps. As the system continues to depressurize, bubbles begin to escape from the C tube of the equipotential meter. The escape speed of the bubbles should be one by one, and bubbles rush out in a series is not recommended. If the escape speed is too fast, slightly open piston 8 to leak a small amount of air to the system, but we should pay attention to not make the air pour back into ball A. After boiling several minutes, it can be considered that the air on the liquid level of ball A has been completely driven out (The residual air partial pressure drops below the experimental error). Then close the piston 9 and carefully open the piston 8 to allow air to slowly leak in, and quickly close the piston 8 when the B and C liquid levels of the U-shaped tube are at the same level. Read the pressure gauge reading Δp (or the mercury pressure gauge height difference h) and the thermometer reading T (Note: Do not open the piston 8 too fast. If the air is poured into the ball A, we need to re-pump the system).

4. Increase the temperature of the constant temperature bath, and measure related parameters based on the above steps at 25℃, 30℃, 35℃, 40℃, and 45℃ respectively. It is unnecessary to extract air as long as there is no air back filling. If there is bumping phenomenon of ethanol when heating, open piston 8 carefully to avoid it.

5. After the measurement is completed, slowly open piston 8 and let the system vent to the atmosphere. Record the atmospheric pressure at the end of the experiment, and take the average of the two values before and after the experiment as the atmospheric pressure during

the experiment.

【Notes】

1. During experiments，the air above the liquid surface of ball A should be exhausted.

2. The pumping speed should be appropriate to avoid the liquid in B and C tube being exhausted.

3. The system should be opened to the atmosphere before turning on and off the vacuum pump.

【Data and Analysis】

1. Record the data into the table below.

Room temperature _____ ; atmospheric pressure：at the beginning _____ kPa, at the end _____ kPa, average value _____ kPa, $p_0 =$ _____ kPa.

No	Experiment temperature (T/K)	Pressure gauge reading (Δp/kPa)	Vapor pressure $p = p_0 - \Delta p$ /kPa	lg$p$	$1/T$
1					
2					
3					
4					
5					
6					

2. Make an lg$p$-$1/T$ diagram based on experimental data.

3. Calculate the slope and the average molar enthalpy of vaporization of ethanol in the experimental temperature range.

【Questions】

1. If the pumping boiling time is too short or the air is poured back into the ball A，what is the effect on the experimental results?

2. If the liquid level in C tube is lower than in B tube when we open piston 8 and let the air into the system，what measures should be taken immediately?

3. Why should the temperature remain constant during measurement? If the temperature of the thermostatic bath is accidentally adjusted to exceed a certain temperature specified in this experiment，do we need to add cold water to lower the temperature to that temperature?

4. What should be paid attention to when turning on or off the vacuum pump power?

实验 3-10　碳酸钙分解压的测定

【实验目的】

通过实验，学习并了解一种测定平衡压力的方法，了解低真空系统的操作方法；测定指定温度下碳酸钙的分解压力，从而计算出该温度下 $CaCO_3$ 固体分解反应的标准平衡常数

$K^\ominus$。通过作分解压与温度的关系图（$\lg p$-$1/T$ 图），了解温度对 $K^\ominus$ 的影响。计算在一定范围内等压反应的平均摩尔反应焓 $\Delta_r \overline{H}_m$、等温反应的标准吉布斯函变 $\Delta_r G_m^\ominus(T)$ 及标准摩尔熵变 $\Delta_r S_m^\ominus(T)$。

【实验提要】

碳酸钙（$CaCO_3$）在焊条焊药中是造渣的主要成分，纯的碳酸钙为白色固体，常温下不易分解，高温下按下式分解并产生一定的热量：

$$CaCO_3(固) \longrightarrow CaO(固) + CO_2(气)$$

该反应为多相反应，并且是可逆的，若不移走反应产物，在恒温条件下很容易达到平衡，标准平衡常数为：

$$K^\ominus(T) = p_{CO_2} / p^\ominus \tag{3-24}$$

式中，p_{CO_2} 为该反应温度下的 CO_2 的平衡分压，当无其他气体存在时，p_{CO_2} 也就是平衡系统的总压力称为分解压。因此，当系统达到平衡后测量其总压 p 即可求出该温度下碳酸钙分解反应的标准平衡常数 $K^\ominus(T)$。

温度对平衡常数的影响为：

$$\frac{d\ln K^\ominus}{dT} = \frac{\Delta_r H_m^\ominus}{RT^2} \tag{3-25}$$

$\Delta_r H_m^\ominus$ 为标准摩尔反应焓，由式（3-25）知：对吸热反应 $\Delta_r H_m^\ominus > 0$，故 $\frac{d\ln K^\ominus}{dT} > 0$，亦即 $K^\ominus$ 随温度的升高而增大。

当温度变化范围不大时，$\Delta_r H_m^\ominus$ 可视为常数，积分式（3-25）得：

$$\ln K^\ominus = -\frac{\Delta_r H_m^\ominus}{RT} + C \tag{3-26}$$

通过实验测得一系列温度时的 $K^\ominus$ 数据，作 $\lg K^\ominus$-$1/T$ 图，应是一条直线。直线的斜率 $A = -\Delta_r H_m / 2.303R$，由此可求出该温度范围内的平均等压摩尔反应焓。碳酸钙的分解是吸热反应，反应的热效应相当大，所以温度对平衡常数的影响也相当大，实验测定时应严格调节反应器的温度并控制较好的恒温条件。

实验求得某些温度下的标准平衡常数 $K^\ominus$ 后，可按 $\Delta_r G_m^\ominus(T) = -RT\ln K^\ominus$ 计算该温度下反应的标准自由能变化 $\Delta_r G_m^\ominus$，并由：

$$\Delta_r G_m^\ominus = \Delta_r H_m^\ominus - T\Delta_r S_m^\ominus \tag{3-27}$$

求出该温度下的标准熵变 $\Delta_r S_m^\ominus(T)$。

【仪器和药品】

仪器和材料：仪器装置如图 3-21。

药品：粉状碳酸钙。

【实验前预习要求】

1. 熟悉实验所用整套仪器装置。

2. 了解智能温度控制仪的正确使用方法。

3. 了解安装原则、各部分的作用和操作方法及电路线路的连接。

【实验内容】

首先熟悉实验所用整套仪器装置，了解安装原则、各部分的作用和操作方法及电路线路的连接。经指导教师认可后，按下述步骤进行实验。

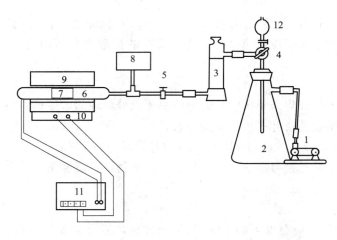

图 3-21　CaCO₃ 分解压测定装置

1—机械真空泵；2—缓冲用抽滤瓶；3—干燥塔（内装无水氯化钙为
干燥剂）；4—真空三通活塞；5—两通旋塞；6—石英反应管；7—瓷
管（内装碳酸钙）；8—数字式低真空测压仪；9—管式电炉；10—热
电偶测温计；11—智能温度控制仪；12—干燥管（内装石灰）

1. 样品的安放

称取 5g 碳酸钙试样，装入瓷管中部使其轻松地铺开，然后小心地送入石英管中段，封好石英管套盖，最后用橡胶管将其与系统接通。

2. 检查气密性

检查并旋转真空旋塞通路方向使旋塞 4 既与大气又与系统相通，旋塞 5 成通路。按真空泵箭头所指方向转动皮带轮，然后接通电源使真空泵启动。缓缓旋动旋塞 4，逐渐关闭与大气的通路，然后机械真空泵抽气，使系统最大限度地接近真空。然后关闭活塞 5，并旋转活塞 4，使真空泵与大气相通，再切断真空泵电源（注意：真空泵在停止工作前必须使泵的抽气口与大气连通，否则由于压力差会使泵中真空油被大气驱入系统造成事故）。记下数字式低真空测压仪上的读数，在 2min 后检查表头压力有无变化，若压力不断增加则表明系统漏气，应找出原因，消除后再检查至不漏为止。

3. 检查线路，加热

按所附线路图，检查管式电炉、智能温度控制仪、热电偶测温计、电源稳压器的连接线路，并确定各仪器开关处于断路状态，调压变压器调至零位。设定智能温度控制仪的升温程序，最后按动控制器开关接通电炉加热电源。此时温度指示仪左边绿色指示灯亮。

4. 除余气

当温度将达到 200℃时，按真空泵启动规定接通真空泵电源，抽去系统余气。在开泵后将旋塞 4 再旋至与干燥管连通，然后连通旋塞 5，设定智能控温仪，使温度上升速度控制在 $5℃ \cdot min^{-1}$ 左右，此时利用碳酸钙少量分解以排除系统中仍存在的空气。在炉温接近 500℃时，记录压力计读数，并同时旋转两通旋塞 5 以切断反应管、压力计至真空泵的通路。最后按停泵要求停止真空泵的转动。

5. 测压、测温

当温度上升到达设定温度且稳定于设定温度附近时，说明碳酸钙分解已基本上达到平衡，测定此时的压力，此时反应管压力即碳酸钙分解压 p_{CO_2}，记下压力计读数与管内温度。

每组同学在 650～880℃之间选定 5～6 个温度，由低温到高温测定指定温度下 $CaCO_3$ 的分解压。

6. 实验结束，进行整理

测定完毕，按动控温仪开关切断加热电源，按电源稳压器使断路，最后拉掉总开关。当炉温降至 400℃以下后，缓缓转动活塞 5，使空气进入系统消除真空，然后取出试样瓷管，整理好全部实验装置，做好清洁工作，结束实验。

【注意事项】

1. 注意勿使碳酸钙洒落在石英管壁上。
2. 实验中要保持系统的良好气密性。

【数据记录及处理】

1. 记录室温及大气压，列在数据表上方。

室温＿＿＿＿＿℃；大气压＿＿＿＿＿kPa。

序号	炉温读数		$1/T$	压力计读数/kPa	分解压/atm	$\lg p$
	mV	$T/℃$				
1						
2						
3						

注：热电偶温度 T 与 mV 关系可查表 3-2。

2. 记录不同温度下的低真空测压仪读数于表中。

3. 计算平衡时 CO_2 气体压力，即反应温度下的 K_p，根据文献资料 $CaCO_3$ 分解压的经验公式（近似处理）如下：

$$\lg K_p = -\frac{8920}{T} + 7.54$$

精确处理公式如下：

$$\ln p_{CO_2} = -\frac{1.845 \times 10^5}{RT} - \frac{10.73}{R}\ln T - \frac{8.36 \times 10^{-3}}{R}T + \frac{10.46 \times 10^5}{2R} \times \frac{1}{T^2} + 28.71$$

4. 作出 $CaCO_3$ 分解压与温度关系图 $[\lg p_{CO_2}(atm) - 1/T]$，并表示为：$\lg p_{CO_2} = A/T + B$，其中 A、B 由图解法确定。

5. 计算实验温度范围内的 $\Delta_r \overline{H}_m$、$\Delta_r \overline{S}_m$ 及各实验温度时的 $\Delta_r G_m^{\ominus}(T)$、$\Delta_r S_m^{\ominus}(T)$。

6. 从实验数据中，求出 $p_{CO_2} = 1atm$ 时的 $CaCO_3$ 分解温度。

【思考与讨论】

1. 怎样获得低真空？本实验为什么要在真空条件下进行？
2. 碳酸钙量的多少对分解压是否有影响？
3. 从实验结果讨论实践与理论的关系，并分析实验结果为什么与经验公式不同。
4. $\Delta_r G_m^{\ominus}$、$\Delta_r S_m^{\ominus}$ 所指的标准态是什么？求反应的 $\Delta_r G_m^{\ominus}$ 时，$K_p^{\ominus}$ 应为什么？

表 3-2　热电偶温度与毫伏换算表（铂铑 10-铂热电偶 LB-3 型）

温度/℃	0	10	20	30	40	50	60	70	80	90
0	0.000	0.050	0.113	0.173	0.235	0.299	0.369	0.431	0.500	0.571
100	0.643	0.717	0.792	0.869	0.946	1.025	1.106	1.187	1.269	1.352

温度/℃	0	10	20	30	40	50	60	70	80	90
200	1.436	1.521	1.607	1.693	1.786	1.867	1.955	2.044	2.134	2.224
300	2.315	2.407	2.498	2.591	2.648	2.777	2.871	2.965	3.060	3.155
400	3.250	3.346	3.441	3.538	3.634	3.731	3.828	3.925	4.023	4.121
500	4.220	4.318	4.418	4.517	4.617	4.717	4.817	4.918	5.019	5.121
600	5.222	5.324	5.427	5.530	5.633	5.735	5.839	5.943	6.046	6.751
700	6.256	6.361	6.466	6.572	6.677	6.784	6.891	6.999	7.105	7.213
800	7.322	7.430	7.539	7.648	7.757	7.867	7.978	8.088	8.199	8.310
900	8.421	8.534	8.646	8.758	8.871	8.985	9.098	9.212	9.326	9.441
1000	9.556	9.671	9.787	9.902	10.01	10.13	10.252	10.370	10.489	10.605

实验 3-11　氨基甲酸铵的分解平衡常数测定

【实验目的】

通过实验，掌握静态法测定平衡压力的原理和方法；掌握空气恒温箱的结构原理和使用方法；测定氨基甲酸铵的分解压力，计算反应的平衡常数和有关热力学函数。

【实验提要】

氨基甲酸铵的分解反应方程式如下：

$$NH_2COONH_4(s) \Longrightarrow 2NH_3(g) + CO_2(g)$$

假设反应中产生的气体都为理想气体，则其标准平衡常数可表示为：

$$K^{\ominus} = \left(\frac{p_{NH_3}}{p^{\ominus}}\right)^2 \left(\frac{p_{CO_2}}{p^{\ominus}}\right) \tag{3-28}$$

式中，p_{NH_3}，p_{CO_2} 分别表示某温度下 NH_3 和 CO_2 的平衡分压；$p^{\ominus}=100kPa$ 为标准压力。设平衡总压为 p，则 $p_{NH_3}=\frac{2}{3}p$，$p_{CO_2}=\frac{1}{3}p$。代入式(3-28) 得：

$$K^{\ominus} = \left(\frac{2}{3}\frac{p}{p^{\ominus}}\right)^2 \left(\frac{1}{3}\frac{p}{p^{\ominus}}\right) = \frac{4}{27}\left(\frac{p}{p^{\ominus}}\right)^3 \tag{3-29}$$

因此测得一定温度下的平衡总压 p 后，即可按式(3-29) 计算出该温度下反应的标准平衡常数。氨基甲酸铵的分解反应是一个热效应很大的吸热反应，温度对标准平衡常数的影响比较大。但当温度变化范围不大时，其标准平衡常数和温度之间的关系可表示为：

$$\ln K^{\ominus} = -\frac{\Delta_r H_m^{\ominus}}{RT} + C \tag{3-30}$$

式中，$\Delta_r H_m^{\ominus}$ 为该反应的标准摩尔反应焓；R 为摩尔气体常数；C 为积分常数。由式(3-30) 知，只要测出几个不同温度下的 $K^{\ominus}$，以 $\ln K^{\ominus}$ 对 $1/T$ 作图，由所得直线的斜率即可求得实验温度范围内的 $\Delta_r H_m^{\ominus}$。

利用如下热力学关系式：

$$\Delta_r G_m^{\ominus} = -RT\ln K^{\ominus} \tag{3-31}$$

$$\Delta_r G_m^{\ominus} = \Delta_r H_m^{\ominus} - T\Delta_r S_m^{\ominus} \tag{3-32}$$

可计算反应的标准摩尔吉布斯函变 $\Delta_r G_m^\ominus$ 和标准摩尔反应熵变 $\Delta_r S_m^\ominus$。

本实验采用静态法测定氨基甲酸铵的分解压力，实验装置见图 3-22。样品瓶 A 和 U 形等压计 B 均装在空气恒温箱 D 中。实验时先将系统抽空（等压计两边液面相平），然后关闭活塞 1，让样品在恒温箱的温度 T 下分解，此时等压计右管上方为样品分解得到的气体。通过活塞 2、活塞 3 不断放入适量空气于等压计左管上方，使等压计中液面始终保持相平。待分解反应达到平衡后，从外接的精密数字压力计测得等压计左管上方的气体压力，即为温度 T 下氨基甲酸铵分解的平衡总压力。

【仪器和药品】

仪器和材料：空气恒温箱，DP-A 数字压力计，硅油等压计，真空泵，样品瓶。

药品：氨基甲酸铵（C.R.）。

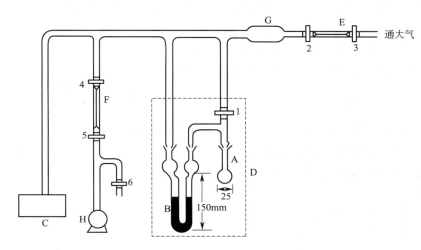

图 3-22　氨基甲酸铵分解压测定装置

A—样品瓶；B—等压计；C—数字压力计；D—恒温箱；

E,F—毛细管；G—缓冲管；H—真空泵；1～6—活塞

【实验前预习要求】

1. 了解平衡常数和热力学函数间的关系及测定方法。

2. 熟悉数字压力计的使用。

【实验内容】

1. 按图 3-22 的装置接好管路，检查系统是否漏气。然后在经干燥的样品瓶 A 中装上少量氨基甲酸铵粉末，接通数字压力计电源，使仪表预热 10min。

2. 调节空气恒温箱温度为（25.0±0.2）℃。

3. 打开活塞 1，关闭其余所有活塞。然后开动机械真空泵，再缓缓打开活塞 5 和 4，使系统逐步抽真空，约 5min 后，关闭活塞 5、4 和 1。

4. 随着氨基甲酸铵的分解，等压计中右管液面降低，左管液面升高，出现压差，为了消除等压计中压差，维持等压，先打开活塞 3，随即关闭，再打开活塞 2，此时毛细管 E 中的空气经过缓冲管 G 降压后进入等压计左管上方。再关闭活塞 2，打开活塞 3，如此反复操作，待等压计中液面相平且不随时间而改变，按动数字压力计"采零"键，使仪器自动扣除传感器等压力值，显示器为零，然后按动"复位"键，则从数字压力计上即可读出系统压力。

5. 将空气恒温箱温度分别调至 30℃、35℃、40℃，重复上述操作，测定系统分解平衡时相应的总压力。

6. 实验结束，先打开活塞6，再关闭真空泵，然后再打开活塞1、2、3，使系统通大气，并使数字压力计读数为零，将压力计电源关闭。

7. 测定室温和大气压。

【注意事项】

1. 不可将活塞2、3同时打开，以免压差过大，使等压计中硅油冲入样品瓶。

2. 若空气放入过多，造成等压计左管液面下降，可开活塞5，通过真空泵将毛细管F抽真空，随后关闭活塞5，打开活塞4。以此操作降低等压计左管的压力直到其液面相平为止。

3. 实验结束，应先打开活塞6，通大气，再关真空泵，以免倒灌。

4. NH_2COONH_4 易吸水，故在制备和保存时使用的仪器都必须保持干燥。

【数据记录和处理】

1. 将测定的数据和计算结果列成表格。

2. 将测得的总压与如下经验计算公式结果进行比较。

$$\lg p = -\frac{2741.0}{T} + 11.1433 \ (p \ 的单位为 \ mmHg)$$

3. 根据实验数据作 $\ln K^{\ominus}$-$1/T$ 图，并由图求氨基甲酸铵的 $\Delta_r H_m^{\ominus}$。

4. 计算各分解温度时的 $K^{\ominus}$，$\Delta_r G_m^{\ominus}$。

5. 按公式(3-32)计算 $\Delta_r S_m^{\ominus}$。

【思考与讨论】

1. 如何检查系统是否漏气？

2. 如何判断样品瓶中的空气已抽尽？

3. NH_2COONH_4 若吸水，则生成 $(NH_4)_2CO_3$ 与 NH_4HCO_3，试分析两者对测得的总压各有何影响。

4. 在一定温度下，氨基甲酸铵的用量多少对分解压力有何影响？若样品瓶上方的空气未抽尽，对 $K^{\ominus}$ 有何影响？

5. 装置中毛细管 E 与 F 各起什么作用？为什么在系统抽真空时必须将活塞1打开？否则会引起什么后果？

6. 本实验为什么要用等压计？等压计中为何用硅油？

实验 3-12 分光光度法测定络合物的稳定常数

【实验目的】

通过实验，掌握用分光光度法测定络合物组成及稳定常数的基本原理和方法；学会使用 721（722）型分光光度计。

【实验提要】

溶液中金属离子 M 和配位体 L 形成络合物 ML_n，其反应式为：

$$M + nL \Longrightarrow ML_n$$

当达到络合平衡时，其络合稳定常数为：

$$K = \frac{c_{\mathrm{ML}_n}}{c_{\mathrm{M}} \cdot c_{\mathrm{L}}^n} \qquad (3\text{-}33)$$

式中，K 为稳定常数；c_{M} 为络合平衡时金属离子的浓度；c_{L} 为络合平衡时配位体浓度；c_{ML_n} 为络合平衡时络合物的浓度；n 为络合物的配位数。

在维持金属离子及配位体总物质的量不变的条件下，改变金属离子和配位体的摩尔分数，并测定不同摩尔分数时的某一物理量，在本实验中测定吸光度 A，作摩尔分数-吸光度曲线，如图 3-23 所示。从曲线上吸光度的最大值所对应的摩尔分数值可求出 n 值。为了配制溶液的方便，通常取相同摩尔浓度的金属离子 M 溶液和配位体 L 溶液，维持总体积不变，按不同体积比配制一系列混合溶液，则它们的体积比亦为摩尔比，若 x_V 为 $A_{\max}$ 时所取 L 溶液的体积分数，即：

$$x_V = \frac{V_{\mathrm{L}}}{V_{\mathrm{L}} + V_{\mathrm{M}}} \qquad (3\text{-}34)$$

$$n = \frac{x_V}{1 - x_V} \qquad (3\text{-}35)$$

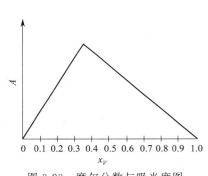

图 3-23　摩尔分数与吸光度图

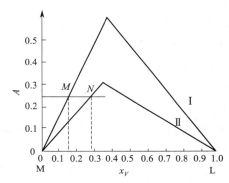

图 3-24　吸光度与溶液组成图

络合物在可见光某个波长区域有强烈吸收，而金属离子和配位体几乎没有吸收，那么就可以用分光光度法测定其组成和稳定常数，本实验就是用的这种方法。

根据朗伯-比耳定律，入射光强 I_0 和透射光强 I 之间有下列关系：

$$I = I_0 \exp(-kcd) \qquad (3\text{-}36)$$

即

$$\ln \frac{I_0}{I} = kcd$$

令

$$A = \lg \frac{I_0}{I} = kcd$$

式中，A 为吸光度；k 为吸收系数，对于一定溶剂、溶质及一定波长的入射光，k 为常数；d 为溶液层厚度；c 为样品浓度。

在维持总体积不变的条件下，配制一系列体积比不同的溶液，逐渐改变波长，测定 $V_{\mathrm{L}}/V_{\mathrm{M}}$ 为 7/3 的溶液的吸光度，找出络合物 ML_n 有最大吸收时的波长，而 M 和 L 在该波长几乎没有吸收。固定该波长，测定一系列溶液的 A，作 A-x_V 曲线，求出 n。

络合物组成确定后，可根据下述方法确定络合物的稳定常数 K。

设开始时金属离子 M 和配位体 L 的摩尔浓度分别为 a 和 b，而达到平衡时络合物的浓

度为 x，则：

$$K = \frac{x}{(a-x)(b-nx)^n} \tag{3-37}$$

溶液的吸光度正比于络合物浓度，若在金属离子和配位体总浓度不相同的条件下，在同一坐标上分别作吸光度对两个不同总浓度的溶液组成的关系曲线，在这两条线上找出吸光度相同的点（图 3-24 中 M、N 点），则此二点上对应的溶液的络合物浓度应相同。设对应于两条曲线的起始金属离子 M、配位体 L 的浓度分别为 a_1、b_1 与 a_2、b_2，则

$$K = \frac{x}{(a_1-x)(b_1-nx)^n} = \frac{x}{(a_2-x)(b_2-nx)^n}$$

解上述方程可得 x，然后即可计算 K。

【仪器和药品】

仪器和材料：721（722）型分光光度计一台，50mL 容量瓶 11 只，10mL 移液管一支，5mL 吸管 2 支，洗耳球一只。

药品：$0.005\text{mol} \cdot \text{L}^{-1}$ 硫酸高铁铵溶液及铁钛试剂（1,2 二羟基苯-3,5 二磺酸钠）溶液，$0.0025\text{mol} \cdot \text{L}^{-1}$ 硫酸高铁铵溶液及铁钛试剂溶液，pH＝4.6 的醋酸-醋酸铵缓冲溶液。

【实验前预习要求】

复习分光光度法原理，掌握 721（722）型分光光度计使用方法。

【实验内容】

1. 将 $0.005\text{mol} \cdot \text{L}^{-1}$ 的硫酸高铁铵和 $0.005\text{mol} \cdot \text{L}^{-1}$ 的铁钛试剂溶液按表 3-3 配制待测试液样品，依次将各样品稀释至 50mL。

2. 将 $0.0025\text{mol} \cdot \text{L}^{-1}$ 的硫酸高铁铵及 $0.0025\text{mol} \cdot \text{L}^{-1}$ 的铁钛试剂溶液按表 3-3 配制第二组待测样品。

3. λ_{max} 的选择：用 4 号溶液，不断改变 λ，测 A，A_{max} 所对应的 λ 为 λ_{max}，再测 1 号和 11 号溶液在该波长下的 A，若几乎为零，则该波长即为所要选择的 λ_{max}。

4. 测定第一组和第二组样品在波长 λ_{max} 下的吸光度值，每次测量前都要用空白溶液进行调整。

表 3-3　溶液的配制

溶液编号	1	2	3	4	5	6	7	8	9	10	11
Fe^{3+} 溶液体积/mL	0	0.5	1.0	1.5	2.0	2.5	3.0	3.5	4.0	4.5	5.0
铁钛试剂溶液体积/mL	5.0	4.5	4.0	3.5	3.0	2.5	2.0	1.5	1.0	0.5	0
缓冲溶液体积/mL	10	10	10	10	10	10	10	10	10	10	10

【注意事项】

1. 使用 721（722）型分光光度计时，为了延长光电管的寿命，在不测定时，应将暗室盖子打开。连续使用超过 2h，应间歇一段时间再使用。

2. 比色皿经校正后，不能随意与别的比色皿交换，否则会引入误差。

【数据记录与处理】

1. 将实验数据记录于下表中。

实验温度_____℃；压力_____ Pa；λ_{max} _____ nm。

编　　号	1	2	3	4	
A					
x_V					
A'					
x'_V					

2. 作两组溶液的吸光度对溶液组成的 A-x_V 的曲线（在一张图上）。

3. 求出配位数 n，从而可得络合物的组成为 ML_n。

4. 从 A-x_V 曲线图上找出两组溶液中任一相同吸光度的两点所对应的溶液组成（即：a_1、b_1、a_2、b_2）。

5. 根据 $K = \dfrac{x}{(a_1-x)(b_1-nx)^n} = \dfrac{x}{(a_2-x)(b_2-nx)^n}$ 求出 x，从而算出 K。

【思考与讨论】

1. 为什么要控制溶液的 pH 值？

2. 如果除络合物外，金属离子和配位体在该波长也有吸收，应怎样校正？

实验 3-13　电导法测定弱酸的电离常数

【实验目的】

通过实验，掌握电导法测定弱酸电离度及电离常数的基本原理；巩固溶液电导的基本概念；掌握恒温槽及电导率仪的使用方法。

【实验提要】

乙酸在水溶液中呈下列平衡：

$$\text{HAc} \Longleftrightarrow \text{H}^+ + \text{Ac}^-$$
$$c(1-\alpha) \qquad c\alpha \qquad c\alpha$$

式中，c 为乙酸浓度；α 为电离度。则电离平衡常数 $K^\ominus$ 为：

$$K^\ominus = \frac{\alpha^2}{1-\alpha}\left(\frac{c}{c^\ominus}\right) \qquad (3\text{-}38)$$

当温度一定时，$K^\ominus$ 为一常数，所以只要知道不同浓度 c 下的电离度 α，就可用式(3-38)计算得到 $K^\ominus$。乙酸溶液的电离度 α 可用电导法测定，电导是电阻的倒数，测定溶液的电导，要将被测溶液注入电导池中，如图 3-25。

若两电极距离为 l，电极面积为 A，则

$$G = \kappa \frac{A}{l} \qquad (3\text{-}39)$$

式中，G 称为电导，单位为 S（西门子），$1\text{S} = 1\Omega^{-1}$；κ 是电导率或称比电导，单位是 S·m^{-1}。

电解质溶液的电导率不仅与温度有关，还与溶液的浓度有关。因此，常用摩尔电导率 Λ_m 来衡量电解质溶液的导电能力，Λ_m 与 κ 之间的关系为：

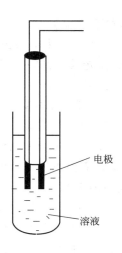

电极

溶液

图 3-25　浸入式电导池

$$\Lambda_m = \kappa / c \tag{3-40}$$

式中，Λ_m 的单位是 $S \cdot m^2 \cdot mol^{-1}$；$\kappa$ 的单位是 $S \cdot m^{-1}$；c 的单位是 $mol \cdot m^{-3}$。

对于弱电解质 HAc 来说，由于其电导率很小，故测得 HAc 溶液的电导率也包括水的电导率，所以：

$$\kappa_{HAc} = \kappa_{溶液} - \kappa_{H_2O}$$

弱电解质的电离度 α 与摩尔电导率 Λ_m 的关系为：

$$\alpha = \Lambda_m / \Lambda_m^\infty \tag{3-41}$$

式中，Λ_m^∞ 为无限稀溶液的摩尔电导率。298K 时的乙酸溶液 $\Lambda_m^\infty = 390.7 \times 10^{-4} S \cdot m^2 \cdot mol^{-1}$。

$$\Lambda_m^\infty(HAc) = \Lambda_m^\infty(H^+) + \Lambda_m^\infty(Ac^-) \tag{3-42}$$

任意温度下的 $\Lambda_{m,t}^\infty$ 与温度的关系为：

$$\Lambda_{m,t}^\infty(H^+) = \Lambda_{m,25℃}^\infty(H^+)[1 + 0.014(t - 25℃)] \tag{3-43}$$

$$\Lambda_{m,t}^\infty(Ac^-) = \Lambda_{m,25℃}^\infty(Ac^-)[1 + 0.02(t - 25℃)] \tag{3-44}$$

其中 $\Lambda_{m,25℃}^\infty(H^+) = 349.8 \times 10^{-4} S \cdot m^2 \cdot mol^{-1}$，$\Lambda_{m,25℃}^\infty(Ac^-) = 40.9 \times 10^{-4} S \cdot m^2 \cdot mol^{-1}$。

对于乙酸溶液，将式(3-41)代入式(3-38)得：

$$K^\ominus = \frac{\Lambda_m^2}{\Lambda_m^\infty(\Lambda_m^\infty - \Lambda_m)}\left(\frac{c}{c^\ominus}\right) \tag{3-45}$$

式中，c 的单位为 $mol \cdot m^{-3}$。

式(3-45)可改写为：

$$\frac{c\Lambda_m}{c^\ominus} = \frac{K^\ominus(\Lambda_m^\infty)^2}{\Lambda_m} - K^\ominus \Lambda_m^\infty \tag{3-46}$$

只要测得乙酸浓度为 c 时的电导率 κ，即可由式(3-40)计算其摩尔电导率 Λ_m，再由式(3-46)，以 $\frac{c\Lambda_m}{c^\ominus}$ 对 $\frac{1}{\Lambda_m}$ 作图可得一直线，由直线的斜率求算电离常数 $K^\ominus$。

【仪器和药品】

仪器和材料：DDS-11A 型电导率仪 1 台，DJS-1 型铂黑电极 1 支，恒温槽 1 台，25mL 碱式滴定管，250mL 锥形瓶 4 只，25mL 移液管 4 支。

药品：$0.100 mol \cdot L^{-1}$ 标准 NaOH 溶液，$0.10 mol \cdot L^{-1}$ HAc 溶液。

【实验前预习要求】

1. 理解本实验的原理及操作步骤。
2. 熟悉恒温槽的使用方法。
3. 熟悉电导率仪的使用方法。

【实验内容】

1. 调节恒温槽温度至 25℃。
2. 用 25mL 移液管取 25.00mL HAc 溶液于干燥锥形瓶中，加入 2～3 滴酚酞试剂。用标准 NaOH 溶液滴定至刚出现粉红色，摇匀后，约 0.5min 不褪色为止。记下所用标准 NaOH 溶液的体积，重复测定三次。计算 HAc 的浓度（若实验室提供 HAc 标准溶液，此步骤可省略）。

3. 在容量瓶中配制溶液浓度为原始乙酸溶液浓度的 1/2、1/4、1/8、1/16 的溶液共四份。

4. 用少量 $0.02000 \text{mol} \cdot \text{L}^{-1}$ KCl 溶液洗涤电导池和铂黑电极三次。将电导池移入恒温槽中，恒温 5～10min 后，接通电导率仪，预热数分钟，校验电导池常数。

5. 倾去电导池中 KCl 溶液，用蒸馏水洗涤电导池和电极三次，再用待测乙酸溶液洗涤三次，然后注入待测乙酸溶液，恒温后测电导率。按由稀到浓的顺序分别测定其他几种浓度的乙酸溶液的电导率。

6. 同上方法测定蒸馏水的电导率。

7. 用 KCl 的标准溶液再次测量电导池常数，检查实验过程中电导池常数是否改变。

8. 实验结束，关闭电源，用蒸馏水洗净电导池和电极，将电极浸入蒸馏水中备用。

【注意事项】

1. 配制溶液时，均需用电导水。

2. 溶液的浓度对电导池的影响很大，一定要用被测溶液多次荡洗电导池及电极，保证被测溶液的浓度与容量瓶中的溶液浓度一致。

3. 测定蒸馏水的电导率时动作要快。

【数据记录与处理】

1. 将实验数据及数据处理分别记录在下表中。

NaOH 标准溶液的浓度_____ $\text{mol} \cdot \text{mL}^{-1}$；实验温度_____℃；气压_____kPa。

测定序号	I	II	III	平均
NaOH 标准溶液体积/mL				
HAc 溶液浓度/(mol·mL^{-1})				

$\Lambda_{\text{m}}^{\infty}$ （HAc）_____ $\text{S} \cdot \text{m}^2 \cdot \text{mol}^{-1}$；电导池常数_____ m^{-1}。

HAc 溶液浓度 /(mol·mL^{-1})	$\kappa_{\text{H}_2\text{O}}$ /(μS·m^{-1})	$\kappa_{溶液}$ /(μS·m^{-1})	κ_{HAc} /(μS·m^{-1})	电离度 α	Λ_{m} /(S·m^2·mol^{-1})

2. 以 $\dfrac{c\Lambda_{\text{m}}}{c^{\ominus}}$ 对 $\dfrac{1}{\Lambda_{\text{m}}}$ 作图可得一直线，由直线的斜率求算电离常数 $K^{\ominus}$。

【思考与讨论】

1. 影响电导的因素有哪些？为什么本实验要用恒温槽？

2. 为什么弱电解质的电导率和摩尔电导率随温度变化而变化？

3. 测溶液的电导应该用交流电还是直流电？为什么？

4. 使用铂黑电极应注意什么？

实验 3-14　电解质溶液活度系数的测定

【实验目的】

通过实验，掌握用电动势法测定电解质溶液平均活度系数的基本原理和方法；加深对活度、活度系数、平均活度、平均活度系数等概念的理解；学会用外推法处理实验数据；进一步掌握电位差计的原理和使用方法。

【实验提要】

活度系数 γ 是用于表示真实液态混合物与理想液态混合物中任一组分浓度的偏差或真实溶液与理想稀溶液中溶质浓度的偏差而引入的一个校正因子，它与活度 a、质量摩尔浓度 b 之间的关系为：

$$a = \gamma \cdot \frac{b}{b^{\ominus}}$$

对于电解质溶液，由于溶液是电中性的，所以单个离子的活度及活度系数是不可测量、无法得到的。通过实验只能测定离子的平均活度系数 $\gamma_{\pm}$，它与平均活度 $a_{\pm}$、平均质量摩尔浓度 $b_{\pm}$ 的关系为：

$$a_{\pm} = \gamma_{\pm} \cdot \frac{b_{\pm}}{b^{\ominus}} \tag{3-47}$$

平均活度和平均活度系数的测量方法主要有：气相色谱法、动力学法、稀溶液依数性法、电动势法等。本实验采用电动势法，测定 $ZnCl_2$ 溶液的平均活度系数。其原理如下。

用 $ZnCl_2$ 溶液构成如下单液电池：

$$Zn(s) \,|\, ZnCl_2(a) \,|\, AgCl(s) \,|\, Ag(s)$$

该电池反应为：

$$Zn(s) + 2AgCl(s) == 2Ag(s) + Zn^{2+}(a_{Zn^{2+}}) + 2Cl^{-}(a_{Cl^{-}})$$

该电池电动势为：

$$
\begin{aligned}
E &= E^{\ominus} - \frac{RT}{2F} \ln a_{ZnCl_2} \\
&= E^{\ominus}_{AgCl/Ag} - E^{\ominus}_{Zn^{2+}/Zn} - \frac{RT}{2F} \ln a_{\pm}^{3}
\end{aligned} \tag{3-48}
$$

根据

$$b_{\pm} = (b_{+}^{\nu_{+}} b_{-}^{\nu_{-}})^{1/\nu}$$
$$a_{\pm} = (a_{+}^{\nu_{+}} a_{-}^{\nu_{-}})^{1/\nu}$$
$$\gamma_{\pm} = (\gamma_{+}^{\nu_{+}} \gamma_{-}^{\nu_{-}})^{1/\nu}$$

得

$$E = E^{\ominus} - \frac{RT}{2F} \ln(b_{Zn^{2+}})(b_{Cl^{-}})^2 - \frac{RT}{2F} \ln \gamma_{\pm}^{3} \tag{3-49}$$

可见当电解质的质量摩尔浓度 b 已知时，在一定温度下，只要测得 E 值，再由标准电极电势表的数据求得 $E^{\ominus}$，即可求得平均活度系数 $\gamma_{\pm}$。

$E^{\ominus}$ 值还可以根据实验结果用外推法得到，其方法如下：

由
$$E = E^{\ominus} - \frac{RT}{2F}\ln(b_{Zn^{2+}})(b_{Cl^-})^2 - \frac{RT}{2F}\ln\gamma_{\pm}^3$$

将 $b_{Zn^{2+}} = b$，$b_{Cl^-} = 2b$ 代入得：

$$E + \frac{RT}{2F}\ln 4b^3 = E^{\ominus} - \frac{RT}{2F}\ln\gamma_{\pm}^3 \tag{3-50}$$

将德拜-休克尔公式 $\ln\gamma_{\pm} = -A\sqrt{I}$ 和离子强度公式 $I = \frac{1}{2}\sum_{B} b_B Z_B^2 = 3b$ 代入上式，可得：

$$E + \frac{RT}{2F}\ln 4b^3 = E^{\ominus} + \frac{3\sqrt{3}ART}{2F}\sqrt{b} \tag{3-51}$$

由此可见，$E^{\ominus}$ 可由 $\left(E + \frac{RT}{2F}\ln 4b^3\right) - \sqrt{b}$ 作图外推至 $b \to 0$ 时得到。因而只要由实验测得用不同浓度 $ZnCl_2$ 溶液构成的单液电池相应的电动势 E 值，作 $\left(E + \frac{RT}{2F}\ln 4b^3\right) - \sqrt{b}$ 图，得一条直线，再将直线外推至 $b \to 0$，此纵坐标上的截距即为 $E^{\ominus}$。

【仪器和药品】

仪器和材料：恒温装置 1 套，UJ-25 型电位差计，检流计，标准电池，直流稳压电源，电池装置，100mL 容量瓶 6 只，5mL、10mL 移液管各 1 支，250mL、500mL 烧杯各 1 只，Ag｜AgCl 电极，细砂纸。

药品：氯化锌（A. R.），锌片。

【实验前预习要求】

熟悉 UJ-25 型电位差计（或数字电位差计）的操作方法。

【实验内容】

1. 溶液的配制：用二次蒸馏水准确配制浓度为 $1.00\text{mol} \cdot \text{dm}^{-3}$ 的标准 $ZnCl_2$ 溶液 250mL，用此溶液配制 $0.005\text{mol} \cdot \text{dm}^{-3}$、$0.010\text{mol} \cdot \text{dm}^{-3}$、$0.020\text{mol} \cdot \text{dm}^{-3}$、$0.050\text{mol} \cdot \text{dm}^{-3}$、$0.100\text{mol} \cdot \text{dm}^{-3}$、$0.200\text{mol} \cdot \text{dm}^{-3}$ 的 $ZnCl_2$ 溶液各 100mL。

2. 控制恒温水浴温度为 $(25 \pm 0.2)℃$。

3. 将锌片电极用细砂纸打磨至光亮，用乙醇、丙酮等除去电极表面的油，再用稀酸浸泡片刻以除去表面氧化物，取出用蒸馏水冲洗干净，备用。

4. 电动势的测定：将配制的 $ZnCl_2$ 溶液，按由稀到浓的次序分别装入恒温装置中恒温。将锌电极和 Ag｜AgCl 电极分别插入装有 $ZnCl_2$ 溶液的电池中，用电位差计分别测定各种浓度 $ZnCl_2$ 溶液的电动势（测量方法和原理见第 2 章 2.3.1）。

5. 实验结束后，将电池、电极洗净备用。

【注意事项】

注意电池与 UJ-25 型电位差计（数字电位差计）的接线是否正确。

【数据记录与处理】

1. 将实验数据及计算结果填入下表。

实验温度＿＿＿＿＿＿＿＿℃；大气压＿＿＿＿＿＿＿＿＿kPa。

ZnCl$_2$ 浓度 /(mol·dm^{-3})	E/V	$E+\dfrac{RT}{2F}\ln 4b^3$	$\sqrt{b}$	$\gamma_\pm$	$a_\pm$	a_{ZnCl_2}

2. 以 $E+\dfrac{RT}{2F}\ln 4b^3$ 为纵坐标，$\sqrt{b}$ 为横坐标作图，并用外推法求 $E^{\ominus}$。

3. 通过查表计算 $E^{\ominus}$ 的值，并求其相对误差。

4. 计算不同浓度 ZnCl$_2$ 溶液的平均活度系数，再计算相应溶液的平均活度 $a_\pm$ 及 ZnCl$_2$ 的活度 a_{ZnCl_2}。

【思考与讨论】

1. 为何可用电动势法测定 ZnCl$_2$ 溶液的平均活度系数？

2. 配制溶液所用的蒸馏水如含 Cl$^-$，对测定 E 有何影响？

3. 影响本实验测定结果的主要因素有哪些？分析 $E^{\ominus}$ 的理论值和实验值出现偏差的原因。

实验 3-15　双液系气液平衡相图的绘制

【实验目的】

通过实验，测定定压下乙醇-环己烷二组分互溶系统的沸点及气、液相组成；绘制该系统的 t-x（温度-组成）图，并确定其恒沸点和恒沸组成；了解阿贝（Abbe）折射仪的工作原理，掌握阿贝折射仪的使用。

双液系气液平衡
相图的绘制
（理论部分）

【实验提要】

在一定外压下，纯液体的沸点有确定值。但对于二组分互溶系统，沸点不仅与外压有关，而且还与组成有关。用图形表示多相平衡系统的组成、温度和压力之间的关系，这种图称为相图。

二组分互溶系统的 t-x（温度-组成）图可分为三类（见图 3-26）：①系统与拉乌尔定律偏差不大，液体混合物的沸点介于两纯组分物质沸点之间，如图 3-26(a) 所示，此类体系如苯-甲苯等系统；②系统与拉乌尔定律有较大的负偏差、在 t-x 图上出现最高点，如图 3-26(b) 所示，此类体系如氯仿-丙酮、盐酸-水等系统；③系统与拉乌尔定律有较大的正偏差，在 t-x 图上出现最低点，如图 3-26(c) 所示，此类体系如氯仿-甲醇、乙醇-水等系统。出现最高点或最低点时的气、液两相组成相同，对应的温度称为恒沸点，其相应的混合物称为恒沸混合物，简单蒸馏无法改变恒沸混合物组成。为了确定 t-x 图，需分别对不同组成的溶液在气-液平衡时测定其沸点及气、液相组成。

双液系气液平衡
相图的绘制
（实操部分）

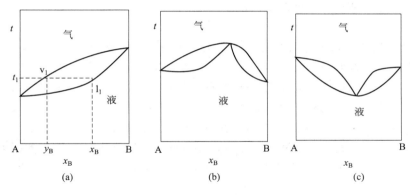

图 3-26　二组分互溶系统的温度-组成图

本实验采用蒸馏仪（如图 3-27），用电热丝加热，沸腾后记下温度，然后分别吸取少量气体相冷凝液和液相样品，用阿贝折射仪测定折射率，并在该二组分系统的折射率-组成标准曲线上查得相应的组成，从而绘制 t-x 图。

【仪器和药品】

仪器和材料：蒸馏仪一套（如图 3-27），调压变压器，阿贝折射仪及超级恒温槽（两组合用），电吹风（公用），滴管 2 支。

药品：一系列配制好的乙醇-环己烷溶液。

【实验前预习要求】

1. 理解完全互溶二组分气液平衡典型相图。

2. 掌握阿贝折射仪的使用方法。

【安全隐患与处置措施】

1. 安全隐患

（1）本实验使用蒸馏仪等玻璃仪器，容易折断而划伤使用者。

（2）本实验使用的加热电阻丝要浸没在待测液体中，否则存在烧断电阻丝或引起待测液体燃烧的危险。

（3）本实验使用电吹风，可能存在电路老化，从而引发仪器漏电与使用者触电的危险。

（4）本实验使用危化品乙醇和环己烷，由于其易挥发，对实验者的眼和呼吸道有轻度刺激作用；又由于其易燃，存在遇到高热或明火引发燃烧或爆炸的危险。

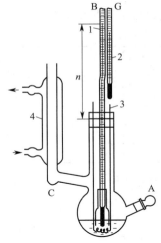

图 3-27　蒸馏仪

1—测量温度计；2—辅助温度计；

3—接加热丝铜线；4—冷凝管

2. 处置措施

（1）如发现有人因蒸馏仪破碎而被划伤，应先清理好伤口，立即用创可贴贴上止血；严重割伤的话，应立即包扎止血，送医院救治。

（2）本实验通入的电流不能太大，将电压控制在 20V 以下，否则会烧断电阻丝或引起待测液体燃烧。

（3）使用仪器前应该检查外壳是否带电，如发现有人触电，应立即切断电源，将伤员移至通风处平躺。对重度症状者，实施心肺复苏，送医院救治。若因漏电出现火灾事故，尽快断开火灾现场电路，然后再施救。

（4）使用易燃化学品乙醇和环己烷时要避免明火，要注意房间通风。另外，加热用的电阻丝要浸没在待测液体中，不能露出液面。

【实验内容】

1. 检查蒸馏仪是否清洁，从磨塞小口 A 处加入待测混合物（约 30mL），使液面在温度计水银球的中间，塞好磨口塞，开启冷凝水，接通电源，调节调压变压器，使液体缓缓加热至沸腾，蒸气在冷凝管中回流高度为 2cm 左右（此时调压变压器大约在 10～15V），待温度计读数恒定，记录测量温度计 B 及辅助温度计 G 的读数。

2. 切断电源，用内盛冷水的 400mL 的烧杯冷却蒸馏仪内的液体，冷却后用两支细长的干燥滴管分别取 C、A 处的气、液相平衡液，在阿贝折射仪上测定 35℃时的折射率。

3. 将蒸馏仪中的液体倒回原储液瓶后，按上述步骤分别测定各液体混合物的沸点和对应的气液相组成。

4. 干燥蒸馏仪，测纯组分乙醇、环己烷的沸点。

【注意事项】

1. 电阻丝要浸没在待测液体中，不能露出液面。

2. 通入的电流不能太大，本实验将电压控制在 20V 以下，否则会烧断电阻丝或引起待测液体燃烧。

3. 一定要使体系达到气、液相平衡，即温度基本不变。

4. 待测液面与支管的收集气相冷凝液的小槽距离不应太远，以减少蒸气先行冷凝。

【数据记录与处理】

室温＿＿＿＿＿＿＿℃；大气压＿＿＿＿＿＿＿kPa。

编号	温度读数/℃				液 相		气 相	
	测量温度计	辅助温度计	露茎校正	实际	折射率	组成($x_环$)	折射率	组成($x_环$)

1. 将已进行了露茎校正（见第 1 章 1.1.2）的样品的沸点及根据测定的折射率在标准曲线上查得的各气相、液相的组成，分别填入上表。

2. 绘制乙醇-环己烷的 t-x 图，并求出其恒沸点和恒沸组成。

【思考与讨论】

1. 每次加入蒸馏仪的试样是否要精确配制？为何测定纯组分时须将蒸馏仪吹干，而混合物却不必吹干？

2. 为什么可以用阿贝折射仪测定物系的组成？

3. 实验中，气相的折射率变化有无规律？如何判定是否达到恒沸点？

4. 收集气相冷凝液的小槽的大小对实验有无影响？

Experiment 3-15   Drawing of Gas-Liquid Equilibrium Phase Diagram of Two-Liquid System

【Objective】

Determine the boiling point and gas-liquid composition of ethanol-cyclohexane two-component miscible system under constant pressure; draw the t-x (temperature-composition) diagram of the system, and determine its constant boiling point and constant boiling composition; understand the working principle of Abbe refractometer and master the use of Abbe refractometer.

【Principle】

Under a certain external pressure, the boiling point of a pure liquid has a certain value. However, for a two-component miscible system, the boiling point is not only related to the external pressure, but also related to its composition. Phase diagram can show the relationship between the composition of a multi-phase equilibrium system and temperature or pressure.

The t-x (temperature-composition) diagram of a two-component miscible system can be divided into three categories (see Figure 3-26): ①The system has almost no deviation from Raoul's law, and the boiling point of the liquid mixture is between the boiling point of the two pure components, as shown in Figure 3-26 (a), such as benzene-toluene system, etc. ; ②The system has a large negative deviation from Raoul's law, and the highest point appears on the t-x diagram, as shown in Figure 3-26 (b), such as chloroform-acetone, hydrochloric acid-water, etc. ; ③The system has a large positive deviation from Raoul's law, and the lowest point appears on the t-x diagram, as shown in Figure 3-26 (c), such as chloroform-methanol, ethanol-water and other systems. The composition of gas phase and liquid phase is the same at the highest or lowest point, the corresponding temperature is called constant boiling point, and the corresponding mixture is called constant boiling mixture. Simple distillation cannot change a composition of a constant boiling mixture. In order to determine the t-x diagram, it is necessary to determine the boiling point and the gas phase and liquid phase composition of solutions with different compositions at gas-liquid

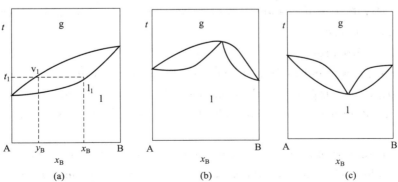

Figure 3-26   Temperature-composition diagram of two component miscible system

equilibrium.

In this experiment, a distillation apparatus heated by electric heating wire (as shown in Figure 3-27) is used, and the temperature is recorded after boiling. Take a small amount of gas phase condensate and liquid phase samples, and use Abbe refractometer to measure the refractive index. The corresponding composition can be found on the refractive index-composition standard curve of the two-component system and then is used to draw the t-x diagram.

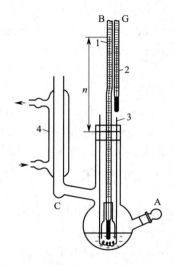

Figure 3-27　Distillation apparatus

1—measuring thermometer;

2—auxiliary thermometer;

3—copper wire connected to the heating wire;

4—condenser pipe

【Apparatus and Reagents】

Apparatus and materials: one set of distillation apparatus (as shown in Figure 3-27), voltage regulating transformer, Abbe refractometer and super constant temperature bath (shared between two groups), hair dryer (for public use), and two droppers.

Reagents: a series of prepared ethanol-cyclohexane solutions.

【Pre-experiment Requirement】

1. Understand the typical gas-liquid equilibrium phase diagram of fully miscible two-component system.

2. Master the use of Abbe refractometer.

【Potential Safety Hazard and Treatment Measures】

1. Potential Safety Hazard

(1) Distillation apparatus and other glass instruments are used in this experiment, which are easy to break and scratch the user.

(2) The heating resistance wire used in this experiment should be immersed in the liquid to be tested, otherwise there is a risk of burning out resistance wire or causing the liquid under test to burn.

(3) Circuit aging of hair dryer used in this experiment may lead to the dangers of leakage and electric shock.

(4) Hazardous chemicals ethanol and cyclohexane are used in this experiment. Due to their volatilization, they have mild irritation to the eyes and respiratory tract of experimenters, and there is a danger of burning or explosion when encountering high heat or open fire because it is flammable.

2. Treatment Measures

(1) If someone is found to be scratched by the broken distillation apparatus, clean up the wound firstly, and stop the bleeding immediately with a band-aid; for severe cuts, they should be immediately bandaged to stop bleeding and sent to the hospital for further treatment.

(2) The current applied in the experiment should not be too high, and the voltage should be controlled below 20 V, otherwise it will burn the resistance wire or cause the liquid to be tested to burn.

(3) Please check whether the shell is charged before using the instrument. If anyone is found to be electrocuted, cut off the power supply immediately, and move the injured person to a ventilated place to lie flat. For those with severe symptoms, perform cardiopulmonary resuscitation and send them to hospital for further treatment. In case of fire accident due to leakage, disconnect the fire scene circuit as soon as possible, and then rescue.

(4) Please avoid open flames when using the flammable chemicals ethanol and cyclohexane, and ventilate the room. In addition, the resistance wire used for heating should be immersed in the liquid to be tested and not exposed to the liquid level.

【Experimental Section】

1. Check whether the distillation apparatus is clean, add the mixture to be measured (about 30mL) from the small mouth A of the grinding plug, make the liquid level in the middle of the mercury bulb of the thermometer, and put on the grinding plug. Turn on the condensed water and power supply, adjust the voltage regulating transformer to slowly heat the liquid to boiling, keep the reflux height of steam in the condenser is about 2cm (at this time, the voltage regulating transformer is about 10~15V). After the thermometer reading is constant, record the readings of measuring thermometer B and auxiliary thermometer G.

2. Cut off the power, cool the liquid in distillation apparatus with a 400mL beaker filled with cold water. After cooling, use two slender dry droppers to obtain the gas and liquid equilibrium liquids at C and A respectively, and measure their refractive indexes with Abbe refractometer at 35℃.

3. After pouring the liquid in the distillation apparatus back to the original storage bottle, determine the boiling point and the corresponding gas-liquid composition of each liquid mixture according to the above steps.

4. Dry distillation apparatus and measure the boiling points of pure ethanol and cyclohexane.

【Notes】

1. The resistance wire must be immersed in the liquid to be tested and not exposed to the liquid surface.

2. The current should not be too high. In this experiment, the voltage is controlled below 20V, otherwise the resistance wire will be burned or the test liquid will be caused to burn.

3. Make the system reach gas and liquid phase equilibrium, which means that the temperature is basically unchanged.

4. The liquid level to be tested should not be too far away from the small tank of the branch pipe that collects the gas phase condensate to reduce the pre-condensation of steam.

【Data and Analysis】

1. Fill the boiling points of the samples that have been calibrated (see Basic Knowledge and Basic Measurement Technology 1.1.2 Thermometer) in the table. The compositions of each gas phase and liquid phase obtained from the standard curve according to the measured refractive index are also be filled in.

2. Draw the *t-x* diagram of ethanol-cyclohexane，and find the azeotropic point and azeotropic composition.

Room temperature _____℃；atmospheric pressure _____ kPa.

Number	Temperature reading/℃				Liquid phase		Gas phase	
	Thermometer	Auxiliary thermometer	Exposed stem calibration	Actual	Refractive index	Composition （$x_环$）	Refractive index	Composition （$x_环$）

【Questions】

1. Should the sample added to the distillation apparatus be accurately prepared every time? Why is it necessary to dry the distillation apparatus when determining pure components，however，the mixture does not have to be blow dried?

2. Why can we use Abbe refractometer to determine the composition of the system?

3. In the experiment，is there any regularity in the change of the refractive index of the gas phase? How to determine whether the lowest azeotropic point is reached?

4. Does the size of the small tank for collecting the gas phase condensate affect the experiment?

实验 3-16　二组分合金相图的绘制

【实验目的】

1. 掌握热分析法的原理；了解热分析法的测量技术与有关测量温度的方法。

2. 通过实验，用热分析法测绘锡-铋二元合金相图。

【实验提要】

相图是表示多相平衡体系中相态以及它们随浓度、温度、压力等变量变化的几何图形。

二组分合金相图的绘制（理论部分）

热分析法是绘制相图常用的基本方法，其原理是根据系统在均匀冷却过程中，温度随时间变化情况来判断系统中是否发生了相变化。将金属熔解后，使之均匀冷却，每隔一定时间记录一次温度，表示温度与时间关系的曲线称为步冷曲线。若熔融体系在均匀冷却的过程中无相变，得到的是平滑的冷却线，若在冷却的过程中有相变发生，那么因相变热的释放与散失的热量有所抵偿，步冷曲线将出现转折点或水平线段，转折点所对应的温度即为相变温度。

二组分合金相图的
绘制（实操部分）

对于简单的低共熔二元合金体系，具有图 3-28 所示的三种形状的步冷曲线。取一系列组成不同的二元合金体系，测定其步冷曲线，将这些步冷曲线转折点连接起来即可绘出合金相图。如果用记录仪连续记录体系逐步冷却温度，则记录纸上所得的曲线就是步冷曲线（图 3-29）。

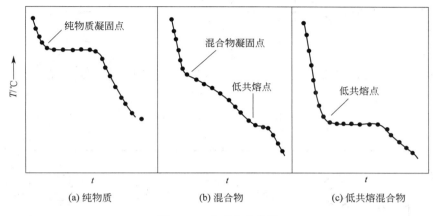

(a) 纯物质　　　　　　(b) 混合物　　　　　　(c) 低共熔混合物

图 3-28　典型步冷曲线

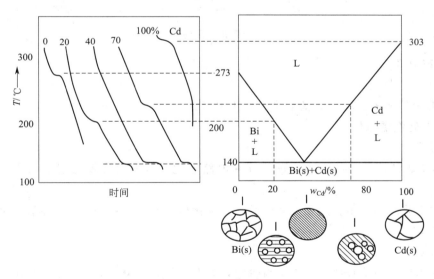

图 3-29　Bi-Cd 合金步冷曲线及相图

用热分析法测绘相图时，被测体系必须时时处于或接近相平衡状态，因此体系的冷却速度必须足够慢才能得到较好的结果。

Sn-Bi 合金相图不属于简单低共熔类型，当含 Sn81％以上即出现固溶体，如图 3-30。

【仪器和药品】

仪器和材料：数字控温仪，可控升降温电炉（图 3-31），合金相图测试仪，铂电阻，样品管，托盘天平。

药品：纯锡（C.P.），纯铋（C.P.），石墨。

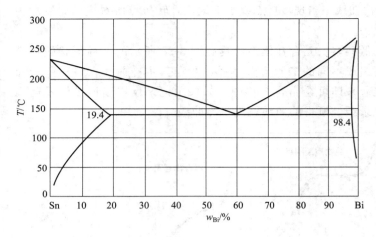

图 3-30　Sn-Bi 合金相图

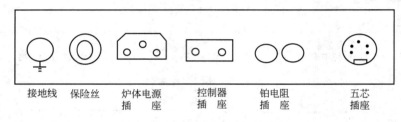

图 3-31　金属相图实验炉接线图

【实验前预习要求】

1. 了解步冷曲线的形成原因。

2. 掌握金属相图实验炉的基本原理和使用方法。

【安全隐患与处置措施】

1. 安全隐患

（1）本实验使用的电气设备，可能存在电路老化，从而引发仪器漏电与使用者触电的危险。

（2）本实验使用合金金属相图实验炉，在熔化样品操作过程中由于高温存在实验者可能被烫伤的危险。

2. 处置措施

（1）使用前应该检查仪器外壳是否带电，如发现有人触电，应立即切断电源，将伤员移至通风处平躺。对重度症状者，实施心肺复苏，送医院救治。若因漏电出现火灾事故，尽快断开火灾现场电源，然后再施救。

（2）若夹取加热的样品管进行适当摇晃时，或触碰实验炉面板时被烫伤，应立即用大量水冲洗，然后涂抹烫伤膏，严重者迅速送医处理。

【实验内容】

1. 配制样品

分别配制含铋量为 30%、58%、80% 的锡铋混合物各 100g，另外称取纯铋 100g、纯锡 100g，分别放入五个样品管中。

2. 几种金属相图实验炉的使用

(1) 可控升降温电炉的使用　可控升降温电炉与数字控温仪配套使用。

① 数字控温仪与可控升降温电炉进行连接：先将温度传感器（铂电阻）、加热器分别与后盖板的"传感器插座""加热器电源"对应连接，再将"冷风量调节"逆时针旋转到底（最小），"加热量调节"逆时针旋转到底，此时不加热。

② 将待测的样品管插入可控升降温电炉的加热炉口内。将传感器Ⅰ插入加热炉口旁的小孔内，用以控制电炉情况；将传感器Ⅱ插入待测样品管中，测试样品的温度。

③ 打开电源开关，显示初始状态，其中，温度显示Ⅰ为320℃（出厂设置值），温度显示Ⅱ为实时温度，"置数"指示灯亮。

④ 设置控制温度：按"工作/置数"钮，置数灯亮。依次按"×100""×10""×1""×0.1"设置"温度Ⅰ"的百、十、个及小数位的数字，每按动一次，显示数码按0~9依次上翻，至调整到所需"设定温度"的数值。设置完毕，再按"工作/置数"钮，转换到工作状态。温度显示Ⅰ从设置温度置换为控制温度当前值，工作指示灯亮，此时表示加热状态。

⑤ 当温度显示Ⅰ达到所设定的温度并稳定一段时间，样品管内样品完全熔化后，取出其中一组放入单孔炉腔内并把温度传感器Ⅱ放入样品管内。打开电炉电源开关，调节"加热量调节"加热至所需温度。

⑥ 当单孔炉腔温度加热到一定温度后，调节"加热量调节"旋钮和"冷风量调节"旋钮，使之降温。降温速率一般为5~8℃·min^{-1}为佳。若需隔一段时间观测记录，可按"工作/置数"钮，置数灯亮，按定时上翻、下翻键调节所需间隔的定时时间，有效调节范围：10~90s。时间倒数至零，蜂鸣器鸣响，鸣响时间为5s。若无需定时提醒功能，将时间调至00~09s。时间设置完毕，再按"工作/置数"钮，切换到工作状态（"工作"指示灯亮）。

⑦ 重复将其他样品管放入单孔炉腔内，找到拐点后，实验结束。此时将控温仪处于置数状态，逆时针调节电炉的"加热量调节"到底，表头指示为零，顺时针调节"冷风量调节"到底，进行降温，待温度显示Ⅰ、温度显示Ⅱ都接近室温时，关闭电源。

(2) 合金相图测试仪的使用

打开仪器开关后，按下设置键，调节加热温度为350℃，其余参数如加热功率和保温功率均保持原始设置，设置完成后按开始键，打开加热按键至加热状态（加热过程中灯亮）仪器即开始加热。加热至设置温度时，仪器会自动停止加热。仪器开始降温后，每分钟仪器会鸣叫一次，记录不同样品管对应温度即可。

3. 测步冷曲线

依次测纯铋、含铋30%、58%、80%的铋锡混合物及纯锡等体系的步冷曲线，方法如下。将样品管放入实验炉，为防止金属被氧化，在样品上面覆盖一层石墨粉，同时将铂电阻插入熔融金属中心距样品管底1cm处。样品温度不宜升得太高，一般在熔化全部金属后，再升高30℃即可停止加热，让样品在样品管内缓缓冷却，冷却过程中每隔一分钟记录一次温度读数，记录冷却曲线。冷却速度不能太快，最好保持降温速度在6~8℃·min^{-1}。

【注意事项】

1. 测试时，发现温度上升至450℃，并且加热灯继续亮或者电压表不回零，应迅速提出铂电阻防止烧坏。

2. 使用可控升降温电炉时，注意传感器Ⅰ和传感器Ⅱ的插孔位置，在加热或保温过程中不要将传感器Ⅰ移出插孔放置。

3. 测试过程中操作人员不能离开。

【数据记录与处理】

室温_____；大气压_____。

测量样品	数据记录
纯铋	
纯锡	
30%铋	
58%铋	
80%铋	

【思考与讨论】

1. 金属熔融体冷却时冷却曲线上为什么会出现转折点？纯金属、低共熔混合物及合金等的转折点各有几个？曲线形状如何？

2. 如果合金组成进入固溶体区（本相图含 Sn 85% 以上），则步冷曲线该是什么形状？

Experiment 3-16   Drawing of the Solid-Liquid Metallic Phase Diagram

【Objective】

Master the principle of the thermal analysis method; understand the technology of thermal analysis method and related methods of measuring temperature; use the thermal analysis method to survey and map the Sn-Bi phase diagram through experiments.

【Principle】

A phase diagram is a geometricdiagram that represents the phase states in a multi-phase equilibrium system and their changes with variables such as concentration, temperature, and pressure.

Thermal analysis is a basic method commonly used to draw phase diagrams. The principle is to judge whether a phase change occurs in the system according to the temperature change during the cooling process of the system. After the metal is dissolved, it is cooled uniformly, and the temperature is recorded with regular intervals. The curve showing the relationship between temperatures and time is called the step-cooling curve. If the molten system has no phase change during the cooling process, a smooth cooling line is obtained. If phase change occurs during the cooling process, the released heat of phase change and the lost heat will compensate. A turning point or horizontal line will appear at the step-cooling curve, and the temperature corresponding to the turning point is the phase transition temperature.

For a simple binary metal system, there are three shapes of step-cooling curves (Figure 3-28). Take a series of binary systems with various compositions, measure the step-cooling curves, and connect the turning points of these step-cooling curves, a phase diagram is obtained. If a device is used to continuously record the system's gradual cooling temperature, the curve obtained on the recording paper is the step-cooling curve (Figure 3-29).

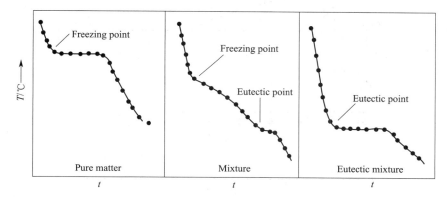

Figure 3-28　Typical step-cooling curves

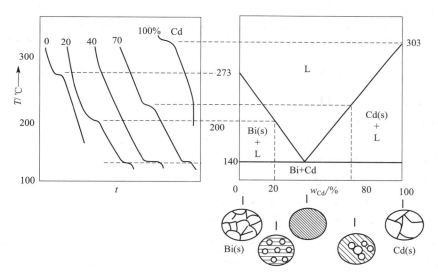

Figure 3-29　Step cooling curve and Bi-Cd phase diagram

When using thermal analysis to draw the phase diagram, the system to be tested must be always under or close to the phase-equilibrium state, so the cooling rate of the system should be slow enough in order to get better results.

The Sn-Bi phase diagram does not belong to the above simple type like Bi-Cd system. The solid solution appears when the weight percentage of Sn is more than 81% (Figure 3-30).

【Apparatus and Reagents】

Apparatus and materials: digital temperature control instrument, electric furnace (Figure 3-31), platinum thermal resistance, sample tube, balance.

Reagents: pure tin (Sn) (C. P. Grade), pure bismuth (Bi) (C. P. Grade), graphite.

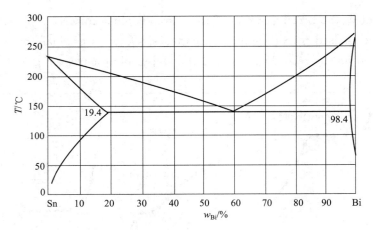

Figure 3-30 Sn-Bi phase diagram

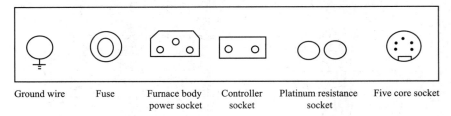

| Ground wire | Fuse | Furnace body power socket | Controller socket | Platinum resistance socket | Five core socket |

Figure 3-31 Wiring diagram of the furnace for metal phase diagram

【Pre-experiment Requirement】

1. Understand the origin of the step-cooling curve.

2. Master the basic principle and usage of metal phase diagram furnace.

【Potential Safety Hazard and Treatment Measures】

1. Potential Safety Hazard

（1）The electrical furnace used in this experiment may have circuit aging, which may cause the risk of electric leakage of the instrument and electric shock to the user.

（2）This experiment uses a metal phase diagram furnace. There is a danger that the experimenter may be scalded during the operation of melting the sample.

2. Treatment Measures

（1）Before using the instrument, check whether the shell is charged. If anyone is found to be electrocuted, cut off the power supply immediately, and move the injured person to a ventilated place to lie down. For those with severe symptoms, perform cardiopulmonary resuscitation and send them to the hospital for further treatment. In case of a fire accident due to electric leakage, disconnect the fire site circuit as soon as possible, and then rescue.

（2）If someone is scalded by the sample tube or furnace, wash with a lot of cold water immediately, and then coat with scald ointment. The seriously injured person must be sent to a hospital for treatment immediately.

【Experimental Section】

1. Sample preparation

Weight 100g of Sn-Bi mixtures containing 30％, 58％, and 80％ Bi respectively. In addition，100g of pure Bi and 100g of pure Sn are also respectively put into five sample tubes.

#1	#2	#3	#4	#5
0% (Pure Sn)	30%	58%	80%	100% (Pure Bi)

2. Usage of electric furnace

(1) Switch on the power and all channel buttons and ensure the fan is turned off.

(2) Set the heating temperature as follows：Press the "Set/OK" button，the "Stop/×10" button twice，the "Heat/+1" button three times (display 003)，the "Stop/×10" button once (display 030)，the "Heat/+1" button five times (display 035)，and the "Stop/×10" button once (display 350) in turn，finally press the "Set/OK" button. This operation is to ensure the target heating temperature is 350℃.

(3) Press the "Heat/+1" button，and the heating indicators (all channel buttons) are on.

(4) When the temperature reaches the target temperature，the heating will stop automatically. At this time，the metal samples have melted completely. Then record the temperature of each sample every 30 seconds until the sample has completely solidified.

(5) Switch off the power.

3. Draw the cooling curve and phase diagram

Take time (t) as x-axis and temperature (T) as y-axis，and plot the cooling curves of each composite. Determine the phase transition temperatures from the cooling curves and plot a liquid-solid phase diagram for the Sn-Bi binary system.

【Notes】

1. Ensure that the sample is under thermal equilibrium and is completely molten at the beginning of the cooling experiment.

2. During the test，if the temperature rises to 450℃ and the heating lamp continues to light or the voltmeter does not return to zero，the platinum resistance should be quickly taken out to prevent overheating.

3. The operator cannot leave during the test.

【Data and Analysis】

Temperature _____℃；atmosphere pressure _____ kPa.

Samples	Data recording
Pure Bi	
Pure Sn	
30% Bi	
58% Bi	
80% Bi	

【Questions】

1. Why does the turning point appear on the cooling curve when the molten metal is

cooled? How many turning points in the cases of pure metals, eutectic metals, and other composites? What are the shapes of these curves?

2. What is the shape of the step cooling curve when the alloy composition enters the solid solution region (the phase diagram contains more than 85% Sn)?

实验 3-17   三组分液-液相图的绘制

【实验目的】

通过实验，用溶解度法作出具有一对共轭溶液的正戊醇-乙酸-水系统的相图；熟悉相律，掌握由三角形坐标法表示的三组分系统相图分析。

【实验提要】

在萃取时，具有一对共轭溶液的三组分系统相图对确定合理的萃取条件是极为重要的。

三组分系统组分数 $C=3$，当系统处于恒温恒压条件时，根据相律，系统的条件自由度 F^* 为：

$$F^* = 3 - P$$

式中，P 为系统的相数。系统最大条件自由度 $F_{max}^* = 3 - 1 = 2$，可用平面图表示系统的状态和组成间的关系，称三组分相图。通常用等边三角形坐标表示，如图 3-32 所示。等边三角形顶点分别表示纯物质 A、B、C，AB、BC、CA 三条边分别表示 A 和 B、B 和 C、C 和 A 所组成的二组分系统，三角形内任何一点都表示三组分系统的组成。将三角形的每一边分为 100 等份，通过三角形内任何一点 O 引平行于各边的直线，根据几何原理，$a+b+c=100\%$，因此 O 点组成可用 a、b、c 来表示，即 O 点表示的三个组分的组成分别为 B% = b，C% = c，A% = a。如果已知三组分中任意两个组成，只需作两条平行线，其交点就是被测系统的组成点。

在正戊醇-乙酸-水三组分系统中，正戊醇和水几乎完全不互溶，而乙酸和正戊醇及乙酸和水都是互溶的，在正戊醇和水系统中加入乙酸则可促使正戊醇和水的互溶。由于乙酸在正戊醇层和水层中非等量分配，因此，代表两层浓度的 a、b 点的连线并不一定与底边平行 [如图 3-33(a)]。平衡共存的两相叫共轭溶液，其组成由通过 c 的连线上的 a、b 两点表示。图中曲线以下区为两相共存区，其余部分为单相区。

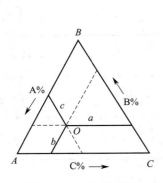

图 3-32　三组分相图

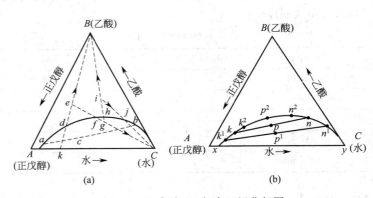

(a)　　　　　　　　(b)

图 3-33　正戊醇-乙酸-水三组分相图

现有一个正戊醇和水的二组分系统，其组成为 k。于其中逐渐加入乙酸，则系统总组成沿 kB 变化（正戊醇和水比例保持不变），在曲线以下区域内则存在互不混溶的两共轭相，将溶液振荡时则出现浑浊状态。继续滴加乙酸直到曲线上的 d 点，系统将由两相区进入单相区，液体将由浑浊转为清澈，继续加乙酸至 e 点，液体仍为清澈的单相。如于这一系统中滴加水，则系统总组成将沿 eC 变化（乙酸和正戊醇比例保持不变），直到曲线上的 f 点，则由单相区进入两相区，液体开始由清澈变为浑浊，继续滴加水至 g 点仍为两相。如于此系统中再加入乙酸至 h 点，则又由两相区进入单相区，液体由混变清。如此反复进行，可获得 d、f、h、j……位于曲线上的点，将它们连接起来，即得单相区与两相区分界的曲线。

当两相共存并达到平衡时，将两相分离，测得两相的成分，然后用直线连接这两点，即得连结线。如果测出的连结线正好通过已知的所配制系统的总组成点，则说明实验得到了很好的结果，如图 3-33(b) 所示。

【仪器和药品】

仪器和材料：恒温装置 1 套，电子天平 1 台，50mL 酸碱滴定管各 1 支，1mL 刻度移液管 1 支，5mL 刻度移液管 2 支，20mL 具塞锥形瓶 1 只，100mL 具塞锥形瓶 2 只，100mL 烧杯 1 个，洗瓶 1 个，滴管 2 个，吸水纸。

药品：酚酞指示剂，正戊醇（A.R.），乙酸（A.R.）。

【实验前预习要求】

掌握由三角形坐标法表示的三组分系统相图分析。

【实验内容】

1. 相分界线的测定

连接并控制恒温槽温度为 $(25\pm0.1)℃$。称量已烘干的 100mL 具塞锥形瓶，先用刻度移液管在其中加入 4mL 正戊醇并称重，再用移液管加入 0.35mL 乙酸并称重，然后用水滴定至溶液刚由清澈变浑浊并称重。按表 3-4 所规定的数据继续加入乙酸，并用水滴定，如此反复进行实验。注意：滴定时必须充分振荡，并在接近相变点时将测定系统恒温至少 5min，然后逐滴用水滴至相变点。到接近最后的几次滴定时，水要适当过量。

表 3-4　滴定数据记录表

室温 ＿＿＿＿＿＿＿ ℃；大气压 ＿＿＿＿＿＿＿＿＿ Pa。

编号	正戊醇	乙酸		水		$w_正/\%$	$w_乙/\%$	$w_水/\%$	现象
		每次加入体积 V/mL	质量 m/g	每次加入体积 V/mL	质量 m/g				
1	4	0.35							清变浊
2		0.45							清变浊
3		0.55							清变浊
4		0.70							清变浊
5		1.20							清变浊
6		1.60							清变浊
7		2.50							清变浊
8		5.30							清变浊

2. 连结线的测定

在干燥并已称重的 20mL 具塞锥形瓶中加入 5mL 正戊醇后称重，加入 5mL 水后称重，再加入 0.5mL 乙酸后称重。充分振摇后置于恒温槽中，恒温至少 30min 使其静置分层。用滴管吸取上层（即醇层）约 2～3mL 于称重的 100mL 干燥具塞锥形瓶中，称重，然后稀释至 20mL 左右，用 NaOH 标准溶液滴定至终点，记下 NaOH 标准溶液的用量。用相同方法对下层进行操作，将数据记入表 3-4。

【数据记录与处理】

1. 从文献查得正戊醇、乙酸、水在实验温度时的密度，列入下表中。

室温	大气压	密度		
		乙酸	正戊醇	水

2. 根据表 3-4 中终点时溶液中各成分的质量和上表中的密度值，求出各成分终点质量分数，一并列入表 3-4 中，并在三角坐标中予以标示。将各点连成一平滑曲线，用虚线将曲线外延到含正戊醇 89.0%、水 11.0% 及正戊醇 2.2%、水 97.8% 的两点。

3. 在三角坐标中定出醇层的组成点 [如图 3-33(b) 中的 k, k^1 和 k^2 等] 和水层的组成点 [如图 3-33(b) 中的 n、n^1 和 n^2 等] 后，连接两点即得连结线 [如图 3-33(b) 中的 kn 和 k^1n^1]。描绘出系统原始总组成点 [如图 3-33(b) 中的 p^1 或 p 等]，则总组成点位于相应的连结线上。

$c_{NaOH} =$ _____；室温 _____ ℃；大气压 _____ kPa。

溶液		质量	V_{NaOH}/mL	乙酸含量 w/%
总组成	上层			
	下层			

【注意事项】

1. 三组分液-液系统相图还可以采用另外两种方法测绘：一种是在两相区内以任一比例将此三种液体混合，置于一定温度下使之平衡，然后分析互成平衡的两共轭溶液的组成，在三角坐标中标出这些点，并连成线。这一方法较为烦琐。另一方法即密度法，过程和本实验方法类似，不同之处是用密度确定系统的组成。

2. 因所测系统含有水的成分，故玻璃仪器均需干燥。

3. 过程中需逐滴加入水，且需不停地摇动锥形瓶，由于分散的"油珠"颗粒能散射光线，所以系统出现浑浊，如在 2～3min 仍不消失，即到终点。当系统乙酸含量少时要特别注意慢滴，含量多时开始可快些，接近终点时仍要逐滴加入。

4. 在实验过程中要注意尽可能减少正戊醇和乙酸的挥发，测定连结线时取样要迅速。

5. 若用水滴定超过终点，可再加几滴乙酸，至刚由浊变清作为终点，记下实际加入量。

【思考与讨论】

1. 试用相律分析三组分系统相图中的各点、线、相区的稳定相数和自由度数。

2. 为什么根据系统由清变浊的现象即可测定相界？

3. 如果连结线不通过系统点，其原因是什么？

4. 当系统溶解度曲线和系统总组成点确定后，为何只分析醇层中的醋酸含量即可确定连结线？

5. 如果滴定过程中有一次清、浊转变时的现象不明显，是否需要立即倒掉溶液重新做实验？

实验 3-18　电池电动势的测定及其应用

实验 3-18-1　Cu-Zn 电池电动势的测定

【实验目的】

通过实验，学会 Cu、Zn 电极的制备和处理方法；测定 Cu-Zn 电池的电动势，并计算 Cu、Zn 电极的电极电势。

【实验提要】

电池由正、负两极组成。电池在放电过程中，正极发生还原反应，负极发生氧化反应。电池反应是电池中所有界面反应的总和。

电池除可用作电源外，还可用来研究构成此电池物质的化学热力学性质，由电化学的基础知识可知：在恒温恒压、可逆条件下，吉布斯函数能变与电池反应有如下关系

$$\Delta_r G_m = -nFE \tag{3-52}$$

式中，$\Delta_r G_m$ 为电池反应的摩尔吉布斯函数变；F 为法拉第常数（等于 $96485 C \cdot mol^{-1}$）；n 对应于电池反应中得失电子数；E 为可逆电池的电动势。故只要在恒温恒压下测出该可逆电池的电动势 E 便可求出 $\Delta_r G_m$，通过 $\Delta_r G_m$ 又可求出其他热力学函数。

在用电化学方法研究化学反应的热力学性质时，为尽量减小出现液体接界电势，常使用盐桥。根据不同的电池体系，盐桥中常用的盐类有 KCl（$3 mol \cdot dm^{-3}$ 或饱和）、KNO_3 和 NH_4NO_3 等，因为这些盐的正、负离子迁移速率比较接近。不过，用了盐桥后其液体接界电势一般仍在毫伏数量级，故在精确测量中还是不能满足要求。

在进行电池电动势测量时，为了使电池反应在接近热力学可逆条件下进行，不能用伏特表来测量，而要用电位差计来测量。

现以 Cu-Zn 电池为例，依据式(3-52) 导出电池电动势和电极电势的表达式。

电池结构　　　　　$Zn | ZnSO_4(a_{Zn^{2+}}) \| CuSO_4(a_{Cu^{2+}}) | Cu$

负极反应　　　　　　　　$Zn \longrightarrow Zn^{2+}(a_{Zn^{2+}}) + 2e^-$

正极反应　　　　$Cu^{2+}(a_{Cu^{2+}}) + 2e^- \longrightarrow Cu$

电池总反应　　　　$Zn + Cu^{2+}(a_{Cu^{2+}}) \longrightarrow Cu + Zn^{2+}(a_{Zn^{2+}})$

反应的摩尔吉布斯函数变 $\Delta_r G_m$ 为：

$$\Delta_r G_m = \Delta_r G_m^\ominus + RT \ln \frac{a_{Zn^{2+}} \cdot a_{Cu}}{a_{Cu^{2+}} \cdot a_{Zn}} \tag{3-53}$$

因为 Cu、Zn 为纯固体，则 $a_{Zn} = a_{Cu} = 1$

代入式(3-53) 得：

$$\Delta_r G_m = \Delta_r G_m^\ominus + RT \ln \frac{a_{Zn^{2+}}}{a_{Cu^{2+}}} \tag{3-54}$$

又因 $\Delta_r G_m = -nFE$ 和 $\Delta_r G_m^\ominus = -nFE^\ominus$，从而得到电池的电动势与活度的关系式：

$$E = E^\ominus - \frac{RT}{2F} \ln \frac{a_{Zn^{2+}}}{a_{Cu^{2+}}} \qquad (3\text{-}55)$$

式中，$E^\ominus$ 为溶液中锌离子活度（$a_{Zn^{2+}}$）和铜离子活度（$a_{Cu^{2+}}$）均等于 1 时的电池电动势。

整个电池反应是由两电极反应组成的，因此电池电动势的表达式也可以分成两项电极电势之差。若设正极的电极电势为 E_+，负极的电极电势为 E_-，

$$E = E_+ - E_- \qquad (3\text{-}56)$$

对 Cu-Zn 电池：

$$E_+ = E^\ominus_{Cu^{2+}/Cu} + \frac{RT}{2F} \ln \frac{a_{Cu^{2+}}}{a_{Cu}} \qquad (3\text{-}57)$$

$$E_- = E^\ominus_{Zn^{2+}/Zn} + \frac{RT}{2F} \ln \frac{a_{Zn^{2+}}}{a_{Zn}} \qquad (3\text{-}58)$$

式中，$E^\ominus_{Cu^{2+}/Cu}$、$E^\ominus_{Zn^{2+}/Zn}$ 分别为铜电极和锌电极在活度均为 1 时的电极电势。

为了克服电极电势绝对值无法测定的困难，常采用人为规定电极电势为零的标准氢电极（氢气压力为 100kPa、溶液中 $a_{H^+} = 1$），然后将它与其他电极组成电池，测定其间的电动势，所得电动势即为该被测电极的电极电势，被测电极在电池中的正负极性，可依据它与标准氢电极两者的电势比较而确定。

由于氢电极使用不方便，常取另外一些制备工艺简单、易于复制、电势稳定的电极作为参比电极来代替氢电极，常用的有甘汞电极、氯化银电极、硫酸亚汞电极等，这些电极的电极电势已精确测出。

本实验采用锌电极和铜电极，将它们组成电池，测定其电动势，再用饱和甘汞电极作为参比电极来测量这两个电极的电极电势。

【仪器和药品】

仪器和材料：恒温装置一套，电位差综合测试仪，标准电池，饱和甘汞电极 1 支，铜电极 2 支，锌电极 1 支，电极管 1 只，电极架。

药品：$0.100\text{mol} \cdot L^{-1}$ ZnSO$_4$ 溶液，$0.1000\text{mol} \cdot L^{-1}$ CuSO$_4$ 溶液，$0.0100\text{mol} \cdot L^{-1}$ CuSO$_4$ 溶液，饱和 KCl 溶液，琼脂。

【实验前预习要求】

1. 掌握可逆电池、盐桥等基本概念。
2. 掌握电位差综合测试仪的测量原理和使用方法。
3. 掌握对消法原理和测定电池电动势的操作步骤。

【实验内容】

1. 电极的制备

用稀硫酸（约 $2\text{mol} \cdot L^{-1}$）分别洗涤锌粉和铜粉，以除去表面的氧化物，然后用蒸馏水反复洗涤酸洗过的锌粉和铜粉，直至洗涤后的蒸馏水为中性（用精密 pH 试纸检测）。接着于锌粉和铜粉中加入适量高纯汞（为防止锌粉和铜粉接触空气后生成氧化层，以及汞的挥发，在上述瓶内须留有少量蒸馏水），瓶口用塑料布密封，充分振荡后置于 60~80℃温度下

2～3h。从而制得锌和铜的饱和汞齐溶液（温度降至室温时，锌和铜分别与其汞齐溶液平衡共存）。再将如此制得的锌汞齐和铜汞齐装配成图 3-34 的电极（此过程由教师在实验前完成）。

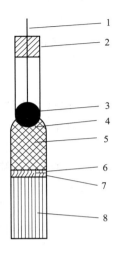

图 3-34　电极结构示意图

1—铜引线；2—聚乙烯密封帽；

3—伍德合金或汞；4—铂金丝；

5—铜汞齐（或锌汞齐）饱和溶液；

6—维尼纶吸水纸（放两层）；

7—聚乙烯圈；8—滤纸塞

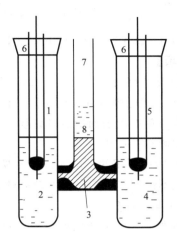

图 3-35　电池结构

1—锌电极；2—ZnSO₄ 溶液；

3—盐桥；4—CuSO₄ 溶液；

5—铜电极；6—橡皮塞（带通气孔）；

7—插温度计或甘汞电极；

8—饱和 KCl 溶液

2. 进行恒温控制

控制恒温浴温度为（25±0.1）℃。

3. 连接组成原电池

按图 3-35 构成如下电池

$$Zn\,|\,ZnSO_4\,(0.1000\,mol \cdot L^{-1})\,\|\,CuSO_4\,(0.1000\,mol \cdot L^{-1})\,|\,Cu$$

并置于恒温浴中恒温 15～20min。

4. 连接测量电路

根据本实验电位差综合测试仪（仪器面板如图 2-7 所示）的接线图，接好测量电路。

5. 计算室温下标准电池的电动势值

根据标准电池电动势的温度校正公式

$$E_T = E_{293.15} - [39.94(T - 293.15) + 0.929(T - 293.15)^2 - 0.009(T - 293.15)^3 +$$
$$0.00006(T - 293.15)^4] \times 10^{-6}$$

计算出室温下标准电池的电动势值。

6. 测定上述电池的电动势

先将"内标""测量""外标"旋钮拨至"内标"（若外接标准电池，则拨至"外标"），将 ×10⁰ V 电位器旋钮旋至 1V，则"电位指示"为"1.0000"，用"检零调节"使"检零指示"为"0.0000"，校正完毕。再将电位器旋钮回零。将"内标""测量""外标"旋钮拨至"测量"，调节电位器旋钮，最终使"检零指示"为"0.0000"，此时"电位指示"显示的值即为电池的电动势。

7. 测定其他各电池的电动势

依上述方法分别构成并测定下列各电池的电动势。

（Ⅰ）$Zn|ZnSO_4(0.1000mol \cdot L^{-1})\parallel 饱和\ KCl\ 溶液|Hg_2Cl_2\text{-}Hg$

（Ⅱ）$Hg\text{-}Hg_2Cl_2|饱和\ KCl\ 溶液\parallel CuSO_4(0.1000mol \cdot L^{-1})|Cu$

（Ⅲ）$Cu|CuSO_4(0.0100mol \cdot L^{-1})\parallel CuSO_4(0.1000mol \cdot L^{-1})|Cu$

【注意事项】

1. 连接线路时，切勿将各部位的正负极接错。

2. 铜、锌电极可分别用铜棒、锌片砂磨后汞齐化等方法制得，但这类方法制得的电极，难以完全避免电极表面形成氧化物，因而常出现所测得的电池电动势重现性欠佳。同时，汞齐化后的废料易造成污染。

3. 实验中所用的干电池，往往易产生极化，造成电动势改变，使电位差综合测试仪的工作电流不恒定。可用稳定度较高的直流稳压电源代替干电池，效果较好。

【数据记录与处理】

1. 根据饱和甘汞电极的电极电势温度校正公式，计算出 298.15K 时饱和甘汞电极的电极电势。

2. 由式（3-56）计算下列电池电动势的理论值：

$$Zn|ZnSO_4(0.1000mol \cdot L^{-1})\parallel CuSO_4(0.1000mol \cdot L^{-1})|Cu$$

$$Cu|CuSO_4(0.0100mol \cdot L^{-1})\parallel CuSO_4(0.1000mol \cdot L^{-1})|Cu$$

计算时，物质的浓度要用活度，有关物质的活度系数列于下表。

电解质	浓度	活度系数
CuSO$_4$	$0.1000mol \cdot L^{-1}$	0.16
	$0.0100mol \cdot L^{-1}$	0.41
ZnSO$_4$	$0.1000mol \cdot L^{-1}$	0.15

将计算得到的理论值与实际值进行比较。

3. 根据下列电池的电动势的实验值（$E_实$）：

$$Zn|ZnSO_4(0.1000mol \cdot L^{-1})\parallel 饱和\ KCl\ 溶液|Hg_2Cl_2\text{-}Hg$$

$$Hg\text{-}Hg_2Cl_2|饱和\ KCl\ 溶液\parallel CuSO_4(0.1000mol \cdot L^{-1})|Cu$$

分别计算出锌的电极电势及铜的电极电势，以及它们的标准电极电势，并与手册中查得的标准电极电势进行比较。

【思考与讨论】

1. 试从化学势的概念，说明为什么可用铜或锌的饱和汞齐溶液代替其纯金属电极？

2. 在测量电动势的过程中，若检流计光点总是向一个方向偏转，可能是什么原因？

3. 写电池符号时，将 Zn 电极与甘汞电极组成的电池中的甘汞电极符号写在右边，即：

$$Zn|ZnSO_4(0.1000mol \cdot L^{-1})\parallel KCl(饱和)|Hg_2Cl_2|Hg$$

而将 Cu 电极与甘汞电极组成的电池中的甘汞电极写在左边，即：

$$Hg|Hg_2Cl_2|KCl(饱和)\parallel CuSO_4(0.1000mol \cdot L^{-1})|Cu$$

为什么要这样？不这样是否可以？

实验 3-18-2　电动势法测定 AgCl 的溶度积 K_{sp}

【实验目的】

通过实验，了解波根多夫（Poggendorff）对消法测定电池电动势的原理，掌握电动势测定难溶物溶度积（K_{sp}）的方法；掌握常用参比电极银-氯化银电极的制备方法。

电动势法测定 AgCl
的溶度积 K_{sp}
（理论部分）

【实验提要】

电池由两个半电池组成（半电池包括一个电极和相应的电解质溶液），当电池放电时，进行氧化反应的是负极，进行还原反应的是正极。电池的电动势就是通过电池的电流趋近于零时两极之间的电极电势差。它可表示成：

电动势法测定 AgCl
的溶度积 K_{sp}
（实操部分）

$$E = E_+ - E_-$$

式中，E_+、E_- 分别表示正、负电极的电极电势。当温度、压力恒定时，电池的电动势 E（或电极电势 E_+、E_-）的大小取决于电极的性质和溶液中有关离子的活度。电极电势与有关离子活度之间的关系可以由 Nernst 方程表示：

$$E = E^\ominus - \frac{RT}{zF}\ln\prod_B a_B^{\nu_B} \tag{3-59}$$

式中，z 为电池反应的转移电子数；ν_B 为参加电极反应的物质 B 的化学计量数，产物 ν_B 为正，反应物 ν_B 为负。

本实验涉及的两个电池为：

（Ⅰ）$(-)\mathrm{Ag(s)},\mathrm{AgCl(s)}\mid \mathrm{KCl}(0.0200\mathrm{mol\cdot L^{-1}})\parallel \mathrm{AgNO_3}(0.0100\mathrm{mol\cdot L^{-1}})\mid \mathrm{Ag(s)}(+)$

（Ⅱ）$(-)\mathrm{Hg(l)},\mathrm{Hg_2Cl_2(s)}\mid \mathrm{KCl}(饱和)\parallel \mathrm{AgNO_3}(0.0100\mathrm{mol\cdot L^{-1}})\mid \mathrm{Ag(s)}(+)$

在上述电池中用到的三个电极如下。

（1）银电极

电极反应：
$$\mathrm{Ag^+ + e^- \longrightarrow Ag} \tag{3-60}$$

$$E\{\mathrm{Ag^+/Ag}\} = E^\ominus\{\mathrm{Ag^+/Ag}\} + \frac{RT}{F}\ln a_{\mathrm{Ag^+}}$$

其中：$E^\ominus\{\mathrm{Ag^+/Ag}\} = [0.7991 - 0.00097(t-25)]\mathrm{V}$

式中，t 为温度，℃（下同）。

（2）甘汞电极

电极反应：
$$\mathrm{Hg_2Cl_2(s) + 2e^- \longrightarrow 2Hg(l) + 2Cl^-}(a_{\mathrm{Cl^-}}) \tag{3-61}$$

$$E\{\mathrm{Hg_2Cl_2(s)/Hg}\} = E^\ominus\{\mathrm{Hg_2Cl_2(s)/Hg}\} - \frac{RT}{F}\ln a_{\mathrm{Cl^-}}$$

其中：$E\{\mathrm{Hg_2Cl_2(s)/Hg}\} = [0.2415 - 0.00065(t-25)]\mathrm{V}$

（3）银/氯化银电极

电极反应：
$$\mathrm{AgCl(s) + e^- \longrightarrow Ag + Cl^-}(a'_{\mathrm{Cl^-}}) \tag{3-62}$$

根据溶度积关系式 $a'_{\mathrm{Ag^+}}a'_{\mathrm{Cl^-}} = K_{sp}$ 得

$$E\{\mathrm{AgCl(s)/Ag}\} = E^\ominus\{\mathrm{Ag^+/Ag}\} + \frac{RT}{F}\ln a'_{\mathrm{Ag^+}}$$

$$=E^{\ominus}\{Ag^+/Ag\}+\frac{RT}{F}\ln\frac{K_{sp}}{a'_{Cl^-}}$$

$$=E^{\ominus}\{Ag^+/Ag\}+\frac{RT}{F}\ln K_{sp}-\frac{RT}{F}\ln a'_{Cl^-}$$

$$=E^{\ominus}\{AgCl(s)/Ag\}-\frac{RT}{F}\ln a'_{Cl^-} \tag{3-63}$$

式中，$E^{\ominus}\{AgCl(s)/Ag\}=E^{\ominus}\{Ag^+/Ag\}+\dfrac{RT}{F}\ln K_{sp}=[0.2224-0.000645(t-25)]V$

由上式可见，利用 Nernst 关系式可求得难溶盐的溶度积常数，为此将式(3-60)、式(3-62)两个电极连同盐桥组成电池（Ⅰ），其电动势可表示为：

$$E=E_+-E_-$$

$$=E\{Ag^+/Ag\}-E\{AgCl(s)/Ag\}$$

$$=E^{\ominus}\{Ag^+/Ag\}+\frac{RT}{F}\ln a_{Ag^+}-\left(E^{\ominus}\{Ag^+/Ag\}+\frac{RT}{F}\ln K_{sp}-\frac{RT}{F}\ln a'_{Cl^-}\right)$$

$$=-\frac{RT}{F}\ln K_{sp}+\frac{RT}{F}\ln(a_{Ag^+}a'_{Cl^-})$$

整理得：

$$K_{sp}=a_{Ag^+}a'_{Cl^-}\exp\left(-\frac{EF}{RT}\right) \tag{3-64}$$

因此，给定电池（Ⅰ）中左、右半电池离子活度 a'_{Cl^-} 和 a_{Ag^+}，若测得电池（Ⅰ）的电动势，依上式即可求出 AgCl 的溶度积常数。

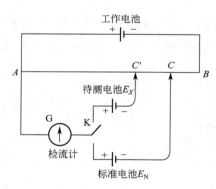

图 3-36　对消法原理示意图

电池电动势不能用伏特计直接测量。一般采用对消法测定电池的电动势。根据欧姆定律，电池电动势 $E=I(R+r)=V+Ir$，r 为电池内阻。当回路中电流 $I\rightarrow0$ 时，$E=V$，这就是对消法的基本原理，其测量方法如图 3-36 所示。当 K 与 E_N 连接时，移动接触点 C，使 G 中无电流通过，此时 AC 上的电位降等于标准电池的电动势，又因 AB 是均匀电阻，故有

$$\frac{E_N}{V_{AB}}=\frac{AC}{AB}$$

而当 K 与待测电池 E_X 连接时，移动触点 C'，使回路中 G 上电流为零，则

$$\frac{E_X}{V_{AB}}=\frac{AC'}{AB}$$

$$\frac{E_X}{E_N}=\frac{AC'}{AC}$$

在温度一定时，标准电池电动势 E_N 是定值，只要测量 AC 和 AC'，就可求得待测电池的电动势 E_X。实验采用 UJ-25 型直流电位差计或采用数字式电位差综合测试仪，参见第 2 章 2.3。

【仪器和药品】

仪器和材料：UJ-25 型直流电位差计（或数字式电位差综合测试仪），直流复射式检流计（$10^{-9}A \cdot mm^{-1}$），毫安表，标准电池，甲级干电池（干电池），饱和甘汞电极，银电极，银丝（纯度 99.5％），KNO_3 盐桥，10mL 小烧杯，电阻箱。

药品：饱和 KCl 溶液，$0.0200mol \cdot L^{-1}$ KCl 溶液，$0.0100mol \cdot L^{-1}$ $AgNO_3$ 溶液，$0.1mol \cdot L^{-1}$ HCl 溶液，稀氨水。

【实验前预习要求】

1. 了解波根多夫对消法测电动势的方法。
2. 理解盐桥的作用及其制备方法。

【安全隐患与处置措施】

1. 安全隐患

（1）本实验涉及电气设备，可能存在电路老化，从而引发仪器漏电与使用者触电的危险。

（2）本实验使用稀氨水、稀盐酸和硝酸银溶液。氨水对眼、鼻、皮肤等有刺激性和腐蚀性，吸入后可能会引起咳嗽、气短和哮喘等；接触盐酸蒸气时，鼻及口腔黏膜可能有灼烧感，眼和皮肤接触时可致灼伤；硝酸银有毒，属于强氧化剂、腐蚀品和环境污染物。

（3）本实验使用饱和甘汞电极，存在打碎甘汞电极时污染环境的危险。

2. 处置措施

（1）使用仪器前应该检查外壳是否带电，如发现有人触电，应立即切断电源，将伤员移至通风处平躺。对重度症状者，实施心肺复苏，送医院救治。若因漏电出现火灾事故，尽快断开火灾现场电路，然后再施救。

（2）若不小心吸入了氨蒸气或盐酸蒸气，迅速移至空气新鲜处，保持呼吸道通畅，呼吸困难时可以输氧；若氨水或稀盐酸不小心溅入眼睛，立即提起眼睑，用流动清水冲洗数分钟；若皮肤接触了氨水或稀盐酸，立即用水冲洗数分钟，或分别用 3％硼酸溶液或弱碱性肥皂水冲洗，若有灼伤，就医治疗。若皮肤沾上硝酸银溶液，就会出现黑色的蛋白银斑点，注意回收硝酸银溶液。

（3）由于甘汞即氯化亚汞属于剧毒品，见光会缓慢析出金属汞，因此，若打碎了甘汞电极，应及时用升华硫进行处理，收集回收或运至相关废物处理场所处置。

【实验内容】

1. Ag/AgCl 电极制备

取经退火处理过、直径约为 0.5mm 的银丝 3 根，用金相砂纸擦至发亮以除去银丝表面的氧化物，然后在稀氨水中浸泡数分钟。取出用蒸馏水洗净，再用滤纸吸干备用。将其中两根银丝作阳极，另一根作阴极，分别插入 $0.1mol \cdot L^{-1}$ 的 HCl 溶液中，按图 3-37 所示的线路接通电路，调节电阻使阴极电流密度大约为 5mA·cm^{-2}，电解 20min，使银丝表面覆盖一层棕黑色的 AgCl 镀层。镀层以均匀、致密为好。电解完毕取出制好的电极，用蒸馏水洗净，再用滤纸吸干（但不可用滤纸摩擦，以防镀层剥落）。

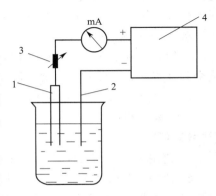

图 3-37　电极制备装置示意图

1,2—银电极；3—电阻箱；4—电源

2. 盐桥的制备

所谓"盐桥"，是指正、负离子迁移数比较接近的盐类溶液（如 KCl、KNO_3 和 NH_4NO_3 等的水溶液）所构成的桥，用来连接两个半电池中的溶液，使其不直接接界，以消除或减小液体接界电势。以 KNO_3 盐桥为例，其制备方法是以琼脂：KNO_3：$H_2O=1.5$：20：50 的比例将三者加入烧杯中，加热溶解，用滴管将其灌入干净的 U 形管中，U 形管中及管端不能留有气泡，冷却后待用。

3. 组建电池（Ⅰ）

用一支 Ag/AgCl 电极、一个 KNO_3 盐桥和一支 Ag/Ag^+ 电极组成电池（Ⅰ），并依照电位差计使用说明，接好电动势测量线路。注意：标准电池、工作电池的正负极不能接错。盐桥在插入之前要用蒸馏水淋洗（切勿用自来水！），并用滤纸轻轻擦干，插入时注意在 U 形管口不要留有气泡。两烧杯的液面基本平齐。为了节省溶液，液面在烧杯 1/3～1/2 处即可。

4. 校正工作电流

若使用 UJ-25 型直流电位差计，则按第 2 章 2.3 中电位差计的操作步骤，先校正工作电流，再测定电池（Ⅰ）的电动势。先读取环境温度，校正标准电池的电动势，调节直流电位差计面板右上方标准电池温度补偿旋钮至计算值。将转换开关拨至"N"处，转动电位差计面板右方的工作电流调节旋钮"粗""中""细""微"，使工作电流符合标准，校正完毕后，右方的工作电流调节旋钮在测定过程中不要再动。

若使用数字式电位差综合测试仪，则按图 2-7 所示的电位差综合测试仪面板示意图接好测量电路。先将"内标""测量""外标"旋钮拨至"内标"（若外接标准电池，则拨至"外标"），将 $\times 10^0$ V 电位器旋钮旋至 1V，则"电位指示"为"1.0000"，用"检零调节"使"检零指示"为"0.0000"，校正完毕。

5. 测电池（Ⅰ）电池电动势

若使用 UJ-25 型直流电位差计，将转换开关拨至未知"X_1"或"X_2"处，将一支 Ag/AgCl 电极浸在 $0.0200mol \cdot L^{-1}$ KCl 溶液中，测量此电池的电动势，直至电动势值在 2～3min 内基本不变（变化<0.1mV）为止。Ag/AgCl 电极在安装时应注意，勿将露出的银与溶液接触。再换另一支 Ag/AgCl 电极，重复上述测定步骤。

若使用数字式电位差综合测试仪，先将电位器旋钮回零。将"内标""测量""外标"旋钮拨至"测量"，调节电位器旋钮，最终使"检零指示"为"0.0000"，此时"电位指示"显示的值即为电池（Ⅰ）的电池电动势。

6. 组建电池（Ⅱ）

用饱和甘汞电极、KNO_3 盐桥和银电极组成电池（Ⅱ）。安装甘汞电极时应注意拔去橡皮套和橡皮塞，并使甘汞电极内饱和 KCl 溶液的液面高于金属汞。

7. 测电池（Ⅱ）电池电动势

按步骤 5 测定。

【注意事项】

1. 使用 UJ-25 型直流电位差计时，在连接线路时，除检流计外，正、负极切勿接反。

2. 使用 UJ-25 型直流电位差计时，调节工作电流时，按按钮时间要短，不要超过 1s，以免过多电量通过标准电池和待测电池，造成严重极化现象，破坏电池的电化学可逆状态。

3. 使用 UJ-25 型直流电位差计时，实验结束后，应将检流计的分流器开关从"直接"旋至"短路"。

【数据记录与处理】

实验温度_____℃；大气压_____kPa；实验温度下的标准电池电动势_____。

电池（Ⅰ）

（－）Ag(s),AgCl(s)|KCl(0.0200mol·L^{-1})‖AgNO$_3$(0.0100mol·L^{-1})|Ag(s)（＋）

电池反应：

Ag/AgCl 电极 编　号	电动势/V	
	理论计算值	测量值
1		1 _____ 2 _____ 平均_____
2		1 _____ 2 _____ 平均_____
总平均		

电池（Ⅱ）

（－）Hg(l)，Hg$_2$Cl$_2$(s)|KCl(饱和)‖AgNO$_3$(0.0100mol·L^{-1})|Ag(s)（＋）

电池反应：

电　动　势/V	
理论计算值	测　量　值
	1 _____ 2 _____ 平均_____

在测量电动势之前，应先算好实验结果的理论值。

1. 先计算出在实验温度下的甘汞电极、银电极、Ag/AgCl 电极的标准电极电势。

2. 由 a_{Ag^+} 及 a_{Cl^-} 值（设 25℃ 时 0.0100mol·L^{-1} AgNO$_3$ 溶液的 $\gamma_\pm = 0.900$；0.0200mol·L^{-1} KCl 溶液的 $\gamma_\pm = 0.800$）计算银电极及 Ag/AgCl 电极的电势。

3. 按电池（Ⅰ）所得电动势的总平均值，计算氯化银的 K_{sp}。

4. 由电池（Ⅱ）得到银电极的电势，并与计算值比较。

【思考与讨论】

1. 本实验可否使用 KCl 盐桥？为什么实验中不能用自来水淋洗盐桥？

2. 为什么不能用伏特计直接测定电池电动势？

3. 使用 UJ-25 型直流电位差计时，长时间按下按钮接通测量线路，对标准电池电动势的标准性以及待测电池电动势的测量有无影响？

4. 使用 UJ-25 型直流电位差计时，在测定过程中，若检流计光标总往一个方向偏转，可能是哪些原因引起的？

Experiment 3-18-2　Determination of Solubility Product Constant (K_{sp}) of AgCl by Electromotive Force

【Objective】

Understand the principle of Poggendorff's compensation method in measuring electromotive force; master the method of determination of solubility product constant (K_{sp}) of insoluble substances by electromotive force; master the preparation method of common reference electrode Ag/AgCl electrode.

【Principle】

Galvanic cell consists of two half cells and each cell includes an electrode dipping into an electrolyte solution. Galvanic cell is a device converting chemical energy to electric energy, where oxidation occurs on anode, while reduction takes place on cathode. From the viewpoint of a battery, electrons are generated from anode, which is also called negative pole. By contrast, electrons enter into cathode, which is also called positive pole.

Electromotive force (EMF, E) is defined as the electrode potential difference between positive pole (E_+) and negative pole (E_-) as the current in the circuit of galvanic cell is nearly zero. That is, the calculation of EMF must be under the thermodynamic equilibrium of galvanic cell.

$$E = E_+ - E_-$$

The value of EMF of Galvanic cell is dependent on the temperature, pressure, and the activities of various ions in electrolyte, which obeys the Nernst equation:

$$E = E^{\ominus} - \frac{RT}{zF} \ln \prod_B a_B^{\nu_B} \tag{3-59}$$

where $E^{\ominus}$ is standard EMF; z is the number of transfer electrons; F is the Faraday constant $(96485 \ C \cdot mol^{-1})$; a_B is the activity of an ion; ν_B is the stoichiometric coefficient of an ion.

This experiment involves the following two Galvanic cells:

♯1$(-)$Ag(s)，AgCl(s) | KCl$(0.0200 mol \cdot L^{-1})$ ‖ AgNO$_3$ $(0.0100 mol \cdot L^{-1})$ | Ag(s)$(+)$

♯2$(-)$Hg(l)，Hg$_2$Cl$_2$(s) | KCl(saturated) ‖ AgNO$_3$ $(0.0100 mol \cdot L^{-1})$ | Ag(s)$(+)$

The experiment includes the following three electrodes.

(1) Silver electrode

Electrode Reaction:　　$Ag^+ (0.01 mol \cdot L^{-1}) + e^- \longrightarrow Ag$ $\tag{3-60}$

$$E\{Ag^+/Ag\} = E^{\ominus}\{Ag^+/Ag\} + \frac{RT}{F} \ln a_{Ag^+}$$

where $E^{\ominus}\{Ag^+/Ag\} = [0.7991 - 0.00097(T-25)]V$, and T is the reaction temperature，℃.

(2) Saturated calomel electrode (SCE)

Electrode Reaction：$Hg_2Cl_2(s) + 2e^- \longrightarrow 2Hg(l) + 2Cl^- (a_{Cl^-})$ $\tag{3-61}$

$$E\{Hg_2Cl_2(s)/Hg\} = E^{\ominus}\{Hg_2Cl_2(s)/Hg\} - \frac{RT}{F} \ln a_{Cl^-}$$

where $E^{\ominus}\{Hg_2Cl_2(s)/Hg\}=[0.2415-0.00065(T-25)]V$.

(3) Ag/AgCl electrode

Electrode Reaction: $\quad\quad AgCl(s)+e^-\Longrightarrow Ag+Cl^-(a'_{Cl^-})$ (3-62)

According to the equation of solubility product: $a'_{Ag^+}a'_{Cl^-}=K_{sp}$

$$E\{AgCl(s)/Ag\}=E^{\ominus}\{Ag^+/Ag\}+\frac{RT}{F}\ln a'_{Ag^+}$$

$$=E^{\ominus}\{Ag^+/Ag\}+\frac{RT}{F}\ln\frac{K_{sp}}{a'_{Cl^-}}$$

$$=E^{\ominus}\{Ag^+/Ag\}+\frac{RT}{F}\ln K_{sp}-\frac{RT}{F}\ln a'_{Cl^-}$$

$$=E^{\ominus}\{AgCl/Ag\}-\frac{RT}{F}\ln a'_{Cl^-}$$

Where $E^{\ominus}\{AgCl(s)/Ag\}=E^{\ominus}\{Ag^+/Ag\}+\frac{RT}{F}\ln K_{sp}=[0.2224-0.000645(T-25)]V$

(3-63)

Galvanic cell #1 is combined by Electrode (1) and (3). According to the above equations, the solubility product constant of AgCl (K_{sp}) can be calculated.

$$E=E_+-E_-$$
$$=E\{Ag^+/Ag\}-E\{AgCl(s)/Ag\}$$
$$=E^{\ominus}\{Ag^+/Ag\}+\frac{RT}{F}\ln a_{Ag^+}-\left(E^{\ominus}\{Ag^+/Ag\}+\frac{RT}{F}\ln K_{sp}-\frac{RT}{F}\ln a'_{Cl^-}\right)$$
$$=-\frac{RT}{F}\ln K_{sp}+\frac{RT}{F}\ln(a_{Ag^+}a'_{Cl^-})$$

Namely, $K_{sp}=a_{Ag^+}a'_{Cl^-}\exp\left(-\dfrac{EF}{RT}\right)$. (3-64)

Because the calculation of EMF must be under the thermodynamic equilibrium of galvanic cell, EMF should not be tested by a voltmeter. EMF is usually tested by means of Poggendorff's compensation method. According to Omh's law, the EMF of a battery is $E=I(R+r)=V+Ir$, where r is the internal resistance of the battery. As the current in the circuit is approaching zero, E is equal to V. The corresponding circuitdiagram of Poggendorff's compensation method is shown in Figure 3-36. Switch K is firstly connected with E_N (standard battery). Knob C is tuned until no

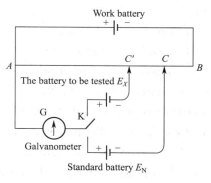

Figure 3-36　Poggendorff's compensation method

current is detected in galvanometer. At this time, the potential drop (voltage) in the wire AC is equal to the EMF of the standard battery (E_N). On the other hand, the resistivity of the wire AB is uniform, so $\dfrac{E_N}{V_{AB}}=\dfrac{AC}{AB}$.

Switch K is then connected with a galvanic cell (E_X). Knob C' is tuned until no current is detected. At this time, the potential drop in the wire AC' is equal to the EMF of the cell

(E_X)，so $\dfrac{E_X}{V_{AB}} = \dfrac{AC'}{AB}$.

【Apparatus and Reagents】

Apparatus and materials：digital general potentiometer（Model SDC-Ⅱ），constant current power supply，saturated calomel electrode（SCE），silver electrode，silver thread，KNO_3 salt bridge，beakers

Reagents：KCl（a. q. ，saturated），KCl（a. q. ，$0.0200 mol \cdot L^{-1}$），$AgNO_3$（a. q. ，$0.0100 mol \cdot L^{-1}$）HCl（a. q. ，$0.1 mol \cdot L^{-1}$），ammonia（a. q. ，diluted）.

【Pre-experiment Requirement】

1. Understand the principle of Poggendorff's compensation method in measuring electromotive force.

2. Understand the preparation method and usage of salt bridge.

【Potential Safety Hazard and Treatment Measures】

1. Potential Safety Hazard

（1）This experiment involves electrical equipments，which may lead to the danger of electric leakage and electric shock.

（2）This experiment involves dilute ammonia，dilute hydrochloric acid and silver nitrate solutions. Ammonia is irritating and corrosive to eyes，nose and skin，and may cause cough，shortness of breath and asthma after inhalation. Contact with hydrochloric acid vapor，nose and oral mucosa may have a burning sensation，while eyes and skin contact may cause burns. Silver nitrate is toxic and strong oxidant，which is also corrosive and environmental pollutant.

（3）SCE is used in this experiment，which may pollute the environment when it is broken.

2. Treatment Measures

（1）Before using the instrument，check whether the shell is electrified. If someone is found to have an electric shock，cut off the power supply immediately，and move the injured to a ventilated place to lie flat. For those with severe symptoms，perform cardiopulmonary resuscitation and send them to the hospital for treatment. In case of a fire accident due to leakage of electricity，disconnect the circuit of fire scene as soon as possible，and then rescue.

（2）If someone accidentally inhales ammonia vapor or hydrochloric acid vapor，one should be quickly moved to the fresh air，and keep the respiratory tract unobstructed，oxygen should be given when breathing is difficult. If ammonia water or dilute hydrochloric acid is accidentally splashed into eyes，immediately lift the eyelids，and rinse with flowing water for several minutes. If the skin is in contact with ammonia or dilute hydrochloric acid，immediately rinse it with water for several minutes，or with 3% boric acid solution or weak alkaline soapy water respectively，if burns，seek medical treatment. If the skin is stained with silver nitrate solution，there will be black protein silver spots，pay attention to the recovery of silver nitrate solution.

（3）Because calomel is a highly toxic reagent，metallic mercury will slowly precipitate when exposed to light. Therefore, if the calomel electrode is broken, it should be treated with sublimated sulfur in time, collected and recycled, or transported to the relevant waste treatment site for disposal.

【Experimental Section】

1. Preparation of Ag/AgCl electrode

Three silver threads are firstly polished to eliminate the surface oxide layer and then immersed into ammonia (a.q., diluted) for several minutes. Afterwards, the threads are rinsed by distilled water and dried. Two silver threads as anodes and the other one as a cathode are dipped into HCl solution. The electroplating circuit is depicted in Figure 3-27. The current density is adjusted as $5mA \cdot cm^{-2}$, and the electroplating is performed for 20min. By electroplating, the surface of silver threads is gradually wrapped by brown black layer of AgCl. After the electroplating, the electrodes are rinsed by distilled water and dried. Note: the electrodes should not be polished again to avoid the exfoliation of AgCl layer.

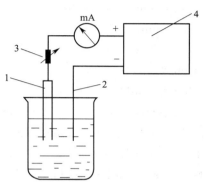

Figure 3-37　Schematic diagram of the electrode preparation device

2. Assembly of Galvanic Cell ♯1

Assemble Cell ♯1 by using a Ag/AgCl electrode, a KNO_3 salt bridge, and a silver electrode, and then connect the cell with a digital general potentiometer. Note: the negative and positive poles should not be reversed, and the salt bridge should be rinsed by distilled water rather than running water. To save the solution, the volume of the solution is suggested to be half of the volume of the beaker.

3. Calibration of working current

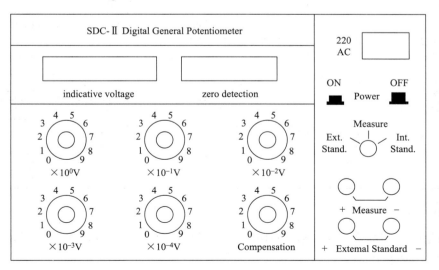

(1) Tune all the knobs of voltage range to zero, and adjust the knob of "$\times 10^{0}$ V" to one. The number of the indicative voltage is "1.0000V".

(2) Switch the knob of the testing option to "internal standard".

(3) Press the "zero detection" to make the number of "indicative zero detection" as "0. 0000".

4. Test of the EMF value of Galvanic Cell #1.

(1) Switch the knob of the testing option to "Measure".

(2) Tune the knobs of voltage range until the number of "indicative zero detection" is approaching to "0. 0000".

(3) The number of the indicative voltage is the EMF value. The theoretical EMF value of Cell #1 is 0. 353V.

5. Assembly of Galvanic Cell #2

Assemble Cell #2 by using an SCE, a KNO_3 salt bridge, and a silver electrode.

Note: (1) The rubber cap should be removed before the use of SCE. (2) The glass tube of the SCE is filled with KCl (a. q., saturated), and add KCl solution (a. q., saturated) if the liquid level is below the mercury.

6. Test of the EMF value of Galvanic cell #2

Follow the above Step 4. The theoretical EMF value of Cell #2 is 0. 441V.

【Data and Analysis】

Experimental temperature _____ ℃; atmosphere pressure _____ kPa.

1. Cell #1

$(-)Ag(s)$, $AgCl(s) \mid KCl(0. 0200mol \cdot L^{-1}) \parallel AgNO_3(0. 0100mol \cdot L^{-1}) \mid Ag(s)(+)$

Electrode Reactions

$(-)$:

$(+)$:

Ag/AgCl electrode No.	EMF/V	
	Theoretical value/V	Measured value/V
1		1 _____ 2 _____ Average _____
2		1 _____ 2 _____ Average _____
Average		

2. Cell #2

$(-)Hg(l)$, $Hg_2Cl_2(s) \mid KCl(saturated) \parallel AgNO_3(0. 0100mol \cdot L^{-1}) \mid Ag(s)(+)$

Electrode Reactions

$(-)$:

$(+)$:

EMF/V	
Theoretical value/V	Measured value/V
	1 _____
	2 _____
	Average _____

Before the measurement of EMF, the theoretical values of the cells are calculated.

(1) Calculate the standard electrode potential values of SCE, silver, and Ag/AgCl electrodes.

(2) The average ionic active factor ($\gamma_\pm$) of $AgNO_3$ (a. q., 0.0100mol · L^{-1}) is 0.900 at 25℃, and $\gamma_\pm$ of KCl (a. q., 0.0200mol · L^{-1}) is 0.800 at 25℃. Calculate the average ionic activities ($a_\pm$) of $AgNO_3$ (a. q., 0.0100mol · L^{-1}) and KCl (a. q., 0.0200mol · L^{-1}) by using the following equations.

$$a_+ = \gamma_+ \frac{b_+}{b^\ominus} \quad a_- = \gamma_- \frac{b_-}{b^\ominus}$$

$$b_+ = \nu_+ b \quad b_- = \nu_- b$$

where $b_\pm$ and $b^\ominus$ are the molarity (mol · kg^{-1}), and the standard molar concentration (1mol · kg^{-1}), respectively. ν_+ and ν_- are the charge numbers of cation and anion, respectively.

For a diluted solution, $\gamma_+ = \gamma_- = \gamma_\pm$.

For example, $a_{Ag^+} = \gamma_{Ag^+} \frac{b_{Ag^+}}{b^\ominus} = 0.9 \times \frac{0.01}{1} = 0.009$.

Calculate the electrode potential values of silver and Ag/AgCl electrodes.

(3) Based on the total average EMF value of Cell ♯1, calculate the K_{sp} of AgCl.

(4) Compare the theoretical and tested values of EMF value of Cell ♯2.

【Questions】

1. Can KCl salt bridge be used in this experiment? Why should not use running water to rinse the salt bridge?

2. Why the voltmeter cannot be used to directly test the EMF of Galvanic cell?

实验 3-19　碳钢在碳酸氢铵溶液中极化曲线的测定

【实验目的】

通过实验，掌握恒电位法测定极化曲线的方法；测定碳钢在饱和碳酸氢铵溶液中的恒电位阳极极化曲线及其极化电位。

【实验提要】

对于构成腐蚀体系的金属电极，在没有外电流作用下所测得的电位是该金属电极在腐蚀介质中的自然腐蚀电位。在有电流通过时，电极电位偏离其平衡值的现象叫做极化。在外电流作用下，阴极的电位偏离其自然腐

碳钢在碳酸氢铵溶液中极化曲线的测定（理论部分）

蚀电位向负的方向移动，叫阴极极化；阳极电位偏离其自然腐蚀电位向正方向移动，称为阳极极化。在电化学研究中常常为了各种目的而测定阴极或阳极极化曲线，即电极电位和电流密度的关系曲线，测量通常采用两种方法：恒电位法和恒电流法，本实验用恒电位法测定碳钢在饱和碳酸氢铵溶液中的阳极极化曲线。

碳钢在碳酸氢铵溶液中极化曲线的测定（实操部分）

在某些化学介质中，当阳极电极电位超过某一正值后，阳极的溶解速率随着阳极电极电位的增大反而大幅度地降低，这种现象称为金属的钝化。

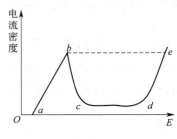

图 3-38 典型的阳极极化曲线

对于可钝化金属，采用控制不同恒电位来测量电流密度的方法可绘出如图 3-38 所示的阳极极化曲线。整个曲线可分为以下四个区域。

（1）从点 a 到点 b 的电位范围称为活化区，在此区域内的 ab 线段是金属阳极的正常溶解，此时金属阳极处于活化状态。

（2）从点 b 到点 c 的电位范围称为钝化过渡区，bc 线是由活化态到钝化态的转变过程，b 点相应的电位是金属建立钝化的临界电位（或称钝电位），它所对应的电流 I_b，称为临界电流（或称致钝电流）。

（3）点 c 到点 d 的电位范围叫钝化区，所谓钝化区乃是由于金属表面状态的变化，使阳极溶解过程的过电位升高，金属的溶解速率急剧下降。cd 线表示金属处于钝态阶段，与之对应的电流密度极小，称作维持钝化电流 I_m（即钝态金属的稳定溶解电流密度），其数值几乎与电位的变化无关，如果对可钝化金属通以对应于 b 点的电流使其电位进入 cd 段，再用维持钝化电流 I_m 将电位维持在这个区域，则金属的腐蚀速率将会急剧下降。

（4）点 d 以后的电位范围叫过钝化区。此时阳极电流密度又重新随电位的正移而增大，金属溶解速度增大，这种在一定电位下使钝化了的金属又重新溶解的现象叫做过钝化（亦称超钝化）。电流密度增大可能是由于产生高价离子（不能形成高价离子的金属，不会发生过钝化现象），也可能是由于氧气的析出，或可能是两者皆有。

在金属的防腐蚀以及作为电镀的不溶性阳极时，金属的钝化正是人们所需要的，例如，将待保护的金属作阳极，先在致钝电流密度下使其表面处于钝化状态，然后用很小的维钝电流密度使金属保持在钝化状态，从而使其腐蚀速率大大降低，达到保护金属的目的。但是，在化学电源、电冶金和电镀中作为可溶性阳极时，金属的钝化就非常有害。

关于钝化金属活化的问题，大体上是，凡能促使金属保护层被破坏的因素都能使钝化的金属重新活化，例如，加热、通入还原性气体、阴极极化、加入某些活性离子、改变溶液 pH 值以及机械损伤等。

用控制电位测量极化曲线时，是将研究电极的电位恒定地维持在所需要的数值，然后测量与之对应的电流密度，由于电极表面未建立稳定状态之前电流密度会随时间而改变，故一般测出的曲线为"暂态"极化曲线。在实际测量中，常采用的恒电位法有下列两种。

静态法：将电极电位较长时间地维持在某一恒定值，同时测电流密度随时间的变化，直到电流基本上达到某一稳定值。如此逐点地测量在各个电极电位下的稳定电流密度值，以获得完整的极化曲线。

动态法：控制电极电位以较慢的速度连续地改变（扫描），测量对应电位下的瞬时电流密度值（或电流密度的对数值），并用其与对应的电位作图，获得整个极化曲线。所采用的扫描速度（即电位变化速度）需要根据研究对象的性质来决定。一般来说，电极表面建立稳定状态的速度越慢，则扫描速度也应越慢，这样才能使所测的极化曲线与采用静态法测得的结果接近。

上述两种方法均已得到广泛应用。从测量结果的比较可以看出静态法测量的结果虽较接近稳定值，但测量时间太长。例如对于钢铁等金属及其合金，为了测钝态区稳定电流，往往需要在某一个电位下等待几个小时甚至几十个小时，所以在实际工作中常采用动态法。

研究金属的钝化过程，需要测定极化曲线，通常将被研究金属例如铁、镍、铬等或其合金置于硫酸或硫酸盐溶液中即为研究电极，它与参比电极（饱和甘汞电极）组成原电池，同时它又与辅助电极（铂电极）组成电解池，其测量回路见图 3-39，这个测量回路实际上分为两部分，一是参比电极与研究电极形成的电位测量回路（因为此原电池通过的电流极小，故参比电极的电极电势变化极小，测得的电位差即为研究电极相对于饱和甘汞电极的电位），二是研究电极和辅助电极形成的极化回路，由 mA 表测量极化电流的大小。通过恒电位仪对研究电极给定一个恒定电位后，测量与之对应的准稳态电流值 I，以通过研究电极的电流密度 J 的对数 $\lg J$ 对电位差（研究电极相对于饱和甘汞电极的极化电位）作图，得极化曲线。

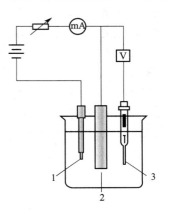

图 3-39　恒电位法测定金属极化曲线的装置
1—辅助电极；2—研究电极；3—参比电极

【仪器和药品】

仪器和材料：JH-2C 型恒电位仪或 DJS-292 型双显恒电位仪 1 台，饱和甘汞电极 2 支，铂电极 1 支（$1cm^2$），碳钢电极 1 支，鲁金毛细管 1 支，600mL 烧杯 1 个，铁架、自由夹和十字夹 1 套，洗耳球 1 个，滴管 1 个，脱脂棉，金相砂纸（180 号）。

药品：饱和碳酸氢铵溶液，饱和氯化钾溶液，$0.5mol \cdot L^{-1}$ 硫酸溶液，无水乙醇。

【实验前预习要求】

1. 掌握恒电位仪的构造原理和使用方法。

2. 了解金属钝化及阳极保护的原理和意义。

【安全隐患与处置措施】

1. 安全隐患

（1）本实验涉及电气设备，可能存在电路老化，从而引发仪器漏电与使用者触电的危险。

（2）本实验涉及危险化学品硫酸和碳酸氢铵，稀硫酸具有腐蚀性和强酸性，对皮肤及黏膜有强烈的刺激和腐蚀；碳酸氢铵会刺激皮肤、眼睛和黏膜。

（3）本实验使用饱和甘汞电极，存在打碎甘汞电极时污染环境的危险。

2. 处置措施

（1）使用仪器前应该检查外壳是否带电，如发现有人触电，应立即切断电源，将伤员移至通风处平躺。对重度症状者，实施心肺复苏，送医院救治。若因漏电出现火灾事故，尽快断开火灾现场电源，然后再施救。

（2）在配制和使用稀硫酸过程中，若硫酸与皮肤接触，需要用大量水冲洗，再涂上 3%～

5％碳酸氢钠溶液，若有灼伤，迅速就医。若吸入碳酸氢铵溶液上方蒸气，迅速移至空气新鲜处，保持呼吸道通畅。

（3）由于甘汞即氯化亚汞属于剧毒品，见光会缓慢析出金属汞，因此，若打碎了甘汞电极，应及时用升华硫进行处理，收集回收或运至相关废物处理场所处置。

【实验内容】

1. 使用 JH-2C 型恒电位仪

JH-2C 型恒电位仪面板示意图见图 3-40。

（1）用 180 号金相砂纸打磨碳钢电极（1cm^2），然后用无水乙醇除去油污，用石蜡将电极背面封住。

（2）在烧杯中倒入饱和碳酸氢铵溶液，将鲁金毛细管活塞打开，用洗耳球吸入介质至活塞处，关闭活塞，活塞上端用滴管加饱和氯化钾溶液，插入饱和甘汞电极，固定好辅助电极、参比电极和碳钢电极。

（3）按图 3-40 所示用导线分别将工作电极、辅助电极和参比电极与恒电位仪相连。按照恒电位仪的操作步骤，将 K_2（见图 2-12）置于参比，先测碳钢电极的开路电位（即自然腐蚀电位），极化电位调至 $-0.7V$，将 K_3、K_4 按下，然后进行阴极极化 2min。阴极极化后，断开电源稳定 1min，再测定工作电极的起始电位（即将 K_2 置于"参比"，与测开路电位相同），然后从此电位开始进行阳极极化。

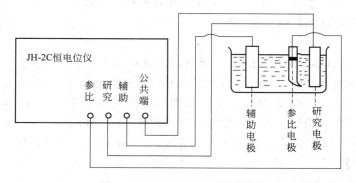

图 3-40　测量极化曲线示意图

（4）调节恒电位仪进行阳极极化，每隔 20mV 读一次，采样时间均为 1min，再调一次电位在达到规定采样条件时记录下电流值。同时注意碳钢电极表面的现象。当极化电位达到 $+1200mV$ 时可停止极化。

（5）实验完毕，关闭电源。取出研究电极、参比电极和辅助电极，将参比电极用蒸馏水洗净，底部套上橡皮帽放回电极盒中，清洗烧杯。

2. 使用 DJS-292 型双显恒电位仪

（1）用金相砂纸将研究电极擦至光亮，放在丙酮中除去油污，用石蜡涂抹多余面积，然后置于 $0.5mol \cdot L^{-1} H_2SO_4$ 溶液中电解，电流密度保持在 $5mA \cdot cm^{-2}$ 以下，电解 10min 除去氧化膜，最后用蒸馏水洗净备用（不用时浸泡在无水乙醇中保存）。

（2）洗净器皿，于电解杯中倾入 $2mol \cdot L^{-1} (NH_4)_2CO_3$ 溶液，按图 3-41 连接电极及盐桥等，红夹接铂电极即辅助电极，黑夹接碳钢片即研究电极。

（3）将"工作键"置"断"，"电流选择"置"1A"，工作方式置"恒电位"，打开电源

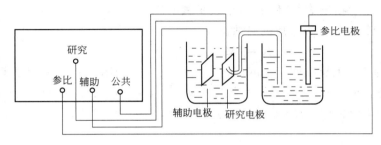

图 3-41　恒电位法测定金属极化曲线的示意图

开关，将仪器预热 30min。

（4）将工作方式置"参比"，工作键左键置"通"，右键置"电解池"，面板上电表显示参比电极相对于研究电极的开路电位（此电位数值约 0.8V）。

（5）按下恒电位键，工作键左键置"通"，右键置"模拟"，调节内给定电压使其与上述开路电位相同，阳极极化使给定电位值向负值变化。将电流选择开关旋至适当量程，记下电流值。

（6）然后每增加 0.02V，记录相应电流值。

（7）当电位加到"0"V 时，改变极性，直至电位加到 −1.2V 左右。

（8）金属极化曲线软件的使用：打开软件，设置量程为 100mA，电压范围为 +1～−2V，电流范围 50～−10mA。点击开始绘图后，缓慢均匀逆时针调节内给定旋钮将电压显示由 0.8V 降至 0，按下仪器上正负号按钮，顺时针调节内给定旋钮使电压变化至 −1.2V 后，停止绘图，断开电路。

【注意事项】

1. 在实验中要严格遵守恒电位仪的操作规程。在工作方式变换时，要先断开工作键；电流选择开关量程从大到小选择。

2. 实验的各连接部位必须保持良好的接触。当电位加到 −1.2V 左右时，电极表面有大量气泡冒出，立即结束实验。

【数据记录和处理】

1. 数据记录

实验时间＿＿＿＿＿＿＿＿＿＿，室温＿＿＿＿＿＿＿＿＿＿，介质＿＿＿＿＿＿＿＿＿＿，研究电极材料＿＿＿＿＿＿＿＿＿＿，电极面积＿＿＿＿＿＿＿＿＿＿，开路电位＿＿＿＿＿＿＿＿＿＿，参比电极＿＿＿＿＿＿＿＿＿＿，辅助电极＿＿＿＿＿＿＿＿＿＿，采样时间＿＿＿＿＿＿＿＿＿＿。

测试数据填入下表：

$[E(SCE)-E(研究电极)]/V$	$J/(A \cdot cm^{-2})$	$\lg J$

2. 数据处理

以 $E(SCE)-E(研究电极)$ 为横坐标，$\lg J$ 为纵坐标作出碳钢电极在饱和碳酸氢铵溶液中的阳极极化曲线，指出 $E_{\text{致钝}}$ 和 $J_{\text{致钝}}$ 值及析氧电位。

3. 根据法拉第定律计算金属的腐蚀速率。

$$K = JMt/(26.8\rho n \cdot 1000)$$

式中，K 为金属的腐蚀速率，$mm \cdot a^{-1}$；M 为金属的原子量，Fe 的原子量为 56；n 为金属离子的价态，Fe^{3+} 的 $n = 3$；ρ 为金属的密度，$g \cdot cm^{-3}$，碳钢的 $\rho = 7.8 g \cdot cm^{-3}$；$J$ 为维持钝化时的电流密度，$A \cdot m^{-2}$；t 为时间，h，一年按 365 天计算。

【思考与讨论】

1. 阳极极化曲线对实施阳极保护有什么指导意义？

2. 恒电流和恒电位两种方法所测绘出的极化曲线有何异同？

3. 测定极化曲线为何需要三个电极？

4. 测定极化曲线除了用恒电位法外，还有恒电流法。其特点是在不同的电流密度下，测定对应的电极电位。但对金属钝化曲线，用恒电流法不妥。因为从图 3-38 可知，在一个恒定的电流密度下，会出现多个对应的电极电位，因而得不到一条完整的钝化曲线。恒电流法主要用于研究表面不发生变化和一些不受扩散控制的电化学过程。

5. 极化曲线测定除应用于金属防腐蚀外，在电镀中也有重要应用。一般凡能增加阴极极化的因素，都可提高电镀层的致密性与光亮度。为此，通过测定不同条件的阴极极化曲线，可以选择理想的镀液组成、pH 值以及电镀温度等工艺条件。

Experiment 3-19　Determination of Polarization Curve of Carbon Steel in Ammonium Bicarbonate Solution

【Objective】

Master the method of measuring polarization curve by potentiostatic method; measure the polarization curve and polarization potential of carbon steel in saturated NH_4HCO_3 solution.

【Principle】

For the metal electrode forming the corrosion system, the potential measured in the absence of external current is the natural corrosion potential of the metal electrode in the corrosive medium. When the current goes through, the electrode potential deviates from its equilibrium value, which is called polarization. Under the action of external current, the cathode potential deviates from its natural corrosion potential and moves to a negative direction, which is called cathode polarization. The positive shift of the anode potential away from its natural corrosion potential is called anode polarization. In electrochemical researches, the cathode or anode polarization curves, namely the relationship between electrode potential and current density, are often measured for various purposes. Two methods are usually used for measurement: constant-current method and constant-potential method. In this experiment, the anode polarization curve of carbon steel in saturated ammonium bicarbonate solution is measured by constant-potential method.

In some chemical media, when the anode electrode potential exceeds a certain positive value, the dissolution rate of the anode decreases significantly with the increase of the anode electrode potential, which is called the passivation of the metal. For metals which can be passivated, the anode polarization curve shown in Figure 3-38 can be drawn by controlling different constant potentials to measure the current density. The entire curve can be divided into the following four sections:

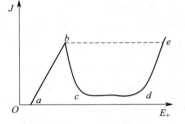

Figure 3-38   Typical polarization curve

(1) The potential range from a to b is called the activation zone, and curve in this region is the normal dissolution of the metal anode, at which time the metal anode is in an active state.

(2) The potential range from b to c is called the passivation transition zone, Curve bc is the transition process from the active state to the passivation state, the potential at b is the critical potential (or passivation potential, E_p) for the metal to establish passivation, and the corresponding current is called the critical current (or passivation current, I_p).

(3) The potential range from c to d is called the passivation zone. This section is due to the change in the metal surface state, which increases the overpotential of the anodic dissolution process and sharply decreases the dissolution rate of the metal. Curve cd indicates that the metal is in the passivation stage, and the corresponding current density is very low, which is called the maintaining passivity current (that is, the stable dissolution current density of the passive metal), and its value is almost independent of the change of potential. If the metal is maintained with passivation potential, the corrosion rate of the metal will be sharply reduced.

(4) The potential range after d is called the overpassivation zone. At this time, the anode current density increases again with the positive shift of the potential, and the metal dissolution rate increases, which is called overpassivation (also known as superpassivation). The increase in current density may be due to the production of highvalence ions (e. g. Fe^{3+} in the case of iron), or may be due to the precipitation of oxygen.

In the anti-corrosion of the metal and as an insoluble anode for electroplating, the passivation of the metal is exactly what people need, for example, use the metal to be protected as an anode, first make its surface in a passivation state under the passivation current density, and then use a small maintaining passivity current density to keep the metal in a passivation state, so that its corrosion rate is greatly reduced to achieve the purpose of protecting the metal. However, when used as a soluble anode in chemical power sources, electrometallurgy and electroplating, the passivation of the metal is very harmful.

Regarding the activation of passivated metals, in general, the passivated metals can be reactivated by any factor that can cause the destruction of the metal protective layer, such as heating, the introduction of reducing gases, cathode polarization, the addition of certain active ions, changing the pH value of the solution, and mechanical damage.

When measuring the polarization curve by controlling potential, the potential of the study electrode is maintained at the required value, and then the corresponding current density is measured. Because the current density changes with time before the electrode surface is not established in a stable state, the curve generally measured is a "transient" polarization curve. In actual measurement, there are two common potentiostatic methods used.

(1) Static method: The electrode potential is maintained at a constant value for a long time, and the change of current density over time is measured until the current basically reaches a stable value. The stable current density values at each electrode potential are thus measured point by point to obtain a complete polarization curve.

(2) Dynamic method: Control the electrode potential to change continuously at a slower speed (scanning), measure the instantaneous current density value (or the logarithmic value of the current density) under the corresponding potential, and plot it with the corresponding potential to obtain the entire polarization curve. The scanning speed used (i. e. the rate of potential change) needs to be determined according to the nature of the object of study. In general, the slower the speed of establishing a stable state on the electrode surface, the slower the scanning speed should be, so that the measured polarization curve is close to the result measured by the static method.

Both methods have been widely used. It can be seen from the comparison of the measurement results that the result of static method is close to the stable value, but the measurement time is too long. For example, for steel and other metals and their alloys, in order to measure the stable current in the passive region, it is often necessary to wait for several hours or even dozens of hours at a certain potential, so the dynamic method is often used in actual work.

To study the passivation process of metals, it is necessary to measure the polarization curve. Usually, the studied metals such as iron, nickel, chromium, etc. , or their alloys are placed in sulfuric acid or sulfate solution, which is the research electrode. It and the reference electrode (saturated calomel electrode) form a primary cell, and at the same time, it and the auxiliary electrode (platinum electrode) form an electrolytic cell. This measurement circuit is actually divided into two parts, one is the potential measurement circuit formed by the reference electrode and the research electrode (because the current through the galvanic cell is very small, so the electrode potential change of the reference electrode is very small, the measured potential difference is the potential value of the research electrode relative to the saturated calomel electrode), the other is the polarization circuit formed by the research electrode and the auxiliary electrode. The polarization current is measured by the mA meter. After a constant potential is set for the research electrode by the potentiostat, the corresponding quasi-steady state current value I is measured, and then plot the logarithm of the current density J of the research electrode ($\lg J$) against potential difference (the polarization potential value of the research electrode relative to the saturated calomel electrode) . The polarization curve is shown in Figure 3-38.

【**Apparatus and Reagents**】

Apparatus and materials：JH-2C potentiostat，saturated calomel electrode，platinum electrode，carbon steel electrode ($1cm^2$)，beaker，sandpaper.

Reagents：NH_4HCO_3（a. q.，saturated），H_2SO_4（a. q. ），KCl（a. q.，saturated），ethanol.

【**Pre-experiment Requirement**】

1. Understand the components and use of the potentiostat.

2. Understand the principle and significance of passivation of metals and anodic protection.

【**Potential Safety Hazard and Treatment Measures**】

1. Potential Safety Hazard

（1）This experiment involves electrical equipments，and there may be aging of the circuit，which may cause electric leakage of the instruments and electric shock to the user.

（2）This experiment involves hazardous chemicals sulfuric acid and ammonium bicarbonate. Dilute sulfuric acid is corrosive and strongly acidic，and has strong irritation and corrosion to the skin and mucous membranes；ammonium bicarbonate can irritate the skin，eyes and mucous membranes.

（3）This experiment uses a saturated calomel electrode，there is a danger of environmental pollution when the calomel electrode is broken.

2. Treatment Measures

（1）Before using the instrument，check whether the enclosure is live. If someone is electrocuted，cut off the power supply immediately，and move the injured to a ventilated place to lie down. For those with severe symptoms，perform cardiopulmonary resuscitation and send to hospital for treatment. In case of a fire accident due to electric leakage，disconnect the circuit of fire site circuit as soon as possible，and then rescue.

（2）During the preparation and use of dilute sulfuric acid，if the sulfuric acid comes into contact with the skin，rinse with plenty of water，and then apply 3% to 5% sodium bicarbonate solution. If there is burns，seek medical attention immediately. If you inhale the vapor above the ammonium bicarbonate solution，quickly move to a place with fresh air and keep the respiratory tract unobstructed.

（3）Because calomel（that is，mercurous chloride）is a highly toxic reagent，metallic mercury will slowly precipitate when exposed to light. Therefore，if the calomel electrode is broken，it should be treated with sublimated sulfur in time，collected，recycled or transported to relevant waste disposal sites for disposal.

【**Experimental Section**】

1. Polish the carbon steel electrode（$1cm^2$）with sandpaper. Remove the grease with absolute ethanol. Seal the back of the electrode with paraffin wax.

2. Electrolysis Process

（1）Set up an electrolytic cell to eliminate the oxidative layer on the surface of carbon steel. Connect the carbon steel to black alligator clip as a cathode，and connect the platinum electrode to red alligator clip as an anode (Figure 3-39). The two electrodes are dipped into a beaker containing half volume of H_2SO_4 (a.q.). Note: the two electrodes must not be short-circuited.

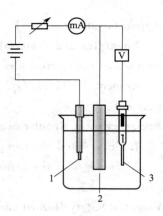

Figure 3-39   A device for measuring polarization curve of metals by potentiostatic method
1—auxiliary electrode;
2—research electrode;
3—reference electrode

(2) Switch on the potentiostat. Set the following parameters:

Current range: 100mA; Voltage range: 0～2V; Working mode: galvanostatic (constant current); Load option: electrolytic cell

(3) Press "On/Off" button to power on the electrolytic circuit, and adjust the given knob to make the value of current is about −0.05A.

(4) Wait for the electrolysis for 10min.

(5) After the electrolysis, press "On/Off" button to power off the electrolytic circuit, and then rinse the electrolyzed carbon steel with water for several times.

3. Testing the EMF of carbon steel (negative pole) against SCE (positive pole)

(1) Set up the testing apparatus as Figure 3-40. Connect the carbon steel to the black alligator clip as a research electrode, the platinum electrode to red alligator clip as an auxiliary electrode, and the SCE as a reference electrode. The three electrodes are dipped into a beaker containing half volume of NH_4HCO_3 (a.q., saturated).

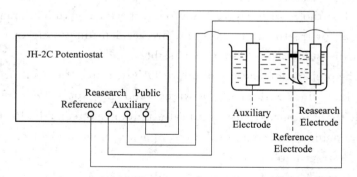

Figure 3-40   Schematic diagram of measuring polarization curve

(2) Set the following parameters:

Working mode: reference; Load option: electrolytic cell

(3) Press "On/Off" Button to power on the testing circuit, and record the EMF of carbon steel (negative pole) against SCE (positive pole). The value should be higher than 0.75 V. Otherwise, the carbon steel should be treated again (Repeat Step 1 and Step 2).

4. Testing the polarization curve

(1) Press "On/Off" button to power off the testing circuit.

(2) Set the following parameters:

Working mode: potentiostatic (constant potential); Load option: simulation

(3) Press "On/Off" Button to power on the testing circuit.

(4) Adjust the given knob to make the value of potential is as the above the EMF value. Note: The signal of the EMF should be "+".

(5) Set the following parameter:

Load option: electrolytic cell

(6) Switch on the computer and run the software "Potentiostat 1.00".

(7) Set the following parameter on the panel of the software.

Current range: −5 to 45mA; Voltage: −1.6 to 1.4V; Choose a suitable com port

(8) Click "Start plotting" under the menu "operation", and then slowly tune the given knob to adjust the EMF value to lower values. Meanwhile, the software will plot the current against the EMF value. Note: x axis is the EMF value of carbon steel (negative pole) against SCE (positive pole). That is $E = E_+$ (SCE) $- E_-$ (carbon steel).

(9) As the EMF reaches 0V, press the "+/−" button on the potentiostat. Reversely tune the knob until the value is about −1.1 V.

(10) Click "Stop plotting" under the menu "operation", and press "On/Off" button to power off the testing circuit. Read and record the passivated current (y axis) and EMF (x axis).

(11) Print the polarization curve.

【Precautions】

1. In the experiment, we should strictly follow the operation rules of the potentiostat. When changing the working mode, it is necessary to disconnect the working key first by press "On/Off" button.

2. The connection parts of the device must keep in good contact. When the EMF is approaching to about −1.2 V, a large number of bubbles appear on the surface of the electrode, the experiment should be terminated immediately.

【Data and Analysis】

1. Data recording

Experiment time _____   Room temperature _____

Material of research electrode _____   Electrode area _____

Reference electrode _____   Auxiliary electrode _____

Fill the following table:

[E_+ (SCE) $- E_-$ (carbon steel)] /V	J/ (A $\cdot$ cm^{-2})	lg$J$

2. Data processing

Set E_+ (SCE) $- E_-$ (carbon steel) as x-axis and lg$J$ as y-axis, draw the polarization curve of carbon steel electrode in saturated ammonium bicarbonate solution，and point out the passivation potential (E_p)，passivation current density (J_p) and oxygen evolution potential.

3. Calculate the corrosion rate of metal according to Faraday's law.

$$K = JMt/(26.8\rho n)$$

where K is the corrosion rate of the metal，mm $\cdot$ a^{-1}；M is the atomic weight of the metal (Fe：56)；n is the valence state of the metal ion (Fe^{3+}：3)；ρ is the density of the metal (Fe：7.8×10^3 kg $\cdot$ m^{-3})；J is the maintaining passivity current density，A $\cdot$ m^2；t is the time (conversion，8760h $\cdot$ a^{-1})；26.8 is Faraday's constant，26.8A $\cdot$ h $\cdot$ mol^{-1}.

【Questions】

1. What is the guiding significance of the anode polarization curve for anode protection?

2. What are the similarities and differences between the polarization curves measured by constant current method and constant potential method?

3. Why three electrodes are needed to determine the polarization curve?

4. In addition to potentiostatic (constant potential) method，there is also a galvanostatic (constant current) method to determine polarization curves. Its characteristic is to measure the corresponding electrode potential under different current density. However，it is not appropriate to use galvanostatic method for metal passivation curve. As shown in Figure 3-28，under a constant current density，there will be multiple corresponding electrode potentials，so a complete passivation curve cannot be obtained. The galvanostatic method is mainly used to study the electrochemical processes that do not change on the surface and are not controlled by diffusion.

5. The polarization curve measurement has important applications in electroplating in addition to the application of metal corrosion protection. Generally，all factors that can increase the cathode polarization can increase the density and brightness of the electroplated layer. Therefore，by measuring the cathodic polarization curve under different conditions，the ideal plating solution composition，pH value and plating temperature can be selected.

实验 3-20　蔗糖水解速率常数的测定

【实验目的】

通过实验，测定蔗糖水溶液在 H^+ 催化下转化反应的速率常数和半衰期；掌握旋光仪的使用。

蔗糖水解速率
常数的测定
（理论部分）

【实验提要】

蔗糖转化反应为：

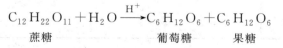

$$C_{12}H_{22}O_{11} + H_2O \xrightarrow{H^+} C_6H_{12}O_6 + C_6H_{12}O_6$$

蔗糖　　　　　　　葡萄糖　　　果糖

H^+ 是催化剂，如果无 H^+ 存在，反应速率极慢，此反应是二级反应。但由于反应时水是大量存在的，整个反应过程中水的浓度可近似为恒定，因此可视为准一级反应，反应速率方程如下：

$$-\frac{\mathrm{d}c_A}{\mathrm{d}t} = kc_A \qquad (3-65)$$

式中，c_A 为 t 时刻的蔗糖浓度；k 为反应速率常数。

若令蔗糖起始浓度为 $c_{A,0}$，式(3-65)积分得：

$$\ln\frac{c_{A,0}}{c_A} = kt \qquad (3-66)$$

蔗糖水解速率
常数的测定
（实操部分）

由于蔗糖、葡萄糖和果糖都含有不对称的碳原子，它们都是旋光性物质，但它们的旋光能力各不相同，其中蔗糖右旋，比旋光度 $[\alpha]_D^{20} = 60.6°$，葡萄糖右旋，比旋光度 $[\alpha]_D^{20} = 52.5°$，果糖左旋，比旋光度 $[\alpha]_D^{20} = -91.9°$，所以随着反应的进行，体系的旋光度不断变化，由右旋逐渐变为左旋，故可利用体系在反应过程中旋光度的变化来量度反应的进程。

旋光度的测量可使用旋光仪（见第 2 章 2.6）。当样品管长度、光波波长、温度、溶剂等其他条件都不变时，溶液旋光度 α 与其中旋光性物质浓度 c 呈线性关系。

$$\alpha = Kc \qquad (3-67)$$

式中，比例常数 K 与物质的旋光能力、溶剂性质、样品管长度、温度等有关。

旋光度只有相对含义，它因实验条件的不同会有很大的差异。物质的旋光能力可用比旋光度来度量，比旋光度用下式表示：

$$[\alpha]_D^{20} = \frac{10\alpha}{lc} \qquad (3-68)$$

式中，20 为实验时的温度 20℃；D 是指所用钠光灯光源 D 线，波长为 589nm；α 为测得的旋光度，(°)；l 为样品管的长度，cm；c 为浓度，$g \cdot mL^{-1}$。

设反应初始时即 $t=0$ 时，蔗糖的浓度为 $c_{A,0}$，当时间为 t 时，蔗糖的浓度为 c_A。则

$$\alpha_0 = K_{反} c_{A,0} \quad (t=0,\text{蔗糖尚未转化}) \qquad (3-69)$$

$$\alpha_\infty = K_{生} c_{A,0} \quad (t=\infty,\text{蔗糖完全转化}) \qquad (3-70)$$

式(3-69)、式(3-70)中 $K_{反}$ 和 $K_{生}$ 分别为反应物与生成物的比例系数。

而当 $t=t$ 时，

$$\alpha_t = K_{反} c_A + K_{生}(c_{A,0} - c_A) \qquad (3-71)$$

由式(3-69)～式(3-71)可以解得：

$$\alpha_0 - \alpha_\infty = c_{A,0}(K_{反} - K_{生}) \qquad (3-72)$$

$$\alpha_t - \alpha_\infty = c_A(K_{反} - K_{生}) \qquad (3-73)$$

将式(3-72)、式(3-73)两式代入式(3-66)，整理得：

$$\lg(\alpha_t - \alpha_\infty) = -\frac{k}{2.303}t + \lg(\alpha_0 - \alpha_\infty) \qquad (3-74)$$

由式(3-74)可以看出，以 $\lg(\alpha_t - \alpha_\infty)$ 对 t 作图为一直线，斜率 $m = -\dfrac{k}{2.303}$，可求得反应速率常数 k，半衰期 $t_{1/2} = \dfrac{\ln 2}{k}$ 也可求得。

【仪器和药品】

仪器和材料：恒温槽一套，旋光仪，10cm 样品管，100mL 锥形瓶，10mL 移液管，秒表。

药品：20% 蔗糖溶液，3.0mol $\cdot L^{-1}$ HCl 溶液。

【实验前预习要求】

1. 掌握一级反应的特征，理解通过测定反应体系中某特征物理量来跟踪反应进程的方法。

2. 了解旋光仪的结构和测量原理，掌握其使用方法。

【安全隐患与处置措施】

1. 安全隐患

（1）本实验涉及电气设备，可能存在电路老化，从而引发仪器漏电与使用者触电的危险。

（2）本实验使用稀盐酸溶液，接触盐酸蒸气时，鼻及口腔黏膜可能有烧灼感，眼和皮肤接触时可致灼伤。

（3）本实验涉及锥形瓶、移液管和样品管等玻璃仪器，可能出现因破碎或折断而被划伤的危险。

2. 处置措施

（1）使用仪器前应该检查外壳是否带电，如发现有人触电，应立即切断电源，将伤员移至通风处平躺。对重度症状者，实施心肺复苏，送医院救治。若因漏电出现火灾事故，尽快断开火灾现场电路，然后再施救。

（2）若不小心吸入了盐酸蒸气，迅速移至空气新鲜处，保持呼吸道通畅，呼吸困难时可以输氧；若稀盐酸不小心溅入眼睛，立即提起眼睑，用流动清水冲洗数分钟；若皮肤接触了稀盐酸，立即用水冲洗数分钟，或用弱碱性肥皂水冲洗，若有灼伤，就医治疗。

（3）如发现有人因玻璃仪器破碎或折断而被划伤，应清理好伤口，立即止血；严重割伤的话，应立即包扎止血，送医院救治。

【实验内容】

1. 用蒸馏水校正旋光仪的零点，熟悉旋光仪的调节和读数。

2. 将蔗糖溶液、3.0mol·L^{-1} HCl溶液、反应完毕液（为节省同学时间，相同的反应完毕液实验室已准备好，方法是室温下静置24h以上或于50℃恒温2h）分别置于锥形瓶中，放在已调节到25℃的恒温槽中恒温。

3. 用移液管吸取已恒温的10.00mL蔗糖溶液至干燥的锥形瓶中，再用另一支移液管吸取已恒温的10.00mL 3.0mol·L^{-1} HCl溶液加入其中（HCl溶液流出一半时即按下秒表开始计时）。迅速混合均匀，并用少量此溶液冲洗10cm长的样品管二次，然后将反应液装满样品管，盖好盖子并擦干样品管外部，立即将样品管放入旋光仪，调节至三分视界消失、暗度相等，先准确记下时间，再读取此时的旋光度读数。开始的20min内每2min测取一次读数，此后随着反应速率变慢，可将时间间隔逐渐适当放长，每3～5min测取一次读数，大约连续测量1.5h。

4. 如上法测定实验温度下反应完毕液的旋光度α_∞。

【注意事项】

1. 样品管通常有10cm和20cm两种长度，一般选用10cm长度的，这样换算成比旋光度时较方便。但对于旋光能力较弱或溶液浓度太稀的样品，需用20cm长的样品管。

2. 旋光度受温度的影响较大，一般来说，旋光度具有负的温度系数，其间不存在简单的线性关系，且随物质的构型不同而异，因此，在精密测定时必须用装有恒温水夹套的样品管，恒温水由超级恒温槽循环控制。

3. 样品管的玻璃窗片是由光学玻璃制成的，用螺丝帽盖及橡皮垫圈拧紧时，不能拧得过紧，以不漏水为限，否则，光学玻璃会受应力而产生一种附加的偏振作用，给测量造成误差。

4. 实验结束时，应将样品管洗净，防止酸腐蚀样品管盖。同时，应将锥形瓶洗干净再干燥，以免发生炭化。

【数据记录与处理】

实验温度＿＿＿＿＿＿＿＿＿＿℃；气压＿＿＿＿＿＿＿＿＿＿kPa；α_∞＿＿＿＿＿＿＿＿＿。

时间 t	
α_t	
$\alpha_t - \alpha_\infty$	
$\lg(\alpha_t - \alpha_\infty)$	

1. 计算各时间 t 的 $(\alpha_t - \alpha_\infty)$ 和 $\lg(\alpha_t - \alpha_\infty)$ 数值，填入上表。

2. 以 $\lg(\alpha_t - \alpha_\infty)$ 对 t 作图，由直线斜率求反应速度常数 k，并计算半衰期 $t_{1/2}$。

【思考与讨论】

1. 本实验中是否需要对每一个数据进行零点校正？

2. 为什么 $t=0$ 时，反应液的旋光度可以不测？是否可在测定第一个旋光度时开始计时？为什么？

3. 在混合蔗糖溶液和 HCl 溶液时，可否把蔗糖溶液加入到 HCl 溶液中去？为什么？

4. 本实验中如果不把剩余反应液在恒温槽中加热 2h，则可以在室温下放 24h 后再测 α_∞，两种方法 t 不同，对测定速率常数 k 有无影响？通常说反应速率常数 k 要随温度而变化，采用 2h 的方法测定 α_∞，是否会影响 k 的数值？

Experiment 3-20　Determination of the Reaction Rate Constant of Hydrolysis of Sucrose

【Objective】

Determine the reaction rate constant and half-life of sucrose solution catalyzed by H^+; master the use of polarimeter.

【Principle】

Sucrose can be hydrolyzed into glucose and fructose in aqueous solution, the hydrolysis reaction of sucrose is as follows:

$$\underset{\text{Sucrose}}{C_{12}H_{22}O_{11}} + H_2O \xrightarrow{H^+} \underset{\text{Glucose}}{C_6H_{12}O_6} + \underset{\text{Fructose}}{C_6H_{12}O_6}$$

H^+ is a catalyst. If there is no H^+, the reaction rate is very slow. Therefore, it is a second-order reaction. Since there is a large amount of water in the reaction, the concentration of water in the whole reaction process can be approximately constant. Hence, the hydrolysis of sucrose may be regarded as a pseudo-first-order reaction. The reaction rate equation is as follows:

$$-\frac{dc_A}{dt} = kc_A \tag{3-65}$$

where c_A is the sucrose concentration at time t, and k is the reaction rate constant.

If the initial concentration of sucrose is $c_{A,0}$, integral the above equation, we can get

$$\ln\frac{c_{A,0}}{c_A} = kt \tag{3-66}$$

The half-life of this reaction is

$$t_{1/2} = \frac{\ln 2}{k}$$

Since it is difficult to directly determine the concentrations of sucrose solution, we can correlate them with optical rotation. Because sucrose, glucose and fructose contain asymmetric carbon atoms, they are all optically active substances with different optical rotations. Sucrose is dextrorotatory and its specific rotation is $[\alpha]_D^{20} = 60.6°$. Glucose in the product is also a dextrorotatory substance, and its specific rotation is $[\alpha]_D^{20} = 52.5°$. The other product, fructose, is a levorotatory substance, and its specific rotation is $[\alpha]_D^{20} = -91.9°$. The dextrorotatory angle decreases continuously as the reaction proceeds because the levorotatory fructose has a higher molar rotation than the dextrorotatory glucose. The rotation of the system would be equal to zero at a certain moment of the reaction. Then, the system becomes levorotatory and reaches a maximum value when sucrose is completely converted. Hence, the reaction process can be followed by measuring the change of optical rotation of the reaction system.

Polarimeter can be used to measure the optical rotation of substance (see Chapter 2 2.6). When the length of the sample tube, wavelength of light wave, temperature, solvent and other conditions are fixed, there is a linear relationship between the optical rotation and the reactant concentration c.

$$\alpha = Kc \tag{3-67}$$

where, K is a proportionality constant related to the optical rotation ability, solvent properties, sample tube length, temperature, etc.

The optical rotation only has relative meaning; it has great variation under the different experimental conditions. The optical rotation capacity of optically active substance can be measured by specific optical rotation, it is as follows:

$$[\alpha]_D^{20} = \frac{10\alpha}{lc} \tag{3-68}$$

where, 20 means that the experiment temperature is 20℃; D is the wavelength of the light source, 589nm; α is the optical rotation, (°); l is the length of tube, cm; c is the concentration, $g \cdot mL^{-1}$.

When $t = 0$, the concentration of sucrose is c_A, and the rotation of the reaction system is:

$$\alpha_0 = K_R c_{A,0} \quad (t = 0, \text{ sucrose is not converted}) \tag{3-69}$$

The final rotation of the system is:

$$\alpha_\infty = K_P c_{A,0} \quad (t = \infty, \text{ sucrose is completely converted}) \tag{3-70}$$

where K_R and K_P are the proportionality constants of reactant and product, respectively.

When time is t, the concentration of sucrose is c_A, and the rotation of the reaction system is:

$$\alpha_t = K_R c_A + K_P (c_{A,0} - c_A) \tag{3-71}$$

Combing Equation (3-69), Equation (3-70), and Equation (3-71), we can get

$$\alpha_0 - \alpha_\infty = (K_R - K_P) c_{A,0} \tag{3-72}$$

$$\alpha_t - \alpha_\infty = (K_R - K_P) c_A \tag{3-73}$$

Substitute Equation (3-72) and Equation (3-73) into Equation (3-66) to obtain:

$$\lg(\alpha_t - \alpha_\infty) = -\frac{k}{2.303} t + \lg(\alpha_0 - \alpha_\infty) \tag{3-74}$$

Based on Equation (3-74), plot $\lg(\alpha_t - \alpha_\infty)$ against t, a line with a slope of $-\dfrac{k}{2.303}$ can be obtained. The rate constant k can be calculated from the slope of the line. The half-life can also be obtained.

【Apparatus and Reagents】

Apparatus and materials: thermostatic water bath, polarimeter, 10cm sample tube, 100mL conical flask, 10mL pipette, stopwatch, rubber suction bulb.

Reagents: 20% sucrose solution, HCl solution (a. q. , 3.0mol $\cdot$ L^{-1}).

【Pre-experiment Requirement】

1. Master the characteristics of first-order reaction and understand the method of tracking the reaction process by measuring some characteristic physical quantity in the reaction system.

2. Understand the structure and measuring principle of the polarimeter, and master the use of polarimeter.

【Potential Safety Hazard and Treatment Measures】

1. Potential Safety Hazard

(1) This experiment involves electrical equipment, and there may be circuit aging, which may lead to the danger of electric leakage of the instrument and electric shock of users.

(2) Dilute hydrochloric acid solution is used in this experiment. When contact with hydrochloric acid vapor, nose and oral mucosa may have a burning sensation, and eyes and skin may be burned.

(3) This experiment involves glass instruments such as conical bottles, pipettes and sample tubes, there is a risk of scratches due to breakage or fracture.

2. Treatment Measures

(1) Before using the instrument, check whether the shell is electrified. If someone is found to be electrocuted, cut off the power supply immediately, and move the injured to a ventilated place to lie down. For those with severe symptoms, give cardiopulmonary resusci-

tation and send them to hospital for treatment. In case of a fire accident due to leakage, disconnect the fire scene circuit as soon as possible, and then rescue.

(2) If someone accidentally inhales hydrochloric acid vapor, one should be quickly moved to the fresh air, keep respiratory tract unobstructed, oxygen should be given when breathing is difficult. If dilute hydrochloric acid is accidentally splashed into eyes, immediately lift eyelids, rinse with flowing water for several minutes. If the skin is in contact with dilute hydrochloric acid, immediately rinse it with water for several minutes, or wash with weak alkaline soapy water. If burns, seek medical treatment.

(3) If someone is found to be scratched because of broken glass instruments, clean the wound and apply bandage immediately to stop bleeding. Those with severe cuts should be immediately bandaged to stop bleeding and sent to the hospital for treatment.

【Experimental Section】

1. Calibrate the zero point of the polarimeter with distilled water, and be familiar with the adjustment and reading of the polarimeter.

2. Place the 20% sucrose solution, 3.0 mol $\cdot$ L^{-1} HCl solution and the finished reaction solution in the thermostatic water bath which has been adjusted to at 25℃. Note: In order to save students' time, the laboratory has the same finished reaction solution. After the reaction is completed, keep the mixture at room temperature for more than 24h or heat the solution to 50℃ and keep for 2h.

3. Pipette 10mL of 20% sucrose solution into conical flask, then add 10mL of HCl (a. q., 3.0 mol $\cdot$ L^{-1}) into sucrose solution, start the stopwatch to record the reaction time when half of HCl flowed. Shake the solution back and forth for three to four times to mix well. Rinse the sample tube twice with a small amount of the solution. Then, fill the sample tube rapidly with the mixed solution and put it into polarimeter. Rotate the polarizing mirror to the position where trisection visual field disappears and the visual field darkness is consistent.

Record the time accurately before reading the optical rotation. Read values every 2min in initial 20min, and then as the reaction speed slows down, the time interval can be gradually extended appropriately, and the reading can be measured every 3~5min. The reaction last for 1.5h.

4. Repeat the above steps, measure the optical rotation α_∞ of the finished reaction solution.

【Notes】

1. Sample tubes are usually 10cm and 20cm in length, and 10cm in length is generally used, which is more convenient when converting to specific rotation. But for samples with weak optical rotation or dilute solution concentration, sample tube of 20cm are needed.

2. Optical rotation is sensitive to temperature. In general, optical rotation has a negative temperature coefficient, there is no simple linear relationship, and it varies with the configuration of the material. Therefore, sample tubes with thermostatic water jacket must be used for precise determination, and the thermostatic water is circularly controlled by super thermostatic water bath.

3. The glass window of the sample tube is made of optical glass. When tightening with

the screw cap and rubber washer, it should not be screwed too tightly to the limit of water leakage. Otherwise, the optical glass will be subjected to stress and produce an additional polarization effect, which will cause errors in measurement.

4. At the end of the experiment, the sample tube should be cleaned to prevent acid corrosion of the sample tube cover. At the same time, the conical flasks should be washed and dried to avoid carbonization.

【Data and Analysis】

Experiment temperature _____℃; atmosphere pressure _____ kPa; $\alpha_\infty =$_____.

$t/\min$	
α_t	
$\alpha_t - \alpha_\infty$	
$\lg(\alpha_t - \alpha_\infty)$	

1. Calculate the values of $(\alpha_t - \alpha_\infty)$ and $\lg(\alpha_t - \alpha_\infty)$ at each time t and fill in the above table.

2. Plot $\lg(\alpha_t - \alpha_\infty)$ against t, and calculate the reaction rate constant k from the slope of the straight line.

3. Calculated the half-life.

【Questions】

1. Why should the zero point of the polarimeter be calibrated in the experiment? What could be the effect if no calibration is made?

2. Why can the optical rotation of the reaction liquid not be measured at $t = 0$? Can the timing be started at the first rotation measurement? Why?

3. In this experiment, HCl solution is added into the sucrose solution, why cannot add sucrose into HCl solution?

4. In this experiment, if the remaining reaction solution is not heated in a constant temperature tank for 2h, it can be placed under room temperature for 24h and then measured α_∞. The t of the two methods is different, does it affect the determination of velocity constant k? Generally speaking, the reaction velocity constant k varies with temperature. Will the value of k be affected by the method of measuring α_∞ for 2h?

实验 3-21　过氧化氢的催化分解

【实验目的】

通过实验，用静态法测定 H_2O_2 分解反应的速率常数和半衰期；熟悉一级反应特点，了解反应物浓度、温度、催化剂等因素对一级反应速率的影响；掌握气体体积测定和校正方法，学会用图解计算法求出一级反应的速率常数。

【实验提要】

H_2O_2 是许多重要电化学反应的中间产物，常温下，H_2O_2 分解反应进行得较慢，故其分解反应是电化学反应的控制步骤，使用催化剂可以显著提高 H_2O_2 分解反应速率。H_2O_2

的分解反应如下：

$$H_2O_2 \longrightarrow H_2O + \frac{1}{2}O_2 \qquad (3-75)$$

　　某些催化剂可以明显地加速 H_2O_2 的分解，如 Pt、Ag、MnO_2、$FeCl_3$、碘化物。本实验用 I^-（具体用 KI）作为催化剂，由于反应在均匀相（溶液）中进行，故称为均相催化反应。

　　该反应的机理是：

$$H_2O_2 + I^- \longrightarrow H_2O + IO^- \qquad （Ⅰ）$$

$$IO^- \longrightarrow I^- + \frac{1}{2}O_2 \qquad （Ⅱ）$$

由于反应（Ⅰ）的速率慢于反应（Ⅱ），则整个反应速率取决于反应（Ⅰ），因而其速率方程式为：

$$-\frac{dc_{H_2O_2}}{dt} = k_1 c_{I^-} c_{H_2O_2} \qquad (3-76)$$

　　式中，c 为各物质的浓度，$mol \cdot L^{-1}$；k_1 为反应速率常数。

　　由于催化剂在反应前后的浓度是不变的，c_{I^-} 可视为常数，令 $k = k_1 c_{I^-}$ 则

$$-\frac{dc_{H_2O_2}}{dt} = kc_{H_2O_2} \qquad (3-77)$$

　　式中，k 为表观反应速率常数，此式表明 H_2O_2 的分解反应为一级反应。

　　一级反应的积分式为

$$\ln c_{H_2O_2} = -kt + \ln c_{H_2O_2}^0 \qquad (3-78)$$

　　式中，$c_{H_2O_2}^0$ 为反应开始时 H_2O_2 的浓度，$mol \cdot L^{-1}$，$c_{H_2O_2}$ 为反应某时刻 H_2O_2 的浓度，$mol \cdot L^{-1}$。

　　式（3-78）为直线方程，故若以 $\ln c_{H_2O_2}$ 对 t 作图得一直线，则可验证反应为一级反应。该直线之斜率为 $-k$，截距为 $\ln c_{H_2O_2}^0$。

　　当 $c_{H_2O_2} = 1/2 c_{H_2O_2}^0$ 时，t 可用 $t_{1/2}$ 表示，称为反应半衰期，代入式（3-78）得

$$t_{1/2} = \frac{\ln 2}{k} = \frac{0.693}{k} \qquad (3-79)$$

上式表示，当温度一定时，一级反应的半衰期与反应速率常数成反比，与反应初浓度无关。

　　由于分解过程中放出的 O_2 体积与已被分解的 H_2O_2 浓度成正比，比例常数为定值，故由在相应时间内分解放出 O_2 的体积即可得出 t 时刻的 H_2O_2 浓度。

　　令 V_f 表示 H_2O_2 全部分解时产生的 O_2 体积。V_t 表示在 t 时刻分解所放出的 O_2 体积，则显然

$$c_{H_2O_2}^0 \propto V_f \qquad c_{H_2O_2} \propto (V_f - V_t)$$

代入式（3-78），得：

$$\ln(V_f - V_t) = -kt + \ln V_f \qquad (3-80)$$

以 $\ln(V_f - V_t)$ 对 t 作图得一直线，从直线的斜率可求出表观反应速率常数。

　　V_f 可由 H_2O_2 的体积及浓度算出。标定 $c_{H_2O_2}$ 的方法如下：按其分解反应的化学方程式可知 1mol H_2O_2 放出 1/2mol O_2，在酸性溶液中以 $KMnO_4$ 标准溶液滴定 H_2O_2，求出 $c_{H_2O_2}$，就可由下式算出 V_f：

$$c_{H_2O_2} = \frac{c_{KMnO_4} V_{KMnO_4}}{V_{H_2O_2}} \times \frac{5}{2} \qquad (3-81)$$

$$V_f = \frac{c_{H_2O_2} V_{H_2O_2}}{2} \times \frac{RT}{p_{O_2}} \qquad (3-82)$$

式中，p_{O_2} 为 O_2 分压，即大气压减去实验温度下水的饱和蒸气压；T 为量气管的温度，K。V_f 亦可采用下面两种方法来求得：

（1）外推法：以 $1/t$ 为横坐标，对 V_t 作图，将直线外推至 $1/t=0$，其截距即 V_f。

（2）加热法：在测定若干个 V_t 数据后，将 H_2O_2 加热至 $50 \sim 60℃$，维持约 $15min$，至没有气体放出，可认为 H_2O_2 已基本分解完毕，待溶液冷却到实验温度时读出量气管读数即为 V_f。

可自择二者之一，与滴定结果作对照。

【仪器和药品】

仪器和材料：H_2O_2 分解速率测定装置 1 套，滴定管 1 套，秒表 1 只，5mL、10mL、20mL 移液管各 1 只，150mL、250mL 锥形瓶各 1 只。

药品：质量分数为 2％ H_2O_2 溶液，KI，$3.0mol \cdot L^{-1}$ H_2SO_4 溶液，$0.05mol \cdot L^{-1}$ $KMnO_4$ 标准溶液。

【实验前预习要求】

1. 了解均相催化反应的反应机理。

2. 学会正确使用分解速率测定装置。

【实验步骤】

1. 在图 3-42 所示装置中，向水准瓶内加水，使水位与量气管满刻度处齐平（打开三通活塞，使大气与量气管相通）。

2. 调节恒温槽温度：在 1000mL 烧杯中加入 250mL 水，水温控制在 25℃ 左右并使之在实验中能够基本恒定。烧杯放在搅拌器座上。夹好测温用温度计。

3. 用乳胶管的橡皮塞把锥形瓶塞紧，将三通活塞 4 旋至与大气、量气管都相通，举高水准瓶使量气管充满水，然后再旋活塞 4 切断与大气的通路，但仍使系统内部连通，将水准瓶放到最低位置，若量气管中水位在 2min 内保持不变，说明系统不漏气，可以进行分解反应。

4. 加样品。用移液管移取已恒温至 25℃ 的 10mL 水放入洁净干燥的锥形瓶中，再移取 20mL 已恒温到同样温度的 H_2O_2 注入锥形瓶中。将已准确称量好的 KI 试剂小心加入锥形瓶，塞好橡皮塞，搅拌均匀，置于恒温槽中恒温。

5. 旋动三通活塞与大气相通，使水面恰在量气管 "0" 刻度处，然后切断大气通路，打

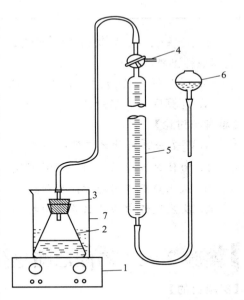

图 3-42　H_2O_2 分解速率测定装置

1—电磁搅拌器；2—锥形瓶；3—橡皮塞；
4—三通活塞；5—量气管；6—水准瓶；
7—烧杯

开搅拌器开关，同时记下时间，此时倾倒盛 KI 的容器，KI 溶于 H_2O_2 溶液中，分解反应开始，当 O_2 开始释放出后应随时保持水准瓶和量气管液面在一水平线上。定时（每 2.0min）读出量气管中气体体积（或定体积地读出反应时间，每 5mL 读一次）。直到量气管中 O_2 体积超过 50mL。

6. 加热求 V_f 时，接通电源使水浴升温，温度可达到 50℃，15min 后从水浴中移出反应瓶，冷却至室温后读出量气管读数 V 和 T（K），记下当时的大气压力，计算出 V_f。

7. 将本实验重复，但将 H_2O_2 用量改为 5mL，蒸馏水用量改为 25mL。

8. 最后标定所用 H_2O_2 的原始浓度：用移液管取 2mL H_2O_2 放在锥形瓶中，加入 10mL $3mol \cdot L^{-1}$ H_2SO_4 溶液，用已知浓度的 $KMnO_4$ 标准溶液滴定至淡红色为止。

9. 写出氧化还原反应方程式并计算出 H_2O_2 的浓度。

【注意事项】

1. 在进行实验时，反应体系必须绝对与外界隔离，以避免 O_2 逸出。

2. 在量气管内读数时，一定要使水准瓶和量气管内液面保持同一水平面。

3. 每次测定应选择合适的搅拌速度，且测定过程中搅拌速度应恒定。

4. 以 $KMnO_4$ 标准溶液滴定，终点为淡红色，且能保持 30s 不褪色，不能过量。

【数据记录和处理】

1. 数据记录

项目	时间 t/s	O_2 体积 V_t/mL

2. 计算 H_2O_2 的初始浓度及 V_f，列出 t、$1/t$、V_t、（$V_f - V_t$）及 $\lg(V_f - V_t)$ 表，注意换算成标准状态体积。

3. 以 $\lg(V_f - V_t)$ 对 t 作图，求出曲线斜率及 k。

4. 计算反应的半衰期 $t_{1/2}$。

【思考与讨论】

1. V_t-t 关系是什么类型的曲线？

2. 为什么可以用 $\lg(V_f - V_t)$ 代替 $\lg c_{H_2O_2}$ 作图？

3. 试比较用不同的方法所得的 V_f 值，并简单讨论之。

4. 反应过程中为什么要均匀搅拌？搅拌速度应否维持恒定？

实验 3-22　乙酸乙酯皂化反应速率常数测定

【实验目的】

通过实验，测定乙酸乙酯皂化反应过程电导率的变化，求反应的速率常数及其活化能；熟练掌握电导率仪的使用。

【实验提要】

对于二级反应：A＋B ——→ 产物，若 A、B 两物质起始浓度相同，用 c_0 表示，则反应速率方程式为

乙酸乙酯皂化反应
速率常数测定
（理论部分）

$$\frac{\mathrm{d}x}{\mathrm{d}t} = k(c_0 - x)^2 \qquad (3\text{-}83)$$

式中，k 是反应速率常数，x 是时间为 t 时反应物消耗掉的浓度，将式 (3-83) 积分得

$$\frac{x}{c_0(c_0 - x)} = kt \qquad (3\text{-}84)$$

乙酸乙酯皂化反应速率常数测定（实操部分）

以 $\dfrac{x}{c_0 - x}$ 对 t 作图得一直线，从直线的斜率可求出反应速率常数 k。

乙酸乙酯皂化反应是二级反应，其反应式为：

$$CH_3COOC_2H_5 + Na^+ + OH^- \longrightarrow CH_3COO^- + Na^+ + C_2H_5OH$$

设　　$t = 0$ 时　　　　a　　　　　　b　　　　　　0　　　　　　0

　　　　$t = t$ 时　　　$a-x$　　　　$b-x$　　　　　x　　　　　　x

反应速率方程为

$$\frac{\mathrm{d}x}{\mathrm{d}t} = k(a-x)(b-x) \qquad (3\text{-}85)$$

当 $a = b$ 时，积分得

$$\frac{x}{a(a-x)} = kt \qquad (3\text{-}86)$$

如果已知反应物的初浓度 a，只要测出 t 时的 x 值，反应速率常数 k 即可求得。

本实验不是采用直接测定浓度 x 的方法，而是通过测定反应过程中溶液电导率 κ 的变化来求得浓度随时间变化的规律。由于反应物 $CH_3COOC_2H_5$ 和生成物 C_2H_5OH 导电能力很小，可不考虑，而 Na^+ 在反应前后浓度不变，因而反应进程中导电能力的改变是因为导电能力强的 OH^- 逐渐被导电能力弱的 CH_3COO^- 取代。显然，电导率的减少值与生成物乙酸钠的浓度 x（在溶液中可认为它全部电离，所以也即 CH_3COO^- 的浓度）的增大值成正比。

设时间为 0、t、∞ 时溶液的电导率分别为 κ_0、κ_t、κ_∞，反应有以下关系式存在：

$$\kappa_0 - \kappa_t = Ax \qquad (3\text{-}87)$$
$$\kappa_0 - \kappa_\infty = Aa \qquad (3\text{-}88)$$

式中，A 是与温度、电解质性质、溶剂等因素有关的比例常数。

将式 (3-87)、式 (3-88) 代入式 (3-86) 得

$$k = \frac{1}{ta}\left(\frac{\kappa_0 - \kappa_t}{\kappa_t - \kappa_\infty}\right) \qquad (3\text{-}89)$$

整理得：

$$\kappa_t = \frac{1}{ak} \times \frac{\kappa_0 - \kappa_t}{t} + \kappa_\infty \qquad (3\text{-}90)$$

以 κ_t 对 $\dfrac{\kappa_0 - \kappa_t}{t}$ 作图得一直线，斜率为 $\dfrac{1}{ak}$，反应速率常数 k 即可求得。

倘若反应在不同温度下进行，将所得不同温度的反应速率常数 $k(T)$ 值代入 Arrhenius 公式：

$$\ln k = -\frac{E_a}{RT} + B \qquad (3\text{-}91)$$

活化能 E_a 便可求得。

【仪器和药品】

仪器和材料：恒温槽，DDS-11 型电导率仪，"人"字形电导池，DJS-1 型铂黑电导电极，秒表，10mL 移液管，小烧杯，洗耳球。

药品：$0.0200mol \cdot L^{-1}$ 氢氧化钠溶液，$0.0200mol \cdot L^{-1}$ 乙酸乙酯溶液，$0.0200mol \cdot L^{-1}$ 氯化钾标准溶液。

【实验前预习要求】

1. 了解二级反应的特点。

2. 掌握电导率的物理意义，掌握电导率仪的使用。

【安全隐患与处置措施】

1. 安全隐患

（1）本实验使用的恒温槽中，存在"人"字形电导池被搅拌桨打碎的危险。

（2）本实验使用恒温槽等电气设备，可能存在电路老化、漏电等隐患。

（3）本实验使用乙酸乙酯和氢氧化钠溶液，由于乙酸乙酯易挥发，会对实验者眼结膜和呼吸道有轻度刺激作用，又由于其易燃，存在遇到高热或明火产生燃烧或爆炸的危险。氢氧化钠溶液具有腐蚀性。

2. 处置措施

（1）若要从恒温槽中取放"人"字形电导池，须先关闭搅拌开关，夹子固定"人"字形电导池时要松紧合适。

（2）使用仪器前应该检查外壳是否带电，如发现有人触电，应立即切断电源，将伤员移至通风处平躺。对重度症状者，实施心肺复苏，送医院救治。若因漏电出现火灾事故，尽快断开火灾现场电源，然后再施救。

（3）使用易燃化学品乙酸乙酯时要避免明火，配制乙酸乙酯溶液时，可以佩戴自吸过滤式防毒面具和防护眼镜，要注意房间通风。配制或使用氢氧化钠溶液时，若不小心溅入眼睛，立即提起眼睑，用流动清水冲洗数分钟；若皮肤接触了氢氧化钠，立即用水冲洗数分钟，或用 3％硼酸溶液冲洗，若有灼伤，就医治疗。

【实验内容】

1. 调节恒温槽温度至（20±0.1）℃，分别用移液管吸取 10mL 蒸馏水和 10mL $0.0200mol \cdot L^{-1}$ 的 NaOH 溶液于干燥洁净的"人"字形电导池中，混合均匀，将铂黑电导电极用蒸馏水淋洗干净，并用滤纸小心吸干（滤纸切勿触及两极的铂黑，以防铂层抹掉），插入溶液中。把电导池置于恒温槽中，待恒温后，按第 2 章 2.2 节所述步骤接通电导率仪，测定溶液的电导率，即为 κ_0。

2. 分别用移液管吸取 10mL $0.0200mol \cdot L^{-1}$ $CH_3COOC_2H_5$ 溶液和 $0.0200mol \cdot L^{-1}$ NaOH 溶液于另一干燥洁净的"人"字形电导池的直支管和侧支管中（注意勿使两溶液混合），将电导池置于恒温槽中，铂黑电导电极也置于电导池中。恒温数分钟后，就在恒温槽中将电导池两支管中溶液往返混合数次，使溶液混合均匀，同时按秒表，开始记录反应时间，待秒表指针达 2min 时，从电导率仪上读取并记下电导率数值，随后每隔 2min 测一次，连测五次，以后每隔 3min 测一次，连测 5 次，每隔 5min 再测三次，即可结束。

3. 重复上述步骤，测定 30℃时反应液电导率随时间的变化值。

4. 实验结束后，关闭电源，倾去溶液，洗净电导池，用蒸馏水淋洗铂黑电导电极并浸入蒸馏水中备用。

【注意事项】

1. $CH_3COOC_2H_5$ 溶液使用时现配制，防止其水解而消耗部分 NaOH。配制 $CH_3COOC_2H_5$ 溶液时动作要快，因 $CH_3COOC_2H_5$ 易挥发，称量时可预先在称量瓶中放入已煮沸过的蒸馏水。

2. 实验用蒸馏水需事先煮沸，冷却后使用，以防止蒸馏水中溶解 CO_2，降低 NaOH 的浓度。

3. 铂黑电导电极应用待测溶液洗涤，本实验由于溶液量较少，可用蒸馏水洗净后擦干，但不能用纸擦电极上的铂黑。

4. 本实验是吸热反应，混合后体系温度会降低，所以在混合后的起始几分钟内所测溶液的电导率偏低。

【数据记录与处理】

实验温度＿＿＿＿＿＿＿＿℃；气压＿＿＿＿＿＿＿＿kPa。

0.0100mol·L^{-1}NaOH 溶液电导率 $\kappa_0 =$＿＿＿＿＿＿＿＿S·m^{-1}	
时间 t/min	
$\kappa_t/(S·m^{-1})$	
$\dfrac{\kappa_0-\kappa_t}{t}$	

1. 分别计算出两种温度下的各时间 t 对应的 $\dfrac{\kappa_0-\kappa_t}{t}$，将其值填入上表，并以 κ_t 对 $\dfrac{\kappa_0-\kappa_t}{t}$ 作图各得一直线，由斜率求得两温度下的反应速率常数 k_1、k_2。

2. 按照 Arrhenius 公式，计算反应的活化能 E_a。

【思考与讨论】

1. 为什么本实验要在恒温槽中进行？反应物先混合后再放进恒温槽是否可以？为什么？

2. 为什么要令 NaOH 和 $CH_3COOC_2H_5$ 起始浓度相等？二级反应的速度常数 k 的量纲是什么？

3. 为什么可以用测 NaOH 溶液电导率的方法测定 κ_0？为什么要加 10mL 蒸馏水？是否可以 κ_t 对 t 作图，将曲线外推至 $t=0$，求 κ_0？

4. 如果要以 $\dfrac{\kappa_0-\kappa_t}{\kappa_t-\kappa_\infty}$ 对 t 作图的方法求 k，应如何测定 κ_∞？

5. 如何用实验证明反应的活化能是常数？

Experiment 3-22　Determination of the Reaction Rate Constant for Saponification of Ethyl Acetate

【Objective】

Measure the electrical conductivity of the reaction of ethyl acetate saponification; calculate the rate constant and the activation energy of the reaction; master the use of conductivity meter.

【Principle】

For a second-order reaction, $A+B \longrightarrow$ product, if the initial concentration of A and B is equal (both c_0), the rate equation can be expressed as:

$$\frac{dx}{dt} = k(c_0 - x)^2 \tag{3-83}$$

where k is the rate constant of the reaction; x is the converted concentration at reaction time t.

The above equation can be integrated to give

$$\frac{x}{c_0(c_0 - x)} = kt \tag{3-84}$$

Plotting $\frac{x}{c_0 - x}$ against t will get a straight line. From the slope of the straight line, the reaction rate constant k can be calculated.

The saponification of ethyl acetate ($CH_3COOC_2H_5$) with sodium hydroxide is a second-order reaction, and its reaction formula is:

$$CH_3COOC_2H_5 + Na^+ + OH^- \longrightarrow CH_3COO^- + Na^+ + C_2H_5OH$$

| $t=0$ | a | b | 0 | 0 |
| $t=t$ | $a-x$ | $b-x$ | x | x |

The rate equation for the saponification of ethyl acetate can be expressed as

$$\frac{dx}{dt} = k(a-x)(b-x) \tag{3-85}$$

When $a=b$, the above equation can be integrated as

$$\frac{x}{a(a-x)} = kt \tag{3-86}$$

If the initial concentration a is known, measure the concentrations x at different time t and then we can calculate the reaction rate constant k.

In this reaction, the conductivities of ethyl acetate and ethyl alcohol (C_2H_5OH) are very low and can be ignored. Since the reaction solution is a very dilute aqueous solution, it can be considered that CH_3COONa is completely ionized. The conductive ions are Na^+, CH_3COO^- and OH^-. OH^- is the most highly conductive species and the concentration of Na^+ remains the same before and after reaction, which do not contribute to the changes in overall conductivity. With the progress of the reaction, highly conductive OH^- are gradually replaced by weak conductive CH_3COO^-, which causes the conductivity of the solution to decrease gradually. Therefore, the change of the reactant concentration with time can be obtained by measuring the change of the reaction solution conductivity in the process.

Define the conductivities of the solution at $t=0$, $t=t$ and $t=\infty$ as κ_0, κ_t and κ_∞ (when the reaction is finished), respectively. We obtain

$$\kappa_0 - \kappa_t = Ax \tag{3-87}$$

$$\kappa_0 - \kappa_\infty = Aa \tag{3-88}$$

where A is the proportionality constant related to temperature, electrolyte properties, solvent and other factors.

Then substitute Equation (3-87) and Equation (3-88) into Equation (3-86)

$$k = \frac{1}{ta}\left(\frac{\kappa_0 - \kappa_t}{\kappa_t - \kappa_\infty}\right) \tag{3-89}$$

We can obtain

$$\kappa_t = \frac{1}{ak} \times \frac{\kappa_0 - \kappa_t}{t} + \kappa_\infty \tag{3-90}$$

In the experiment, measure the conductivity at the beginning of the reaction (κ_0) and the conductivity at different times (κ_t). A plot of κ_t against $\frac{\kappa_0 - \kappa_t}{t}$ should yield a straight line with a slope of $\frac{1}{ak}$ and the reaction rate constant k can be calculated from the slope.

If the reaction rate constants at different temperatures are known, the activation energy E_a of the reaction can be calculated according to the Arrhenius formula.

$$\ln k = -\frac{E_a}{RT} + B \tag{3-91}$$

【Apparatus and Reagents】

Apparatus and materials: thermostatic water bath, DDS-11 type conductivity meter, DJS-1 type platinum black electrode, "human"-shaped conductance cell, stopwatch, 10mL pipette, beaker, rubber suction bulb.

Reagents: NaOH (a. q., $0.0200\text{mol} \cdot \text{L}^{-1}$), $CH_3COOC_2H_5$ (a. q., $0.0200\text{mol} \cdot \text{L}^{-1}$), KCl (a. q., $0.0200\text{mol} \cdot \text{L}^{-1}$).

【Pre-experiment Requirement】

1. Understand the characteristics of second-order reaction.

2. Grasp the physical significance of conductivity and the usage of conductivity meter.

【Potential Safety Hazard and Treatment Measures】

1. Potential Safety Hazard

(1) In the thermostatic bath used in this experiment, there is a risk that the "human"-shaped conductance cell would be broken by the stirring paddle.

(2) This experiment uses thermostatic bath and other electrical equipment, which may have hidden dangers such as circuit aging and leakage.

(3) Ethyl acetate and sodium hydroxide solution are used in this experiment. Due to the volatile nature of ethyl acetate, it would slightly stimulate the conjunctiva and respiratory tract of the subjects. Moreover, due to its inflammability, there is a risk of combustion or explosion in the case of high heat or open fire. Sodium hydroxide solution is corrosive.

2. Treatment Measures

(1) If you want to take and place the "human"-shaped conductivity cell from the thermostatic bath, you must first turn off the stirring switch, and the clamp should be loose and appropriate when fixing the "human"-shaped conductivity cell.

(2) Before using the instrument, check whether the shell is electrified. If someone is found to be electrocuted, cut off the power supply immediately, and move the injured to a ventilated place to lie flat. For those with severe symptoms, give cardiopulmonary resuscitation and send them to hospital for treatment. In case of a fire accident due to leakage, disconnect the fire scene circuit as soon as possible, and then rescue.

(3) Avoid open flames when using the flammable chemical ethyl acetate. When preparing the ethyl acetate solution, wear a self-priming filter gas mask and protective glasses, and pay attention to the ventilation of the room. When preparing or using sodium hydroxide solution, if the solution accidentally splash into eyes, immediately lift eyelids, rinse with running water for several minutes. If the skin comes into contact with sodium hydroxide, rinse immediately with running water for several minutes or with 3% boric acid solution. If burns, seek medical treatment.

【Experimental Section】

1. Adjustable thermostatic water bath

Set the temperature of thermostatic water bath to (20 ± 0.1)℃.

2. Calibration of the conductivity meter

Turn on the power of the conductivity meter and calibrate the conductivity cell.

(1) Switch on the power andpreheat the instrument for 10min.

(2) Set the "Temperature" compensation knob at the actual temperature of the solution (for example, 25℃).

(3) Press the "Calibration/Measurement" button to switch to the "Calibration" state. Then adjust the constant of conductivity cell knob to make the instrument display the constant of the electrode used.

(4) Press the "Calibration/Measurement" button to switch to the "Measurement" state, and switch the "Range" knob to the appropriate range (20mS · cm^{-1}).

3. Measurement of κ_0

10mL distilled water and 10mL 0.0200mol · L^{-1} NaOH (a. q.) are added into the "human" -shaped conductance cell. After uniformly mixing, place the above conductivity cell into the water bath so that the test solution is immersed in the water. Then clean the platinum black electrode with distilled water and dry it with filter paper carefully (do not touch the platinum black at both ends to prevent the platinum layer from being scratched), and insert it into the solution. Make sure the platinum black electrode is fully immersed in the solution. Keep about 10min to attain the uniform temperature. Then measure the conductivity of the solution and the value is κ_0.

4. Measurement of κ_t

10mL of 0.0200mol · L^{-1} CH$_3$COOC$_2$H$_5$ solution is added into one branched-tube of the "human"-shaped conductance cell and 10 of mL 0.0200mol · L^{-1} NaOH (a. q.) is added into the other branched-tube of the "human" -shaped conductance cell (do not mix the two solutions). Put the platinum black electrode into the solution. Place the conductance cell into the water bath so that the water is immersed in the test solution. Keep about 10min to attain the uniform temperature. Push the NaOH solution into $CH_3COOC_2H_5$ solution lightly through the branched-tube. Then push repeatedly to mix the solution uniformly and record the time with a stopwatch at the same time. Make conductivity measurement to follow the progress of the reaction and record the conductivities at the corresponding time of 2, 4, 6, 8, 10, 13, 16, 19, 22, 25, 30, 35, and 40min.

After the measurement is finished, the "human"-shaped conductance cell and platinum black electrode should be rinsed with distilled water, and the electrode should be immersed in distilled water.

【Notes】

1. $CH_3COOC_2H_5$ solution is prepared when used, which is to prevent its hydrolysis and consumption of part of NaOH. The preparation of $CH_3COOC_2H_5$ solution should be done quickly, because $CH_3COOC_2H_5$ is volatile, the boiled distilled water can be put into the weighing bottle in advance.

2. The distilled water for the experiment should be boiled in advance and used after cooling.

3. The platinum black conductance electrode should be washed with the solution to be tested. In this experiment, due to the small amount of solution, it can be washed with distilled water and then dried, but the platinum black on the electrodecannot be rubbed with paper.

4. This experiment is an endothermic reaction, and the temperature of the system will decrease after mixing, so the conductivity of the measured solution is low in the first few minutes after mixing.

【Data and Analysis】

Experimental temperature _____ ℃; atmosphere pressure _____ kPa.

	0.0100mol • L^{-1} NaOH $\kappa_0 =$ _____ S • m^{-1}												
Time t/min													
κ_t/(S • m^{-1})													
$\dfrac{\kappa_0 - \kappa_t}{t}$													

1. Calculate the $\dfrac{\kappa_0 - \kappa_t}{t}$ values corresponding to time t at the two temperatures respectively and fill their values in the table above. Plot κ_t against $\dfrac{\kappa_0 - \kappa_t}{t}$, and the reaction rate constant k_1 and k_2 can be calculated from the slope of the straight line.

2. Calculate the activation energy E_a of the reaction according to the Arrhenius formula.

【Questions】

1. Why is this experiment conducted in athermostatic bath? Is it possible to mix the reactants and then put them in the thermostatic bath? Why?

2. Why are the initial concentrations of NaOH and $CH_3COOC_2H_5$ equal? What is the dimension of the rate constant k for the second order reaction?

3. Why is it possible to measure κ_0 by measuring the conductivity of NaOH solution? Why add 10mL of distilled water? Can we plot κ_t against t, extrapolate to $t = 0$, and infer κ_0?

4. If k can be calculated by plotting $\left(\dfrac{\kappa_0 - \kappa_t}{\kappa_t - \kappa_\infty} \right)$ versus t, how to measure κ_∞?

5. How do we prove experimentally that the activation energy of a reaction is constant?

实验 3-23　丙酮碘化反应速率的测定

【实验目的】

通过实验，用分光光度法测定丙酮碘化反应速率，并计算反应速率常数及活化能；通过实验加深对复杂反应特征的理解；了解 721（722）型分光光度计的构造及使用方法。

【实验提要】

丙酮碘化反应是一个复杂反应，其总反应式为：

$$I_2 + CH_3\!-\!\overset{\displaystyle O}{\overset{\|}{C}}\!-\!CH_3 \xrightarrow{H^+} CH_3\!-\!\overset{\displaystyle O}{\overset{\|}{C}}\!-\!CH_2I + I^- + H^+$$

H^+ 是反应的催化剂，由于丙酮碘化反应本身能生成氢离子，故该反应是一个自催化反应。

实验测定的结果表明该反应的机理如下：

（1）氢离子和丙酮反应：

$$CH_3\!-\!\overset{\displaystyle O}{\overset{\|}{C}}\!-\!CH_3 + H^+ \underset{k_{-1}}{\overset{k_1}{\rightleftharpoons}} CH_3\!-\!\overset{\displaystyle OH^+}{\overset{\|}{C}}\!-\!CH_3$$

（2）在氢离子作用下丙酮的烯醇化：

$$CH_3\!-\!\overset{\displaystyle OH^+}{\overset{\|}{C}}\!-\!CH_3 \xrightarrow[\text{慢}]{k} CH_3\!-\!\overset{\displaystyle OH}{\overset{|}{C}}\!=\!CH_2 + H^+$$

（3）烯醇与碘反应：

$$CH_3\!-\!\overset{\displaystyle OH}{\overset{|}{C}}\!=\!CH_2 + I_2 \xrightarrow{k_2} CH_3\!-\!\overset{\displaystyle O}{\overset{\|}{C}}\!-\!CH_2I + H^+ + I^-$$

第一步是快速平衡，第二步反应速率很慢，而第三步反应速率很快，而且能进行到底，所以第二步是反应速率的控制步骤，总反应速率由其决定，因而丙酮碘化反应的动力学方程可表示为：

$$\frac{dc_B}{dt} = kc_A c_{H^+} \tag{3-92}$$

式中，c_B 为碘化丙酮的浓度；c_{H^+} 为氢离子浓度；c_A 为丙酮的浓度；k 为丙酮碘化的总反应速率常数。由第三步反应可知 $\dfrac{dc_B}{dt} = -\dfrac{dc_{I_2}}{dt}$，因此，如果测得反应过程中各时刻的碘的浓度，就可以求出 $\dfrac{dc_B}{dt}$。由于碘在可见光区有一个较宽的吸收带，丙酮和盐酸在此范围内无明显吸收，故可用分光光度法直接测定碘的浓度变化来跟踪反应进程。

当溶液中有大量外加酸的存在以及反应进程不大的条件下，反应进程中的氢离子浓度可视为不变，因而反应表现为准一级反应，则丙酮碘化的速率方程变为

$$-\frac{\mathrm{d}c_{I_2}}{\mathrm{d}t} = kc_A \tag{3-93}$$

若丙酮及碘的起始浓度为 c_A^0 和 c_{I_2}，则有 $c_A = c_A^0 - (c_{I_2}^0 - c_{I_2})$，代入速率方程，积分得：

$$\ln(c_A^0 - c_{I_2}^0 + c_{I_2}) = -kt + c''$$

$$\ln\left(1 - \frac{c_{I_2}^0 - c_{I_2}}{c_A^0}\right) = -kt - \ln c_A^0 + c''$$

式中，c'' 为积分常数，令 $c' = -\ln c_A^0 + c''$

则有

$$\ln\left(1 - \frac{c_{I_2}^0 - c_{I_2}}{c_A^0}\right) = -kt + c' \tag{3-94}$$

当反应进程不大时，$c_A^0 \gg c_{I_2}^0 - c_{I_2}$，即 $\dfrac{c_{I_2}^0 - c_{I_2}}{c_A^0} \ll 1$。故式(3-94) 左边可级数展开，并忽略其高次项，得

$$\ln\left(1 - \frac{c_{I_2}^0 - c_{I_2}}{c_A^0}\right) = -\frac{c_{I_2}^0 - c_{I_2}}{c_A^0}$$

$$-\frac{c_{I_2}^0 - c_{I_2}}{c_A^0} = -kt + c'$$

$$c_{I_2} = -c_A^0 kt + (c_A^0 c' + c_{I_2}^0)$$

令 $c = c_A^0 c' + c_{I_2}^0$，则

$$c_{I_2} = -c_A^0 kt + c \tag{3-95}$$

由此可见，若测得一系列 c_{I_2}，并将其对 t 作图，可得一直线，该直线斜率等于 $-kc_A^0$，即由已知的丙酮起始浓度便可求得反应速率常数 k。

本实验用比色法测定碘的浓度，若 A 为测得溶液的吸光度值，B 为换算因子，则

$$c_{I_2} = BA \tag{3-96}$$

$$A = -\frac{c_A^0}{B}kt + \frac{c}{B} \tag{3-97}$$

测定若干个已知浓度的标准溶液的吸光度 A 值，然后以 A 对 c_{I_2} 作图得到一直线，显然 B 就等于所作直线的斜率。因此只要测定不同时刻反应系统的吸光度值，然后以 A 对时间 t 作图，即可求得式(3-97) 中的速率常数 k。

当温度变化范围不大时，反应速率和温度间有如下关系：

$$\ln\frac{k_2}{k_1} = \frac{E_a}{R}\left(\frac{1}{T_1} - \frac{1}{T_2}\right) \tag{3-98}$$

式中，k_1、k_2 分别为温度 T_1、T_2 时的反应速率常数；E_a 为反应活化能。故由式(3-98) 可求得该反应的活化能。

由于反应速率与温度有关，故本实验应在恒温下进行，为了正确测定某一时刻反应液中碘的浓度，一旦取出样，应立刻终止反应。实验中采用加入相当量的弱碱，中和体系中的外加酸，即用消除催化剂的方法中止反应。

【仪器和药品】

仪器和材料：721（722）型分光光度计 1 台，恒温槽 1 套，秒表 1 只，100mL 容量瓶 9 个（其中 1 个为棕色），20mL、10mL 和 1mL 移液管各 2 支，50mL 碱式滴定管 1 支，100mL 量筒 1 个，250mL 锥形瓶 2 个。

药品：2.00×10^{-4} mol·L^{-1}、1.75×10^{-4} mol·L^{-1}、1.50×10^{-4} mol·L^{-1}、1.25×10^{-4} mol·L^{-1}、1.00×10^{-4} mol·L^{-1} 的碘标准溶液，2.00×10^{-2} mol·L^{-1} 碘溶液，0.500 mol·L^{-1} 盐酸，0.500 mol·L^{-1} 碳酸氢钠溶液，丙酮（A.R.），甲基红指示剂。

【实验前预习要求】

1. 了解丙酮碘化反应的机理。
2. 掌握 721（722）型分光光度计的操作方法。

【实验内容】

1. 洗净容量瓶，开启恒温槽，调节温度为 20℃。

2. 用移液管移取 20.00mL 0.500mol·L^{-1} 盐酸于棕色容量瓶中，用蒸馏水稀释至刻度，摇匀后，用移液管移取 10.00mL 该溶液注入锥形瓶中，加入三滴甲基红指示剂，用碱标准溶液滴定至化学计量点。如碱过量，颜色有何变化？重复测定一次。

3. 洗净上述容量瓶，加入 20.00mL 盐酸，再加入 10.00mL 2.00×10^{-2} mol·L^{-1} 碘溶液，加蒸馏水使液面在刻度下方 2mL 左右，留待以后加丙酮，摇匀后置入恒温槽中，容量瓶的刻度线应在恒温液面以下。

4. 在其余 8 个容量瓶中分别加入与 10.00mL 稀释后的盐酸等物质的量的碳酸氢钠溶液，并用量筒加入 50mL 蒸馏水。

5. 恒温 20min，用 1mL 干燥的移液管移取 1mL 丙酮，注入棕色容量瓶中，取出容量瓶用蒸馏水稀释至刻度，摇匀后立即放回恒温槽中。

6. 用一支干燥的 10mL 移液管迅速从棕色容量瓶中吸取 10mL 溶液注入第 1 号容量瓶中，溶液开始流出移液管即按下秒表。此时 t 为零，待溶液流完，用蒸馏水将该容量瓶中溶液稀释至刻度，摇匀后准备测定吸光度。

7. 每隔 5min 取样一次，依次加入第 1~8 号容量瓶，反应的起始时间均以溶液从移液管中开始流出的时间为准。

8. 在 721（722）型分光光度计上测定各反应时间的吸光度值，选择吸收光的波长为 510nm，比色皿厚度为 3.0cm，每次测定前应检查零点和参比液蒸馏水的透光率。

9. 25℃下重复测定反应速率一次。

10. 测定标准溶液的吸光度值。

11. 实验完毕洗净仪器。

【注意事项】

1. 严格控制反应温度。在移液、混合等过程中应操作迅速，减小温度偏差。

2. 一定要等仪器电源稳定后再开始测定。

3. 比色皿在使用前后应清洗干净。

4. 生成物碘化丙酮对眼睛有刺激作用。故测定完毕，反应液不能乱倒，应倒入指定回收容器中。

【数据记录与处理】

1. 数据记录

室温_____℃；大气压_____kPa。

反应液吸光度值

温度/℃	t_0	t_1	t_2	t_3	t_4	t_5	t_6	t_7	t_8
20									
25									

标准溶液吸光度值

浓度/($\times 10^{-4}$mol·L^{-1})	1.00	1.25	1.50	1.75	2.00
吸光度值					

2. 数据处理

（1）根据室温计算反应前的丙酮摩尔浓度 c_A^0，各温度下丙酮的密度见下表。

温度/℃	0	15	20	25	30
密度/(g·mL^{-1})	0.8125	0.7960	0.7906	0.7840	0.7793

（2）绘制碘的吸光度 A-浓度标准曲线，求出 B。

（3）以 A 对 t 作图，求出直线斜率。

（4）计算各温度下的反应速率常数。

（5）由 Arrhenius 公式计算反应的活化能。

【思考与讨论】

1. 动力学实验中，正确计量时间是实验的关键，本实验中将反应物开始混合为起始反应时间，中间有一段不算很短的操作时间，这对反应结果有无影响？为什么？

2. 影响本实验精确度的主要因素有哪些？

3. 在整个实验过程中秒表是否可以停顿？为什么？

实验 3-24　　BZ 化学振荡反应

【实验目的】

通过实验，了解 Belousov-Zhabotinsky 反应（简称 BZ 反应）的基本原理；由实验数据计算 BZ 反应中的相关反应的活化能。

【实验提要】

非平衡非线性问题是自然界普遍存在的问题，它主要是研究系统在远离平衡态的情况下，由于本身的非线性动力学机制而产生宏观时空有序结构，称为耗散结构。对非平衡态理论的研究现正在进行中，如比利时著名科学家、诺贝尔奖获得者伊·普里高津（Ilya Prigogine）的耗散结构理论等非平衡态自组织理论已对自然界的可逆和不可逆、对称与非对称、决定性和随机性、进化和退化、稳定和不稳定、有序和无序进行了全新的阐述。在化学反应中最典型的耗散结构是 BZ 系统，即由溴酸盐、有机物在酸性条件下及有（或无）金属离子催化剂存在时构成的系统。

具体地说，将含 $KBrO_3$、$CH_2(COOH)_2$ 或溴代丙二酸和溶于 H_2SO_4 的硫酸铈的反应混合物在 30℃ 恒温条件搅拌，则发生振荡反应，即：

$$3H^+ + 3BrO_3^- + 5CH_2(COOH)_2 \longrightarrow 3BrCH(COOH)_2 + 2HCOOH + 4CO_2 + 5H_2O$$

1972 年 R. J. Fiela、E. Koros、R. Noyes 等人通过实验对该反应机理进行了细致的研究，该反应中间过程高达 11 步以上，但可简化为 6 个反应，其中包括 3 个关键性物质。

（1）$HBrO_3$："开关"中间化合物。

（2）Br^-："控制"中间化合物。

（3）Ce^{4+}："再生"中间化合物。

具体来说，在此反应系统中，由于 $\dfrac{c_{BrO_3^-}}{c_{Br^-}}$ 的比值不同可分为两个反应过程，过程 A 和过程 B。

过程 A：当 Br^- 足够大时，系统按过程 A 进行。

$$BrO_3^- + Br^- + 2H^+ \xrightarrow{k_1} HBrO_2 + HBrO（慢） \tag{1}$$

$$HBrO_2 + Br^- + H^+ \xrightarrow{k_2} 2HBrO（快） \tag{2}$$

注意：HBrO 一旦出现，立即被丙二酸消耗掉。

过程 B：当只剩少量 Br^- 时，Ce^{3+} 按下式被氧化。

$$BrO_3^- + HBrO_2 + H^+ \xrightarrow{k_1} 2BrO_2 \cdot + H_2O（慢） \tag{3}$$

$$BrO_2 \cdot + Ce^{3+} + H^+ \xrightarrow{k_4} HBrO_2 + Ce^{4+}（快） \tag{4}$$

注意：$BrO_2 \cdot$ 是自由基，上述反应（4）是瞬间完成的。

$$2HBrO_2 \xrightarrow{k_5} BrO_3^- + HBrO + H^+ \tag{5}$$

$$4Ce^{4+} + BrCH(COOH)_2 + H_2O + HBrO \xrightarrow{k_6} 2Br^- + 4Ce^{3+} + 3CO_2 + 6H^+ \tag{6}$$

在过程 A 中，慢反应（1）是速率决定步骤，反应（2）是快反应，$\dfrac{k_1}{k_2} \approx 10^{-9}$，当

$$k_2 c_{HBrO_2}(A) c_{Br^-} c_{H^+} \approx k_1 c_{BrO_3^-} c_{Br^-} c_{H^+}^2$$

即 $c_{HBrO_2}(A) \approx \dfrac{k_1 c_{BrO_3^-} c_{H^+}}{k_2} \approx 10^{-9} c_{BrO_3^-} c_{H^+}$ 时，反应到达准定态。

在过程 B 中，慢反应（3）是速率决定步骤，反应（3）和反应（4）的联合效应是

$$BrO_3^- + 2Ce^{3+} + 3H^+ + HBrO_2 \xrightarrow{k_{34}} 2HBrO_2 + 2Ce^{4+} + H_2O \tag{7}$$

等于 $HBrO_2$ 的自催化反应。随着 $HBrO_2$ 的产生，反应会愈来愈快，在过程 B 中，$\dfrac{k_3}{k_5} \approx$

10^4，当 $2k_5 c_{HBrO_2}^2(B) \approx k_3 c_{BrO_3^-} c_{HBrO_2}(B) c_{H^+}$，即 $c_{HBrO_2}(B) \approx \dfrac{k_3 c_{BrO_3^-} c_{H^+}}{2k_5} \approx$

$10^{-4} c_{BrO_3^-} c_{H^+}$ 时，反应又达新的准定态，$\dfrac{c_{HBrO_2}(B)}{c_{HBrO_2}(A)} \approx 10^5$。

从 c_{HBrO_2}（A）和 $HBrO_2$ 的自催化反应以及 c_{HBrO_2}（B）可看出 $HBrO_2$ 的"开关"作用。从反应（2）和反应（3）可以看出：Br^- 和 BrO_3^- 对 $HBrO_2$ 存在着竞争，故当

$$k_2 c_{HBrO_2} c_{Br^-} c_{H^+} > k_3 c_{BrO_3^-} c_{HBrO_2} c_{H^+}$$

即 $k_2 c_{Br^-} > k_3 c_{BrO_3^-}$ 时，自催化反应（3）和反应（4）就不可能发生，所以从过程 A 转到过程 B 的条件是 $k_2 c_{Br^-} < k_3 c_{BrO_3^-}$，因此 Br^- 的临界浓度是

$$c_{Br^-}（临界）= \frac{k_3 c_{BrO_3^-}}{k_2} \approx 5 \times 10^{-6} c_{BrO_3^-}$$

这就是 Br^- 的"控制"作用。

之所以发生振荡现象是因为存在反应（6），Ce^{4+} 使 Br^- 再生，这就是 Ce^{4+} 的再生作用。

【仪器和药品】

仪器和材料：pHS-3C 型精密酸度计一台，记录仪一台，恒温槽一台，磁力搅拌器一台，光亮铂电极一个，带恒温夹套的玻璃反应器一个，$0.1 mol \cdot L^{-1}$ 的硝酸钾琼脂溶液冲注的盐桥，5mL、10mL 移液管各 6 支，1000mL 烧杯 6 只。

药品：（1）$0.096 mol \cdot L^{-1}$ $CH_2(COOH)_2$（$0.8 mol \cdot L^{-1}$ H_2SO_4），$0.1890 mol \cdot L^{-1}$ $KBrO_3$（$0.8 mol \cdot L^{-1}$ H_2SO_4），$0.003 mol \cdot L^{-1}$ $Ce(NO_3)_4 \cdot 2NH_4NO_3$（$0.8 mol \cdot L^{-1}$ H_2SO_4）

（2）$0.15 mol \cdot L^{-1}$ $CH_3CH(OH)COOH$（$1 mol \cdot L^{-1}$ H_2SO_4），$0.15 mol \cdot L^{-1}$ CH_3COCH_3（$1 mol \cdot L^{-1}$ H_2SO_4），$0.025 mol \cdot L^{-1}$ $KBrO_3$（$1 mol \cdot L^{-1}$ H_2SO_4），$0.005 mol \cdot L^{-1}$ $MnSO_4$（$1 mol \cdot L^{-1}$ H_2SO_4）

【实验前预习要求】

1. 了解 Belousov-Zhabotinsky 反应的原理。
2. 了解自然界中普遍存在的非平衡非线性问题。
3. 了解相关仪器的使用方法。

【实验内容】

1. 经典振荡系统

（1）取丙二酸的硫酸溶液 10mL，硝酸铈铵的硫酸溶液 10mL，放入带夹套的玻璃反应器中，将反应器置于电磁搅拌器上，调节搅拌速率到均匀慢速，用恒温槽控制反应温度为 30℃，恒温 10～15min，同时将 $KBrO_3$ 的硫酸溶液放在恒温槽中恒温。

（2）将铂丝电极插入反应器溶液中，将盐桥横跨在反应器和甘汞电极之间，将铂丝电极和甘汞电极分别连在酸度计的正极、负极上。然后将酸度计的两个输出插头接在记录仪上，记录量程为 25mV，走纸速度为 $60cm \cdot h^{-1}$。

（3）打开记录仪走纸开关，同时加入 10mL 已恒温好的 $KBrO_3$ 溶液，开始计时，通过电极测定系统的混合电势，经酸度计阻抗转换后，由记录仪自动记录 E-t 图。

（4）从加入 $KBrO_3$ 溶液开始到系统电势第一次迅速下降之前的这段时间为诱导期，读出诱导期的时间 t_{in}。

（5）以电势变化最尖锐的波峰为起点，连续计 5～10 个周期，读出振荡周期的平均值 t_p。

（6）从加入 $KBrO_3$ 溶液开始到振荡反应结束称为振荡寿命 t_1。

（7）将温度升到 35℃，重复上述实验。

（8）倒出反应液，洗净烘干反应器，并用洗液荡洗铂电极，用蒸馏水冲洗后用滤纸吸干。

2. 乳酸-丙酮-KBrO$_3$-MnSO$_4$-H$_2$SO$_4$ 振荡系统

实验操作同 1。

【注意事项】

1. 实验中溴酸钾的纯度要高。

2. 硝酸铈溶液应在硫酸介质中配制，以免发生水解呈浑浊。

3. 按顺序加入反应液（即溴酸钾最后加）。

4. 转子的位置和速度应控制适当。

【数据记录与处理】

1. 数据记录

室温_____；大气压_____；走纸速度_____；记录仪量程_____。

溶液	温度/℃	t_{in}	t_p	t_1	E_{in}	E_p
丙二酸系统	30					
	35					
乳酸系统	30					
	35					

2. 数据处理

根据下列公式计算活化能。

$$\ln \frac{(1/t_{in})_2}{(1/t_{in})_1} = \frac{E_{in}(T_2 - T_1)}{RT_1T_2}$$

$$\ln \frac{(1/t_p)_2}{(1/t_p)_1} = \frac{E_p(T_2 - T_1)}{RT_1T_2}$$

【思考与讨论】

1. 影响诱导期的主要因素有哪些？

2. 本实验记录的电势代表什么意义？与 Nernst 方程得到的电势有何区别？

3. 试比较两个振荡系统反应机理的异同。

实验 3-25　胶体电泳速度的测定

【实验目的】

通过实验，掌握凝聚法制备 Fe(OH)$_3$ 溶胶和纯化溶胶的方法；观察溶胶的电泳现象并了解其电学性质，掌握电泳法测定胶粒电泳速度和溶胶 ζ 电势的方法。

【实验提要】

溶胶是一个多相体系，其分散相胶粒的大小在 1nm～1μm 之间。由于本身的电离或选择性地吸附一定量的离子以及其他原因，如摩擦，胶粒表面带有一定量的电荷，而胶粒周围的介质中分布着反离子。反离子所带电荷与胶粒表面电荷符号相反、数量相等，整个溶胶体系保持电中性，胶粒周围的反离子由于静电引力和热扩散运动的结果形成了两部分——紧密层和扩散层。紧密层约有一到两个分子层厚，紧密附着在胶核表面上，而扩散层的厚度则随外界条件（温度、体系中电解质浓度及其离子的价态等）而改变，扩散层中的反离子符合玻尔兹曼分布。由于离子的溶剂化作用，紧密层的反离子结合有一定数量的溶剂分子，在电场的作用下，它和胶粒作为一个整体移动，而扩散层中的反离子则向相反的电极方向移动。这种在电场作用下分散相粒子相对于分散介质的运动称为电泳。发生相对移动的界面称为滑动面，滑动面与液体本体的电势差称为电动电势，通常也称为 ζ 电势，而作为带电粒子的胶粒表面与液体内部的电位差称为质点的表面电势 φ_0，相当于热力学电势（如图 3-43，图中 AB 为滑动面）。

胶粒电泳速度除与外加电场的强度有关外，还与 ζ 电势的大小有关。而 ζ 电势不仅与测定条件有关，还取决于胶体粒子的性质。

ζ 电势是表征胶体特性的重要物理量之一，在研究胶体性质及其实际应用中有着重要意义。胶体的稳定性与 ζ 电势有直接关系。ζ 电势绝对值越大，表明胶粒荷电越多，胶粒间排斥力越大，胶体越稳定。反之则表明胶体越不稳定。当 ζ 电势为零时，胶体的稳定性最差，此时可观察到胶体的聚沉。

本实验是在一定的外加电场强度下通过测定 $Fe(OH)_3$ 胶粒的电泳速度然后计算出 ζ 电势。实验用拉比诺维奇-付其曼 U 形电泳仪，如图 3-44 所示。

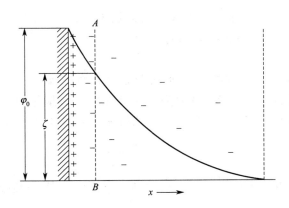

图 3-43　扩散双电层模型

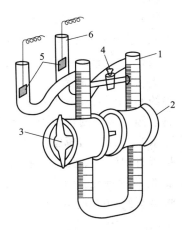

图 3-44　电泳仪

1—U 形管；2~4—活塞；5—电极；6—弯管

图中活塞 2、3 以下为待测的溶胶，以上为辅助液。

在电泳仪两极间接上电势差 E（V）后，在 t（s）时间内观察到溶胶界面移动的距离为 D（m），则胶粒的电泳速度 U（m·s^{-1}）为：

$$U = \frac{D}{t} \tag{3-99}$$

同时相距为 l（m）的两极间的电位梯度平均值 H（V·m^{-1}）为：

$$H = \frac{E}{l} \tag{3-100}$$

如果辅助液的电导率 κ_0 与溶胶的电导率 κ 相差较大，则在整个电泳管内的电位降是不均匀的，这时需用下式求 H

$$H = \frac{E}{\frac{\kappa}{\kappa_0}(l - l_k) + l_k}$$

(3-101)

式中，l_k 为溶胶两界面间的距离。

从实验求得胶粒电泳速度后，可按下式求出 ζ（V）电势：

$$\zeta = \frac{K\pi\eta}{\varepsilon H} U$$

(3-102)

式中，K 为与胶粒形状有关的常数（对于球形粒子 $K = 5.4 \times 10^{10}\ V^2 \cdot s^2 \cdot kg^{-1} \cdot m^{-1}$，对于棒形粒子 $K = 3.6 \times 10^{10}\ V^2 \cdot s^2 \cdot kg^{-1} \cdot m^{-1}$，本实验胶粒为棒形）；$\eta$ 为介质的黏度，$kg \cdot m^{-1} \cdot s^{-1}$；$\varepsilon$ 为介质的介电常数。

【仪器和药品】

仪器和材料：直流稳压电源 1 台，电导率仪 1 台，电泳仪 1 个，铂电极 2 个。

药品：三氯化铁（C.P.），棉胶液（C.P.）。

【实验前预习要求】

1. 掌握胶体的制备方法、胶体的电学性质、双电层理论及 ζ 电势、胶团的结构等相关知识。

2. 掌握电泳仪的使用方法。

【实验内容】

1. $Fe(OH)_3$ 溶胶的制备

将 0.5g 无水 $FeCl_3$ 溶于 20mL 蒸馏水中，在搅拌的情况下将上述溶液滴入 200mL 沸水中（控制在 4～5min 内滴完），然后再煮沸 1～2min，即制得 $Fe(OH)_3$ 溶胶。

2. 珂罗酊袋的制备

将约 20mL 棉胶液倒入干净的 250mL 锥形瓶内，小心转动锥形瓶使瓶内壁均匀铺展一层液膜，倾出多余的棉胶液，将锥形瓶倒置于铁圈上，待溶剂挥发完（此时胶膜已不沾手），将蒸馏水注入胶膜与瓶壁之间，使胶膜与瓶壁分离，将其从瓶中取出，然后注入蒸馏水检查胶袋是否有漏洞，如无，则浸入蒸馏水中待用。

3. 溶胶的纯化

将冷至约 50℃ 的 $Fe(OH)_3$ 溶胶转移到珂罗酊袋中，用约 50℃ 的蒸馏水渗析，约 10min 换水 1 次，渗析 7 次。

4. 电导率的测定

将渗析好的 $Fe(OH)_3$ 溶胶冷至室温，测定其电导率，用 $0.1mol \cdot L^{-1}$ KCl 溶液和蒸馏水配制与溶胶电导率相同的辅助液。

5. 测定 $Fe(OH)_3$ 的电泳速度

（1）用洗液和蒸馏水把电泳仪洗干净（三个活塞均需涂好凡士林）。

（2）用少量渗析好的 $Fe(OH)_3$ 溶胶洗涤电泳仪 2～3 次，然后注入 $Fe(OH)_3$ 溶胶直至液面高出活塞 2、3 少许，关闭该两活塞，倒掉多余的溶胶。

（3）用蒸馏水把电泳仪活塞 2、3 以上的部分荡洗干净，在两管内注入辅助液至支管口，并把电泳仪固定在支架上。

（4）如图 3-44 将两铂电极插入支管内并连接电源，开启活塞 4 使管内两辅助液面等高，关闭活塞 4，缓缓开启活塞 2、3（勿使溶胶液面搅动）。然后打开稳压电源，将电压调至 150V，观察溶胶界面移动现象及电极表面出现的现象。记录 30min 内界面移动的距离。

【注意事项】

1. 在制备珂罗酊袋时，待溶剂挥发干后加水的时间应适当，如加水过早，因胶膜中的溶剂还未完全挥发掉，胶膜呈乳白色，强度差不能用。如加水过迟，则胶膜变干、脆，不易取出且易破。

2. 溶胶的制备条件和净化效果均影响电泳速度。制胶过程应很好地控制浓度、温度、搅拌和滴加速度。渗析时应控制水温，常搅动渗析液，勤换渗析液。这样制备得到的溶胶胶粒大小均匀，胶粒周围的反离子分布趋于合理，基本形成热力学稳定态，所得的 ζ 电势准确，重复性好。

3. 渗析后的溶胶必须冷至与辅助液大致相同的温度（室温），以保证两者所测的电导率一致，同时也可避免打开活塞时产生热对流而破坏了溶胶界面。

【数据记录与处理】

1. 将实验数据 D、t、E 和 l 分别代入式(3-99) 和式(3-100) 计算电泳速度 U 和平均电位梯度 H。

2. 将 U、H 和介质黏度及介电常数代入式(3-102) 求 ζ 电势。

3. 根据胶粒电泳时的移动方向即界面的移动方向确定其所带电荷符号。

【思考与讨论】

1. 电泳速度与哪些因素有关？

2. 写出 $FeCl_3$ 水解反应式。解释 $Fe(OH)_3$ 胶粒带何种电荷取决于什么因素。

3. 说明反离子所带电荷符号及两铂电极上的反应。

4. 选择和配制辅助液有何要求？

5. 电泳的实验方法有多种。本实验方法称为界面移动法，适用于测定在电场作用下溶胶或大分子溶液与分散介质形成的界面的移动速度。此外还有显微电泳法和区域电泳法。显微电泳法用显微镜直接观察质点电泳的速度，要求研究对象即胶粒必须在显微镜下能明显观察到，此法简便、快速、样品用量少，在质点本身所处的环境下测定，适用于粗颗粒的悬浮体和乳状液。区域电泳是以惰性而均匀的固体或凝胶作为被测样品的载体进行电泳，以达到分离与分析电泳速度不同的各组分的目的。该法简便易行，分离效率高，样品用量少，还可避免对流影响，现已成为分离与分析蛋白质的基本方法。

电泳技术是发展较快、技术较新的实验手段，其不仅用于理论研究，还有广泛的实际应用，如陶瓷工业的黏土精选，电泳涂漆，电泳镀橡胶，生物化学和临床医学上的蛋白质及病毒的分离等。

6. 界面移动法电泳实验中辅助液的选择十分重要，因为 ζ 电势对辅助液成分十分敏感，最好是用该胶体溶液的超滤液。1-1 型电解质组成的辅助液多选用 KCl 溶液，因为 K^+ 与 Cl^- 的迁移速率基本相同。此外，要求辅助液与溶胶的电导率一致，避免因界面处电场强度的突变造成两臂界面移动速度不等产生界面模糊。

7. 由化学反应得到的溶胶都带有电解质，而电解质浓度过高则会影响胶体的稳定性。通常用半透膜来提纯溶胶，称为渗析。半透膜孔径大小可允许电解质通过而胶粒通不过。此外，本实验用热水渗析是为了提高渗析效率，保证纯化效果。

8. 如果被测溶胶没有颜色，则与辅助液的界面肉眼观察不到，可利用胶体的光学性质——乳光或利用紫外光的照射而产生的荧光来观察界面的移动。

实验 3-26 沉降分析

【实验目的】

通过实验，了解沉降分析的基本原理及基本方法；用沉降分析法测定 $Al(OH)_3$ 微粒半径大小的分布情况。

【实验提要】

利用物质颗粒在流体（液体或气体）介质中的沉降速率来测定物质的分散度，称为沉降分析法。根据 Stokes 定律，半径为 r 的球粒在恒定的外力作用下，在黏度为 η 的均相介质中作等速运动，其速度为 v，则粒子所受阻力（摩擦力）f 由下式决定：

$$f = 6\pi\eta r v \tag{3-103}$$

若外力是重力，当颗粒的下降速度恒定后，摩擦力应等于重力，即

$$6\pi\eta r v = \frac{4}{3}\pi r^3 (\rho - \rho_0) g \tag{3-104}$$

式中，ρ 为颗粒的真密度；ρ_0 为介质密度；g 为重力加速度。

将式(3-104) 化简得：

$$v = \frac{2}{9} g r^2 \frac{\rho - \rho_0}{\eta} \tag{3-105}$$

若已知颗粒的沉降速率，则利用式(3-105) 可解得颗粒半径 r：

$$r = \sqrt{9/(2g)} \sqrt{\eta v/(\rho - \rho_0)} = 0.06773 \sqrt{\eta v/(\rho - \rho_0)} \tag{3-106}$$

当 η、ρ、ρ_0 为定值时，则

$$r = K\sqrt{v} \tag{3-107}$$

式中，$K = 0.06773 \sqrt{\eta/(\rho - \rho_0)}$ $cm^{1/2} \cdot s^{1/2}$，ρ 的单位为 $g \cdot cm^{-3}$，η 的单位为 P（泊），r 的单位为 cm。

在导出 Stokes 公式时，作了如下假定：①颗粒是球形的；②和介质的分子相比，颗粒要大得多；③和正在下降的颗粒相比，液体体积要大得多；④颗粒作等速运动，因此速度不应太大，不超过某一极限值。实际上悬浮液中的颗粒常常不是球形的。因而由式(3-106) 得出的半径并非真正的实际半径，而是具有相同质量和运动速度的颗粒的有效半径。上述条件表明，在进行测定时分散质的浓度不能很大，否则颗粒间的相互作用会改变颗粒的沉降情形。因此，分散质的浓度愈低愈好，一般不应大于 $1\% \sim 2\%$。另外，条件②与④也规定了沉降分析的应用范围。颗粒大小约需在 $0.1 \sim 50\mu m$ 间，故沉降分析法不适用于典型的胶体溶液。当颗粒小于 $0.1\mu m$ 时可以在离心力场中进行沉降分析。

测定颗粒沉降速率的方法有如下几种：

(1) 利用颗粒在静止液体中的下降速率；

(2) 利用气流或液流将分散介质各部分分开；

(3) 在离心力作用下，测定高分散体系的沉降速率。

其中最常用的是第一种方法，本实验所采用的重量法就属于第一种方法。

重量法就是在悬浮液发生沉降时，直接测量在某一平面上沉降增加的情形，重量法的灵敏度较高，能够分析低浓度（低至 0.001%）和高度分散的悬浮液。

设经过时间 t 后，有重量为 P 的沉降物落于称量小盘上，沉降物包括两部分，一部分是半径超过 $r_1 = K\sqrt{H/t_1}$ 的颗粒（H 是称量小盘距液面的高度），因其速率较大，在 t_1 时间内走过 H 距离，完全沉降在盘上，这部分的重量为 S；另一部分是半径较 r_1 小的颗粒，因其速率较小，在小盘上方的悬浮粒子中只有部分沉降在盘上，其重量为 W。例如，经过时间是 25s，盘距液面是 25cm，则下降速率超过 $1\mathrm{cm \cdot s^{-1}}$ 的颗粒皆落在盘上，即 S 部分；有些颗粒的半径较小，速度小于 $1\mathrm{cm \cdot s^{-1}}$，但因有一部分与盘的距离小于 25cm，故也落在盘上，此即 W 部分，沉降的总重量为：

$$P = S + W \tag{3-108}$$

本实验是测定颗粒大小的分布，亦即要求出在某一半径范围内颗粒的重量（$\mathrm{d}S/\mathrm{d}r$）或者百分含量（$\mathrm{d}Q/\mathrm{d}r$）。

由于在不同时间内完全沉降在盘上的颗粒半径不同，半径大的先完全沉降。因此就可以从不同时间内小盘重量的增加求出颗粒大小的分布情况。

【仪器和药品】

仪器和材料：扭力天平（见图 3-45），500mL 大量筒，带小钩玻璃丝，金属小盘，烧杯，秒表等。

药品：白土或氢氧化铝样品。

【实验前预习要求】

掌握测定原理和扭力天平的使用方法。

【实验内容】

1. 了解扭力天平的构造及使用方法

开始进行实验前，首先要了解扭力天平各部分的名称，调整天平的螺旋支架使天平保持水平（依靠水平仪），旋钮 1 是天平的开关，将 1 右旋，使天平臂 5 腾空，即可进行称量。旋钮 2 是用来调节指示重量的指针 3 的，旋转 2 可使指针 3 落在指示的某个重量处（相当于在天平上加所指示重量的砝码），天平达到平衡时，平衡指针 4 应指在平衡点。

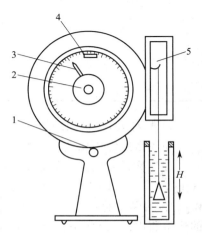

图 3-45　扭力天平
1—开关旋钮；2—指针旋钮；3—指针；
4—平衡指针；5—天平臂

2. 测定空盘重量及小盘至水面高度 H

将量筒、小盘等洗净。放水至一定高度（约 30cm，所用的水可用自来水加热沸腾，赶走溶解于水的空气，然后冷至室温即可使用），将金属小盘用玻璃丝挂在天平臂 5 上，把开关 1 打开，旋转 2，使平衡指针 4 处于平衡点，这时指针 3 所示的重量即为空盘在水中的相对重量 P_0，同时量出平衡时小盘至水面的高度 H，测出水温，从附录查出该温度下水的黏度 η 和密度 ρ_0。

3. 配制悬浮液及进行测量

称取约 4g 氢氧化铝粉末样品，放在小烧杯内，然后加入少量量筒中的水搅拌均匀使其成稀浆，再倒入量筒并使液面保持原有刻度。

用玻璃棒上下搅拌悬浮液（搅拌时不必太猛烈，以免产生气泡，气泡附在称量小盘上会影响结果的准确性）。至颗粒分布均匀后，迅速将量筒放在天平旁边，将小盘浸入量筒内，在小盘浸入 $H/2$ 高度时打开秒表，开始记录时间，将玻璃丝挂在天平臂 5 的小钩上，称量小盘上沉降物的重量并记录对应时间。从搅拌完毕到第一次读数动作要迅速，时间愈短愈好，一般以 $10\sim15s$ 为宜。

通常多级悬浮液在实验开始时的沉降速率较大，因此在实验开始时，每当小盘上沉降重量增加约 3mg 时，进行一次读数，随后沉降速率较小，两次读数间重量差别会变小些，$15\sim20min$ 内沉降物增加的重量不超过 0.5mg 时结束实验。每次称量时指针要向一个方向以极慢的速度增加，保持每次条件一致，而读数次序应该是先记时间，后记下天平上的读数。实验完毕后，旋转 1，将天平关闭，取下小盘，并恢复指针 3 到零。

在实验中应该注意量筒、玻璃棒等物的情况，少量杂质的引入可能引起分散颗粒的聚结，从而影响结果的真实性。

实验数据记入表 3-5 中。

表 3-5　实验数据

读数时的时间 t/s	天平上的读数 $P_总/mg$	$P_总-P_0=P$ 沉淀重量的增加值	$(1000/t)/s^{-1}$

4. 测量氢氧化铝的密度

固体密度常用比重瓶法测定（比重瓶容量为 10mL）。

首先称量空比重瓶的重量，记为 W_1，向其中注满液体苯，置于 20℃的恒温槽中恒温 10min 后，用滤纸吸去塞子上毛细管口溢出的液体，取出比重瓶，擦干外壁，称其重量为 W_2。倒去苯，将瓶吹干，放入氢氧化铝样品约 1g，称其重量记为 W_3。然后向此装有样品的比重瓶中注入 $5\sim6mL$ 苯，放在真空干燥器中，抽真空至 3mmHg 维持约 15min，使吸附在表面的空气全部去除，然后在比重瓶内注满苯，同上法恒温 10min，称得其重量记为 W_4。

瓶中苯重 $a=W_2-W_1$，样品重 $m=W_3-W_1$，装有样品时苯重 $b=W_4-W_3$，故与样品同体积的苯重为 $(a-b)$，若已知苯在 20℃时的密度为 $\rho_苯^{20}$，则样品的真密度为：

$$\rho=\frac{m}{a-b}\rho_苯^{20} \tag{3-109}$$

【注意事项】

1. 将小盘浸入量筒时，应使其处于横截面中心，并保持水平，靠近筒壁的颗粒在沉降时不遵守 Stokes 定律。

2. 称量小盘距液面高度 H 应适宜，H 太小，灵敏度差，H 太大，实验时间太长。

3. 称量小盘面积大，实验灵敏度较好，但不能太大，防止盘中沉降粒子的重量超过天平的称量范围。

【数据记录与处理】

1. 作沉降曲线并求沉降量的极限值

根据表 3-5 中的实验数据作图，纵坐标为沉降量 P，单位是 mg，横坐标为相应的实验时间 t，单位为 s。实验所得的 P-t 曲线应该是平滑的，如图 3-46 所示。沉降曲线的极限值代表所有粒子均沉降至小盘的总重量，以 P_c 表示，P_c 的值可用作图法求得（见图 3-47），即在沉降曲线纵轴左边作 $P\text{-}A/t$〔A 是任意整数，t 是时间（s），A/t 值可取时间长的数据，t 小的部分可弃去，A 一般取 1000，选取与横轴约成 45°的角度〕曲线，曲线切线外推与纵坐标的交点即为 P_c。

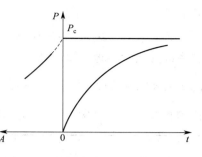

图 3-46 求沉降量的极限值示意图

2. 根据沉降曲线求出 t 时的 S 和 W 值

在所有粒子的大小一样时，沉降速率相等，因此 $\mathrm{d}P/\mathrm{d}t$ 为一常数，沉降曲线是通过原点、斜率为 $\mathrm{d}P/\mathrm{d}t$ 的直线，如图 3-47（a）。对于含两种半径颗粒的分散体系，其沉降曲线的形状如图 3-47（b）所示：OA 段代表两种粒子同时沉降，斜率大；至 t_1 时，只剩第二种颗粒沉降，沉降线发生曲折，按 AB 段上升；至 t_2 时，两种颗粒均已沉降，重量不再改变。由 t_1、t_2 及 H 值可求两种粒子的大小，而其对应的重量可通过 AB 线段的延长线和纵轴交点 S 求得，OS 为第一种颗粒的重量，P_cS 为第二种颗粒的重量。

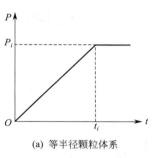
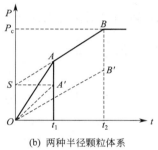
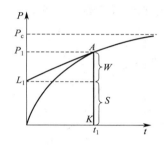

(a) 等半径颗粒体系　　(b) 两种半径颗粒体系

图 3-47　分散体系的沉降曲线　　　图 3-48　半径连续分布体系的沉降曲线

实际上所遇到的悬浮液均为颗粒半径连续分布的体系，其沉降曲线如图 3-48。在时间为 t_1 时，AK 等于已沉降粒子的总重量。凡 $r \geqslant r_1 = K\sqrt{H/t_1}$ 者已全部沉降，故其不再使小盘重 P 改变，能使 P 继续改变者是部分沉降的颗粒，即 $\mathrm{d}P/\mathrm{d}t$ 等于在时间 t_1 时还部分沉降的半径较小的各颗粒组的沉降速率的总和。

$$\frac{\mathrm{d}P}{\mathrm{d}t} = \frac{\mathrm{d}S_1}{\mathrm{d}t} + \frac{\mathrm{d}S_2}{\mathrm{d}t} + \cdots = \sum \frac{\mathrm{d}S_L}{\mathrm{d}t} \tag{3-110}$$

在 $0 \to t$ 这段时间内，上述各颗粒组的沉降速率各为一常数，其值和相应的颗粒的大小有关，因此在 t_1 时，这些颗粒组中已沉降部分的重量为：

$$W = t_1 \sum \frac{\mathrm{d}S_L}{\mathrm{d}t_1} = t_1 \frac{\mathrm{d}P}{\mathrm{d}t} \tag{3-111}$$

而在 t_1 时已沉降的颗粒组的总量为 P_1，显然，完全沉降部分的重量为：

$$S = \overline{AK} - W = P_1 - t_1 \frac{\mathrm{d}P}{\mathrm{d}t} \tag{3-112}$$

故

$$P_1 = S + t_1 \frac{\mathrm{d}P}{\mathrm{d}t} \tag{3-113}$$

由此得出结论，从曲线上某点 A 所作切线和纵轴相交的截距即为时间 t_1 时已完全沉降的颗粒的重量（S），利用式(3-106)可算出在t_1时完全沉降的颗粒的有效半径。

若半径用r表示，$r = 10^4 K \sqrt{H/t}$，r的单位为 μm。在P-t曲线上作9～15条切线，在斜率改变较大的地方多作几条，一直到水平部分，并求出相应于这些点的时间t_1、t_2、t_3…t_n时的切线截距L、L_2、L_3…L_n，利用公式$Q = \dfrac{L}{P_c} \times 100\%$，求出半径大于相应于某一$r$值的颗粒所占的比例（％），并将结果列于下表中。

t	r	L	$Q/\%$

3. 作积分分布曲线和微分分布曲线

根据步骤2表中r和Q（％）数据，可画出颗粒的积分分布曲线，如图3-49所示。

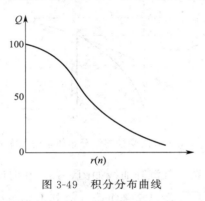

图 3-49　积分分布曲线

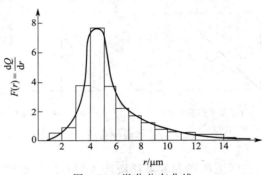

图 3-50　微分分布曲线

积分分布曲线的物理意义是：曲线上任意一点表示体系中半径大于该值的颗粒的总含量。

从积分分布曲线可以求出微分分布曲线，作微分分布曲线时，纵轴代表分布函数 dQ/dr，横轴代表半径，微分分布曲线表示各颗粒组的相对含量，后者等于曲线在r_1、r_2间的面积和曲线下面整个面积之比。为了作出微分分布曲线，先由积分分布曲线求$\Delta Q/\Delta r$，所得结果记于下表中（所取 Δr 应较小，使 $\Delta Q/\Delta r$ 较接近于 dQ/dr）。

r 的范围	Δr	ΔQ	$\Delta Q/\Delta r$

根据上表数据，作 dQ/dr 对 r 曲线，求微分分布曲线的方法如下。

画出长方形，如图3-50所示，长方形的底是颗粒组半径范围，高是 $\Delta Q/\Delta r$，连接各长方形顶边的中点得到平滑的曲线，即微分分布曲线。若半径间隔是相等的，则长方形的高和各颗粒组的含量对应，曲线上最高点对应于体系中含量最大的颗粒的半径，从曲线上读出的最高点的半径为最可几半径 r_m。

注意：①若切线和曲线在某一段内发生重合时，所取的切点应和这段内最大的时间值对应。②本实验中用的是图解法，因此在作图时要特别仔细（特别是在作切线时），最后结果的误差大小取决于作图是否精确。

【思考与讨论】

1. 讨论对沉降分析干扰最大的因素有哪些。
2. 实验时，若秤盘底部有气泡，对实验有无影响？
3. 自制秤盘和吊杆时应注意什么？

实验 3-27　溶液表面吸附作用和表面张力的测定

【实验目的】

通过实验，了解表面张力的性质、表面吉布斯函数的意义以及表面张力与吸附的关系；掌握鼓泡法（最大气泡法）测定表面张力的原理和技术；测定不同浓度 c 的乙醇水溶液的表面张力 γ，并由 γ-c 曲线求算吸附量。

溶液表面吸附作用
和表面张力的测定
（理论部分）

【实验提要】

物质表面层的分子与体相中的分子由于所处的力场不同，在温度、压力和组成恒定时，可逆地使表面增加 dA 需对体系做功，该功称为表面功。环境对体系做的表面功转变为表面层分子比体相分子多出的吉布斯函数，该吉布斯函数称为表面吉布斯函数。两者的关系可以表示为：

$$-\delta W' = \gamma dA \tag{3-114}$$

式中，γ 称为比表面功，也称表面吉布斯函数，$J \cdot m^{-2}$。从另一方面考虑，也可把 γ 看作是作用在界面上每单位长度边缘上的力，通常称为表面张力，其单位是 $N \cdot m^{-1}$。表面张力是液体的重要特性之一，与所处的温度、压力、浓度以及共存的另一相的组成有关。

溶液表面吸附作用
和表面张力的测定
（实操部分）

测定液体表面张力的常用方法有鼓泡法、滴重法、毛细管上升法、拉环法等，本实验采用鼓泡法（也称最大气泡法），其主要原理如下。

如图 3-51 所示，当表面张力仪毛细玻璃管底端与待测液面相切时，如果该液体能润湿管壁，液面即沿毛细管上升，这是由于表面张力的作用引起的。反之，要在液面下鼓出气泡，则需使毛细管内的压力比毛细管外液面的压力大 Δp 以克服气泡的表面张力。

$$\Delta p = 2\gamma / r \tag{3-115}$$

式中，Δp 为附加压力；γ 为液体表面张力；r 为气泡的曲率半径。

开启滴液漏斗的活塞，相当于缓慢抽气，此时毛细管内液面上受到一个比试管内液面上大的压力。当气泡刚在毛细管口形成时，表面几乎是平的，r 最大。随着气泡的形成，r 逐渐变小，呈半球形时，曲率半径 r 与毛细管半径 r' 相等，r 达最小值，此时附加压力值达最大值 $\Delta p_m = 2\gamma / r$。如果气泡继续增大，r 又变大，所需附加压力则变小，此时气泡逸出。

若用同一根毛细管，对两种表面张力分别为 γ_1、γ_2 的液体，则有下列关系：

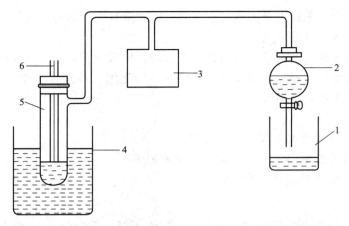

图 3-51　最大气泡法测定表面张力装置

1—烧杯；2—滴液漏斗；3—数字式微压差测量仪；4—恒温槽；5—带有支管的试管；6—毛细管

$$\frac{\Delta p_{\mathrm{m},1}}{\Delta p_{\mathrm{m},2}}=\frac{\gamma_1}{\gamma_2} \tag{3-116}$$

最大压力差 Δp_{m} 可由数字式微压差测量仪读出。同样，若采用 U 形压力计：

$$\Delta p_{\mathrm{m}}=\rho g \Delta h_{\mathrm{m}}=2\gamma/r \tag{3-117}$$

式中，ρ 为液体密度；Δh_{m} 可由 U 形压力计测量得到。若用同一支毛细管和压力计，对于表面张力分别为 γ_1 和 γ_2 的液体而言，则有下列关系式：

$$\frac{\gamma_1}{\gamma_2}=\frac{\Delta h_{\mathrm{m},1}}{\Delta h_{\mathrm{m},2}} \tag{3-118}$$

以已知表面张力 γ_1 的液体作标准，用式（3-116）或式（3-118）可求得其他液体的表面张力 γ_2。

纯液体表面层与本体组成相同，在温度、压力一定时，表面张力是一定值，液体降低体系表面能的唯一途径是尽可能缩小其表面积。对于溶液，由于溶质会影响表面张力，因此可以调节溶质在表面层的浓度来降低表面能。若溶质能使溶剂的表面张力升高，为了降低溶质的这种影响，使溶液的表面张力升高得少一些，溶质会自动地减小在表面的浓度，即溶质在表面层的浓度低于在本体中的浓度；若溶质能降低溶剂的表面张力，则溶质在表面层的浓度会高于在本体中的浓度。这种溶质在表面层的浓度与在本体中的浓度不同的现象称为吸附。在单位面积的表面层中，所含溶质的物质的量与同量溶剂在溶液本体中所含溶质的物质的量的差值，称为表面吸附量，用符号 Γ 表示，单位为 $\mathrm{mol}\cdot\mathrm{m}^{-2}$。在温度、压力一定时，表面吸附量与溶液的表面张力及浓度关系可由下式表示：

$$\Gamma=-\frac{c}{RT}\times\frac{\mathrm{d}\gamma}{\mathrm{d}c} \tag{3-119}$$

式（3-119）称为 Gibbs 吸附等温方程。在一定温度下，测定不同浓度 c 的乙醇溶液的表面张力 γ，并作 γ-c 图，据此式即可求不同浓度时的吸附量 Γ。

【仪器和药品】

仪器和材料：数字式微压差测量仪（或 U 形压力计），磨口的表面张力仪（由毛细管和试管组成），滴液漏斗，恒温水浴一套，小烧杯，吸管，洗耳球。

药品：5%、10%、15%、20%、25%、30%、50%、70%乙醇水溶液（其准确浓度已用阿贝折射仪测折射率求得）。

【实验前预习要求】

掌握表面张力、溶液表面的吸附等概念，了解影响表面张力的主要因素。

【安全隐患与处置措施】

1. 安全隐患

（1）本实验使用磨口的表面张力仪等玻璃仪器，容易折断而划伤使用者。

（2）本实验使用恒温槽等电气设备，可能存在电路老化、漏电等隐患。

2. 处置措施

（1）如发现有人因玻璃仪器破碎或折断而被划伤，应清理好伤口，立即止血；严重割伤的话，应立即包扎止血，送医院救治。

（2）使用仪器前应该检查外壳是否带电，如发现有人触电，应立即切断电源，将伤员移至通风处平躺。对重度症状者，实施心肺复苏，送医院救治。若因漏电出现火灾事故，尽快断开火灾现场电源，然后再施救。

【实验内容】

1. 按图 3-51 装好预先洗净的表面张力仪，浸入 20℃ 恒温槽内，向表面张力仪的试管中注入蒸馏水，使其液面刚好与毛细管底端相切。调整表面张力仪位置，使之保持与水平方向垂直，恒温 10min，另将水注入滴液漏斗中，在系统通大气情况下读压力计的"零位"，略微开启漏斗活塞，控制滴液速度，使毛细管口逸出气泡速度在每分钟 20 个左右。观察和记录 Δp_m 或 Δh_m 各三次，求出平均值。关上活塞，倾去表面张力仪中的蒸馏水。

2. 分别取各种浓度的乙醇水溶液于试管中，同法测定 Δp_m 或 Δh_m。注意更换待测液时，必须用吸水纸擦干毛细管外部，并用新的待测液洗涤试管三次。各种浓度的乙醇水溶液，均应倒入指定的回收瓶。

【注意事项】

1. 毛细管要垂直于液面，毛细管的底端要与液面刚好相切，否则，由于静液压的存在会影响测定结果。

2. 本实验方法对于测定含有表面活性剂的溶液很难测准。

【数据记录与处理】

1. 由附录查出实验温度下纯水的表面张力数据，以此为标准，计算各不同浓度乙醇溶液的表面张力 γ，填入表格。

实验温度＿＿＿＿＿＿℃；气压＿＿＿＿＿＿kPa。

待测液		Δh_m 或 Δp_m				表面张力/$(N \cdot m^{-1})$
		1	2	3	平均	
蒸馏水						
乙醇水溶液	%					
	%					
	%					
	%					
	%					
	%					
	%					
	%					

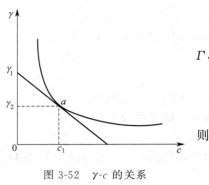

图 3-52 γ-c 的关系

2. 以表面张力 γ 对浓度 c 作图。

由 γ-c 图求出浓度为 10%、15% 的乙醇溶液的吸附量 Γ，具体方法见图 3-52。

$$m_1 = \frac{\mathrm{d}\gamma}{\mathrm{d}c} = \frac{-\gamma_1}{c_1}$$
$$c = c_1$$

则

$$\Gamma_1 = -\frac{c_1}{RT} \times \frac{\mathrm{d}\gamma}{\mathrm{d}c} = -\frac{c_1}{RT} \times \frac{-\gamma_1}{c_1} = \frac{\gamma_1}{RT}$$

其中 γ 的单位是 $N \cdot m^{-1}$；T 为热力学温度；R 为摩尔气体常数，$8.314 J \cdot mol^{-1} \cdot K^{-1}$；$\Gamma_1$ 的单位是 $mol \cdot m^{-2}$。

【思考与讨论】

1. 如果毛细管不清洁对测定是否有影响？

2. 哪些因素会影响表面张力的测定结果？如何减小这些因素对实验的影响？

3. 如果在 γ-c 曲线上取 10~15 个点分别求出 Γ，作 Γ-c 曲线，将出现极大值，试定性解释之。

Experiment 3-27　Solution Surface Adsorption and Determination of Surface Tension

【Objective】

Learn the properties of surface tension, significance of surface Gibbs function and the relationship between surface tension and adsorption; master the principle and technology of measuring surface tension by bubbling method (maximum bubble method); measure the surface tension γ of ethanol aqueous solution with different concentration c, and the adsorption capacity is calculated from the γ-c curve.

【Principle】

The molecules in the surface layer of a substance and the molecules in the bulk phase are in different force fields, when temperature, pressure, and composition are constant, reversibly increasing the surface area $\mathrm{d}A$ requires work done to the system, which is called surface work. The surface work performed by the environment on the system is converted into Gibbs function of the surface layer molecules that is surplus than the bulk molecules, and this Gibbs function is called surface Gibbs function. The relationship between the surface work and surface Gibbs function can be expressed as:

$$\delta W' = \gamma \mathrm{d}A \tag{3-114}$$

γ is surface Gibbs function, and its unit is $J \cdot m^{-2}$. On the other hand, it can also be regarded as the force acting on the edge per unit length of the interface, usually called surface tension, and its unit is $N \cdot m^{-1}$. Surface tension is one of the important properties of liquid, which is related to the temperature, pressure, concentration, and the composition of another coexisting phase.

The methods commonly used for measuring the surface tension of liquids include bubble method, drop weight method, capillary rise method, ring pull method, etc. This experiment uses the bubbling method (also known as the maximum bubble method), and its main principles are as follows:

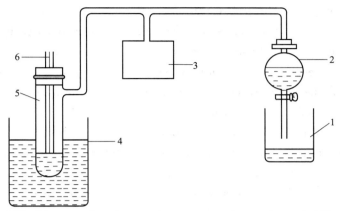

Figure 3-51　Diagram of surface tension apparatus for maximum bubble method

1—beaker; 2—drop funnel; 3—digital micro differential pressure measuring instrument;

4—constant temperature tank; 5—test tubes with branch tubes; 6—capillary

As shown in Figure 3-51, when the bottom of the capillary glass tube of the surface tension meter is just contact with the liquid surface to be measured, if the liquid can wet the internal wall of the glass tube, the liquid will rise up in the capillary, which is caused by the effect of surface tension. On the other hand, to blow bubbles under the liquid surface, the pressure in the capillary must be greater than the pressure on the liquid surface outside the capillary by Δp to overcome the surface tension of the bubbles.

$$\Delta p = 2\gamma / r \tag{3-115}$$

Δp is the additional pressure, γ is the surface tension of the liquid, and r is the radius of curvature of the bubble.

Open the stopcock of the dropping funnel, which is equivalent to slowly pumping air. At this time, the liquid surface in the capillary tube is under a higher pressure than the liquid surface in the test tube. When the bubble just forms at the capillary mouth, the surface is almost flat, and r is the highest. With the formation of bubbles, r gradually decreases, when it is hemispherical, the radius of curvature r is equal to the radius of the capillary r'. Hence, r reaches the minimum value, and Δp value reaches the maximum value at this time. If the bubble continues to grow and r becomes larger again, the additional pressure required becomes smaller and the bubble escapes.

If the same capillary tube is used, for two liquids with a surface tension of γ_1, γ_2 respectively, the following relationship exists:

$$\frac{\Delta p_{m,1}}{\Delta p_{m,2}} = \frac{\gamma_1}{\gamma_2} \tag{3-116}$$

The maximal pressure difference Δp_m can be read from the digital differential manometer measuring instrument. Using the liquid (i. e. water) with a known surface tension as the standard, Equation (3-116) can be used to calculate the surface tension of other liquids.

The pure liquid surface layer has the same composition as the bulk. When the temperature and pressure are constant, the surface tension is a certain value. The only way for the liquid to reduce the surface energy of the system is to reduce its surface area as much as possible. As for solution, since the solute can affect the surface tension, the concentration of solute in the surface layer can be adjusted to reduce the surface energy. If the solute can increase the surface tension of solvent, in order to reduce the effect of this type of substance and make the surface tension of solution rise less, such substances will automatically reduce the concentration on the surface, and the concentration of the surface layer is lower than that of the bulk. If the solute can reduce the surface tension of the solvent, the concentration of the surface layer will be higher than the bulk concentration. This phenomenon in which the concentration of the solute in the surface layer is different from the concentration in the bulk is called adsorption. The difference between the concentration of solute contained in the surface layer per unit area and the concentration of solute contained in the solution bulk of the same solvent is called surface adsorption. It is represented by the symbol Γ whose unit is mol $\cdot$ m^{-2}. When the temperature and pressure are constant, the relationship between surface adsorption capacity and the surface tension and concentration of the solution can be expressed by the following formula:

$$\Gamma = -\frac{c}{RT} \times \frac{d\gamma}{dc} \qquad (3\text{-}117)$$

Equation (3-117) is Gibbs adsorption isotherm equation. At a certain temperature, measure the surface tension γ of ethanol solutions with different concentrations of c, and make a γ-c diagram according to this formula, the adsorption capacity Γ at different concentrations can be calculated.

【Apparatus and Reagents】

Apparatus and materials: digital differential manometer, surface tensiometer (including capillary tube), dropping funnel, thermostatic water bath, beaker, straw, rubber suction bulb.

Reagents: 5%, 10%, 15%, 20%, 25%, 30%, 35%, and 50% ethanol aqueous solution.

【Pre-experiment Requirement】

Understand the concepts of surface tension and adsorption on the surface of the solution, and understand the main factors affecting surface tension.

【Potential Safety Hazard and Treatment Measures】

1. Potential Safety Hazard

(1) Glass instruments including surface tensiometer of grinding mouth are used in this experiment, which are easy to be broken and scratch the user.

(2) Constant temperature tank and other electrical equipment are used in this experiment, there may be circuit aging, leakage and other hidden dangers.

2. Treatment Measures

(1) If someone is found to be scratched because of broken glass instruments, clean up

the wound and apply band-aids immediately to stop bleeding. Those with severe cuts should be immediately bandaged to stop bleeding and sent to the hospital for treatment.

(2) Before using the instrument, check whether the shell is electrified. If someone is electrocuted, cut off the power supply immediately, and move the injured person to a ventilated place to lie down. For those with with severe symptoms, give cardiopulmonary resuscitation and send them to hospital for further treatment. In case of a fire accident due to leakage, disconnect the fire scene circuit as soon as possible, and then rescue.

【Experimental Section】

1. Set up the apparatus according to Figure 3-51.

2. Switch on the thermostatic water bath and set the temperature of water bath as 20℃.

3. Wash the surface tensiometer and capillary tube with water for several times.

4. Open the venting stopcock of the dropping funnel, and add water into the surface tensiometer. Make sure the capillary should be tangent to the liquid level, and the bottom of the capillary should be just in contact with the liquid level.

5. Add a suitable amount of tap water into the dropping funnel.

6. Wait for at least three minutes to make the temperature of the tested liquid in the surface tensiometer reach up to 20℃.

7. Make sure that the venting stopcock of the dropping funnel is open. Switch on the digital differential manometer and press "zero" button to let the manometer shows "0.000". Afterwards, close the venting stopcock of the dropping funnel.

8. Slowly open the dropping stopcock of the dropping funnel and make sure the formation of stable bubbles with a suitable rate (e. g. one bubble within 2~3 seconds). Record the instant maximal absolute value (pressure difference). Repeat Step 6 to Step 7 for two times, and collect three values for a tested solution.

9. Change the liquid into ethanol solution. Note that the interior of the surface tensiometer should be rinsed with the next tested liquid for several times.

10. Ethanol solutions should be recycled into a designated bottle.

【Notes】

1. Make sure that the system has a good sealing property and the capillary tube is clean.

2. The capillary should be tangent to the liquid level, and the bottom of the capillary should be just in contact with the liquid level. Otherwise, the presence of hydrostatic pressure will affect the determination results.

【Data and Analysis】

1. Find out the surface tension data of pure water at the experimental temperature from the handbook of physical chemistry book, and then use this as a standard, calculate the surface tension of different concentrations of ethanol solution, and fill in the table.

2. Plot the γ-c diagram.

3. Calculate the adsorption capacity of the ethanol solution with the concentration of 10% and 15% from the γ-c diagram. The specific method is shown in Figure 3-52.

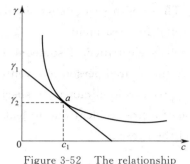

Figure 3-52　The relationship between γ and c

$$m_1 = \frac{\mathrm{d}\gamma}{\mathrm{d}c} = \frac{-\gamma_1}{c_1}$$

$$c = c_1$$

$$\Gamma_1 = -\frac{c_1}{RT}\frac{\mathrm{d}\gamma}{\mathrm{d}c} = -\frac{c_1}{RT} \times \frac{-\gamma_1}{c_1} = \frac{\gamma_1}{RT}$$

The unit of γ is $N \cdot m^{-1}$, T is the thermodynamic temperature, R is the universal constant of molar gas ($8.314 J \cdot mol^{-1} \cdot K^{-1}$), and the unit of Γ_1 is $mol \cdot m^{-2}$.

Experimental temperature_____ ; atmosphere pressure_____ .

Test solution		Δh_m or Δp_m				Surface tension /$(N \cdot m^{-1})$
		1	2	3	Average	
Distilled water						
Aqueous ethanol	%					
	%					
	%					
	%					
	%					
	%					
	%					
	%					

【Questions】

1. Is there any influence on the determination if the capillary is not clean?

2. What factors will affect the results of surface tension measurements? How to reduce the influence of these factors on the experiment?

3. If the Γ-c curve is calculated from $10 \sim 15$ points on the γ-c curve, the maximum value will be observed. Try to interpret it qualitatively.

实验 3-28　表面活性剂临界胶束浓度的测定

【实验目的】

通过实验，电导法测定十二烷基硫酸钠的临界胶束浓度；掌握 DDS-11A 型电导率仪的使用方法；了解表面活性剂 CMC 测定的几种方法。

【实验提要】

具有明显"两亲"性质的分子，既含有亲油的足够长的（大于 $10 \sim 12$ 个碳原子）烷基，又含有亲水的极性基团（通常是离子化的）。由这一类分子组成的物质称为表面活性剂。若按离子的类型分类可分为阴离子型表面活性剂、阳离子型表面活性剂和非离子型表面活性剂。溶液中的表面活性剂，在低浓度时呈分子状态，并且三三两两地把亲油基团靠拢而分散在水中。当溶液浓度加大到一定程度时，许多表面活性物质的分子立刻结合成很大的集团，形成"胶束"。表面活性剂在溶液中形成胶束所需的最低浓度称为临界胶束浓度，以 CMC 表示。在 CMC 点上，溶液的结构改变导致其物理及化学性质（如表面张力、电导、渗透压、浊度、光学性质等）同浓度的关系曲线出现明显的转折，如图 3-53 所示。这个现象是测定 CMC 的实验依据，也是表面活性剂的一个重要特征。

原则上，表面活性剂溶液随浓度变化的物理化学性质皆可用来测定 CMC。测定 CMC 的方法很多，常用的有表面张力法、电导法、染料法、增溶作用法、光散射法等。这些方法，原则上都是从溶液的物理化学性质随浓度变化关系出发求得，其中表面张力法和电导法比较简便准确。

本实验采用 DDS-11A 型电导率仪测定阴离子型表面活性剂溶液的电导率来确定 CMC 值。

对于胶体电解质，随着溶液中胶团的生成，电导率发生明显变化。如图 3-54 所示，这就是电导法确定 CMC 的依据。

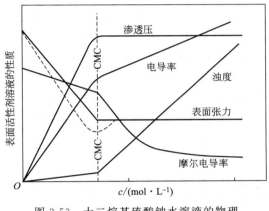

图 3-53　十二烷基硫酸钠水溶液的物理
性质和浓度关系图

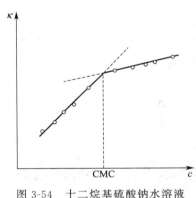

图 3-54　十二烷基硫酸钠水溶液
$\kappa\text{-}c$ 的关系

【仪器和药品】

仪器和材料：DDS-11A 型电导率仪 1 台，DJS-I 型铂黑电导电极 1 支，恒温槽 1 台，500mL 容量瓶 11 只，10mL 吸量管 1 支，25mL 移液管 1 支。

药品：$0.020 \text{mol} \cdot \text{L}^{-1}$ 十二烷基硫酸钠，$0.020 \text{mol} \cdot \text{L}^{-1}$ KCl 标准溶液，电导水。

【实验前预习要求】

1. 熟悉 DDS-11A 型电导率仪的测量原理和操作方法。

2. 了解表面活性剂的 CMC 的含义。

【实验内容】

1. 调节恒温槽温度至 25℃或其他合适温度。

2. 用 $0.020 \text{mol} \cdot \text{L}^{-1}$ KCl 标准溶液标定电导池常数。

3. 用 $0.020 \text{mol} \cdot \text{L}^{-1}$ 的十二烷基硫酸钠溶液，在 50mL 容量瓶中准确配制 $0.002 \text{mol} \cdot \text{L}^{-1}$、$0.004 \text{mol} \cdot \text{L}^{-1}$、$0.006 \text{mol} \cdot \text{L}^{-1}$、$0.007 \text{mol} \cdot \text{L}^{-1}$、$0.008 \text{mol} \cdot \text{L}^{-1}$、$0.009 \text{mol} \cdot \text{L}^{-1}$、$0.010 \text{mol} \cdot \text{L}^{-1}$、$0.012 \text{mol} \cdot \text{L}^{-1}$、$0.014 \text{mol} \cdot \text{L}^{-1}$、$0.016 \text{mol} \cdot \text{L}^{-1}$、$0.018 \text{mol} \cdot \text{L}^{-1}$ 的十二烷基硫酸钠溶液各 50mL。

4. 用 DDS-11A 型电导率仪从稀到浓分别测定上述各溶液的电导率 κ 值。用后一个溶液荡洗前一个溶液的电导池三次以上,各溶液测定时必须恒温10min,每个溶液的电导率读三次,取平均值。

实验结束后,关闭电源,取出电极,用蒸馏水淋洗干净,浸入蒸馏水中备用。

【注意事项】

1. 每次测量前,必须将仪器进行校正。

2. 使用铂黑电极时,不可接触铂黑片,其极片必须完全浸入所测的溶液中。

【数据记录与处理】

将所测得的电导率值填入下表,作出电导率 κ 值与浓度的关系图,从曲线延长线交点找出 CMC 值。

实验温度_____℃。

待测溶液浓度 $c/(\text{mol} \cdot \text{L}^{-1})$		0.002	0.004	0.006	0.007	0.008	0.009	0.010	0.012	0.014	0.016	0.018	0.020
电导率 $\kappa/(\text{S} \cdot \text{m}^{-1})$	1												
	2												
	3												
κ 平均值/$(\text{S} \cdot \text{m}^{-1})$													

【思考与讨论】

1. 用电导法测定表面活性剂的 CMC 值受到什么限制?

2. 在稀溶液范围内,离子型表面活性剂的 $\kappa\text{-}c$ 曲线和无机盐的有何不同?为什么?

3. 若要知道所测得的 CMC 值是否准确,可用什么实验方法验证之?

实验 3-29　溶液吸附法测固体比表面积

【实验目的】

通过亚甲基蓝水溶液吸附法测定颗粒活性炭的比表面积;了解 Langmuir 单分子吸附理论及用溶液法测定比表面积的基本原理。

【实验提要】

水溶性染料的吸附已广泛应用于测定固体比表面积,在所有的染料中,亚甲基蓝具有最大的吸附倾向。研究表明,在一定的浓度范围内,大多数固体对亚甲基蓝的吸附是单分子层吸附,符合 Langmuir 吸附理论。

Langmuir 吸附理论的基本假定是:固体表面是均匀的;吸附是单分子层吸附,吸附剂一旦被吸附质覆盖就不能再发生吸附,吸附质之间的相互作用可忽略;吸附平衡为动态平衡,即单位时间单位表面吸附的吸附质分子数和脱附的分子数相等,吸附量维持不变;固体表面各个吸附位完全等价,吸附速率与表面空白率成正比,脱附速率与表面覆盖率成正比。

设固体表面的吸附位总数为 N,覆盖率为 θ,溶液中吸附质的浓度为 c,根据以上假定,有

$$\text{吸附质分子(在溶液中)} \underset{\text{解吸 } k_{-1}}{\overset{\text{吸附 } k_1}{\rightleftharpoons}} \text{吸附质分子(在固体表面)}$$

吸附速率 $\quad\quad\quad\quad\quad\quad\quad\quad\quad v_{\text{吸}} = k_1 N (1-\theta) c$

解吸速率 $\quad\quad\quad\quad\quad\quad\quad\quad\quad v_{\text{解}} = k_{-1} N \theta$

当达到动态平衡时 $\qquad$ $k_1 N(1-\theta)c = k_{-1}N\theta$

由此可得 $\qquad$ $\theta = \dfrac{k_1 c}{k_{-1} + k_1 c} = \dfrac{K_{吸}\, c}{1 + K_{吸}\, c}$ $\qquad$ (3-120)

式中，$K_{吸} = k_1/k_{-1}$，称为吸附平衡常数，其值取决于吸附剂和吸附质的本性及温度，$K_{吸}$ 值越大，固体对吸附质吸附能力越强。若以 Γ 表示浓度 c 时的平衡吸附量，以 Γ_∞ 表示全部吸附位被占据的单分子层吸附量，即饱和吸附量，则

$$\theta = \frac{\Gamma}{\Gamma_\infty}$$

代入式(3-120)得

$$\Gamma = \Gamma_\infty \frac{K_{吸}\, c}{1 + K_{吸}\, c} \qquad (3\text{-}121)$$

将式(3-121)重新整理，可得到如下形式：

$$\frac{c}{\Gamma} = \frac{1}{\Gamma_\infty K_{吸}} + \frac{c}{\Gamma_\infty} \qquad (3\text{-}122)$$

从式(3-122)可知，由实验测出不同浓度 c 时的平衡吸附量 Γ，以 c/Γ 对 c 作图，从直线斜率可得到 Γ_∞，再结合截距便可得到 $K_{吸}$。Γ_∞ 指每克吸附剂的饱和吸附量，若每个吸附质分子在吸附剂上所占据的面积为 A_{m}，则吸附剂的比表面积 A_{w} 可按下式计算：

$$A_{\mathrm{w}} = \Gamma_\infty L A_{\mathrm{m}} \qquad (3\text{-}123)$$

式中，L 为 Avogadro 常数。

亚甲基蓝具有矩形平面结构，吸附有三种取向：平面吸附、侧面吸附和端基吸附。对于非石墨型活性炭，亚甲基蓝以端基吸附取向，$A_{\mathrm{m}} = 39 \times 10^{-20}\ \mathrm{m}^2$。

根据朗伯-比耳定律，当入射光为一定波长的单色光且溶液为稀溶液时，某溶液的吸光度与溶液中有色物质的浓度及溶液层的厚度（即比色皿的厚度）成正比，即

$$A = \lg \frac{I_0}{I} = abc \qquad (3\text{-}124)$$

式中，A 为吸光度；I_0 为入射光强度；I 为透射光强度；a 为吸光系数，$\mathrm{L \cdot mol^{-1} \cdot cm^{-1}}$；$b$ 为光径长度或液层厚度，cm；c 为溶液浓度，$\mathrm{mol \cdot L^{-1}}$。

亚甲基蓝在可见光区有两个吸收峰：445nm 和 665nm，但在 445nm 处活性炭吸附对吸收峰有很大干扰，故本实验选用的工作波长为 665nm，并用 721（722）型分光光度计进行测量。

【仪器和药品】

仪器和材料：721（722）型分光光度计，振荡器 1 台，500mL 容量瓶 6 只，50mL、100mL 容量瓶各 5 只，2 号砂芯漏斗 5 只，带塞 100mL 锥形瓶 5 只，滴管 2 支。

药品：颗粒状非石墨活性炭，亚甲基蓝（A. R.），0.2% 左右的原始溶液，$0.3126 \times 10^{-3}\ \mathrm{mol \cdot L^{-1}}$ 标准溶液。

【实验前预习要求】

1. 了解固体对溶液的吸附现象及 Langmuir 单分子层吸附理论，掌握利用 Langmuir 吸附等温式计算吸附剂比表面的方法

2. 掌握分光光度计的使用方法。

【实验内容】

1. 样品活化：将颗粒活性炭置于瓷坩埚中，放入 500℃ 马弗炉中活化 1h，然后置于干

燥器中备用。

2. 溶液吸附：取 5 只洗净干燥的带塞锥形瓶，编号，分别准确称取活化过的活性炭约 0.1g 置于瓶中，按表 3-6 方法配制不同浓度的亚甲基蓝溶液 50mL（在 50mL 容量瓶中配制），加入锥形瓶中，然后塞上磨口塞，放置在振荡器上振荡 3～5h。样品振荡达平衡后，将锥形瓶取下，用砂芯漏斗过滤，得到吸附平衡后的滤液。分别称取滤液 5g 放入 500mL 容量瓶中，并用蒸馏水稀释至刻度，待用。

表 3-6　亚甲基蓝溶液的配制

瓶编号	1	2	3	4	5
0.2%亚甲基蓝溶液量 V/mL	30	20	15	10	5
蒸馏水量 V/mL	20	30	35	40	45

3. 原始溶液处理：为了准确测量约 0.2%亚甲基蓝原始溶液的浓度，称取 2.5g 溶液放入 500mL 容量瓶中，并用蒸馏水稀释至刻度，待用。

4. 亚甲基蓝标准溶液的配制：用台秤分别称取 2g、4g、6g、8g、11g 浓度为 0.3126×10^{-3} mol·dm^{-3} 的亚甲基蓝标准溶液于 100mL 容量瓶中，用蒸馏水稀释至刻度，待用。

5. 选择工作波长：取某一浓度的标准亚甲基蓝溶液，在 600～700nm 范围内测量吸光度，以吸光度最大时的波长作为工作波长（应在 665nm 左右）。

6. 测量吸光度：以蒸馏水为空白溶液，分别测量 5 个标准溶液（用于绘制标准工作曲线）、5 个稀释后的平衡溶液（吸附后）以及稀释后的原始溶液（吸附前）的吸光度。

【注意事项】

1. 颗粒活性炭样品需在高温下活化足够时间，以增加其吸附能力。

2. 吸附溶液在振荡器上应振荡足够长的时间，以保证活性炭对亚甲基蓝的吸附达到平衡。否则计算出的活性炭的比表面积偏差较大。

3. 在选择工作波长时，每调整一次波长均需对空白蒸馏水进行满偏（满刻度）校正。

【数据记录与处理】

1. 作标准工作曲线：计算出各个标准亚甲基蓝溶液的物质的量浓度，以吸光度对物质的量浓度作图，所得的直线即为亚甲基蓝的标准工作曲线。

2. 求亚甲基蓝原始溶液的浓度和各个平衡溶液的浓度：将实验测得的稀释后的原始溶液的吸光度，从工作曲线上查得对应的浓度，乘上稀释倍数 200，即为原始溶液的浓度。

根据实验测得的各个稀释后的平衡溶液的吸光度，从工作曲线上查得对应的浓度，乘上稀释倍数 100，即为平衡原始溶液的浓度 c。

3. 计算吸附溶液的初始浓度：根据实验内容 2 的溶液配制方法，计算出各吸附溶液的初始浓度 c_0。

4. 计算吸附量：由平衡浓度 c 及初始浓度 c_0，按下式计算吸附量 Γ：

$$\Gamma = \frac{(c_0 - c) V}{m}$$

式中，V 为吸附溶液的总体积，L；m 为加入溶液的吸附剂的质量，g。

5. 作 Langmuir 吸附等温线：以 Γ 为纵坐标，c 为横坐标，作 Γ 对 c 的吸附等温线。

6. 求饱和吸附量：由 Γ 和 c 数据计算出 Γ/c 值，然后作 c/Γ-c 图，由图求得饱和吸附量 Γ_∞。将 Γ_∞ 值用虚线作一水平线，这一虚线即为吸附量 Γ 的渐近线。

7. 计算活性炭样品的比表面积：将 Γ_∞ 值代入式（3-123），可算得活性炭样品的比表面积。

【思考与讨论】

1. 固体在稀溶液中对溶质分子的吸附与固体在气相中对气体分子的吸附有何区别？

2. 根据 Langmuir 单分子层吸附理论的基本假定，结合本实验数据，请算出各平衡浓度的覆盖率，估算饱和吸附的平衡浓度范围。

3. 溶液产生吸附时，如何判断其达到平衡？

实验 3-30　低温氮吸附法测定比表面积

【实验目的】

通过实验，了解气相色谱的基本原理及动态法测定比表面积的方法；掌握 BET 公式并应用其计算比表面积；掌握相关仪器的使用方法。

【实验提要】

固体的比表面积是表征固体表面二维特性的重要物理量。测定比表面积最常用的方法是气体吸附法。该法根据固体表面积与气体达到吸附平衡后，测定吸附量，然后由吸附量及吸附分子的截面积来计算比表面积。

气体吸附法可分为静态法和动态法。静态法是在高真空条件下进行测定的，又可分为容量法和重量法。在低温高真空条件下，容量法是通过比较吸附前后系统中气体的压力差来计算吸附量；重量法则由吸附前后石英弹簧秤伸长的程度不同求得吸附量。动态法是在常温常压下测定固体吸附流动系统中的蒸气量来计算吸附量。它又可分为称重法和色谱法。

本实验采用色谱法，由 BET 公式

$$\frac{\frac{p}{p_0}}{V\left(1-\frac{p}{p_0}\right)}=\frac{1}{V_m C}+\frac{C-1}{V_m C}\left(\frac{p}{p_0}\right) \tag{3-125}$$

式中，p 为温度 T 时吸附平衡后吸附质的蒸气压，Pa；p_0 为温度 T 时吸附质的饱和蒸气压，Pa；V 为温度 T 时，相对压力为 p/p_0 下的平衡吸附量；V_m 为固体表面单分子层吸附时的饱和吸附量；C 为与温度、吸附热、蒸发热等有关的常数。

以 $\dfrac{p/p_0}{V(1-p/p_0)}$ 对 p/p_0 作图为一直线，直线斜率为 $\dfrac{C-1}{V_m C}$，截距为 $\dfrac{1}{V_m C}$。

$$V_m=\frac{1}{截距+斜率} \tag{3-126}$$

若吸附质分子截面积是 q（m^2），固体样品质量为 W（g），固体样品比表面积为 S（$m^2\cdot g^{-1}$），N_0 是阿伏伽德罗常数，V_0 为 1mol 气体在标准状况（0℃，101.325kPa）下的体积，则

$$S=\frac{qV_m N_0}{V_0 W} \tag{3-127}$$

对氮气分子，其截面积为 $16.2\times10^{-20}\,m^2$，故

$$S=\frac{4.36V_m}{W} \tag{3-128}$$

BET 公式只适用于相对压力 p/p_0 在 0.05～0.35 之间，因为在低压下，固体的不均匀性突出，各部分的吸附热也不尽相同，建立不起多层物理吸附模型；在高压下吸附分子间有相互作用，脱附时彼此之间相互作用，另外多孔吸附剂还可能有毛细管作用，发生毛细管凝结，也不符合 BET 多分子层吸附模型，故实验中应控制相对压力的范围。

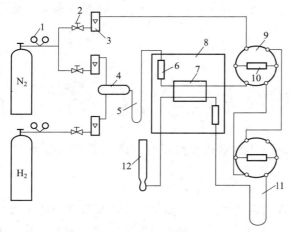

图 3-55　色谱法测比表面积流程

1—减压阀；2—稳压阀；3—流量计；4—混合器；5—冷阱；6—恒温管；7—热导池；8—油箱；9—六通阀；10—定积管；11—样品吸附管；12—皂膜流量计

本实验采用流动吸附色谱法，N_2 作吸附质，氢气作载气（在实验条件下样品不吸附氢气），其简单流程见图 3-55。

一定流速的氢气和氮气在混合器中充分混合后，依次通过液氮冷阱、热导池参考臂、平面六通阀、样品吸附管、热导池测量臂，最后经皂膜流量计放空。另一路氮气作校准用，流经两个六通阀后放空。

两种气体以一定比例混合通过样品管，在室温下，氢气和氮气都不被样品吸附，热导池桥路处于平衡态，记录笔基线为一直线。当样品管放入液氮中时，样品对氮气产生物理吸附，热导池桥路失去平衡，记录仪上出现氮吸附峰见图 3-56。取走液氮后，温度上升，则吸附的氮气从样品中脱附，故记录仪上将出现方向相反的脱附峰。最后转动六通阀，在混合气中加入已知体积的纯氮气，又得到一个标样峰。根据标样峰和脱附峰的面积，即可计算样品的吸附量。峰面积可由"峰高×半宽"求出。实验过程中，若载气氢的流速保持恒定，改变氮气的流速，即可控制 p/p_0 值，测得不同氮气分压下的吸附量，再由 BET 公式计算吸附量。

由峰面积（常用脱附峰）计算吸附量 V_m，必须在相同条件下（包括载气成分和流速）注入已知体积为 V_0^* 的纯氮气（V_0^* 已换算成标准态体积），根据所产生的标准峰面积 $A_标$ 来计算脱附峰面积 $A_脱$ 时的相应吸附量（要求 $A_标$ 和 $A_脱$ 尽量相近）：

$$V_m = \frac{A_0}{A_标} V_0^* \tag{3-129}$$

式中，V_0^* 是根据仪器"标准体积管"数据 $V_标$（mL）由下式换算成标准状况（STP）下的体积：

$$V_0^* = \frac{273.15 \times p_{大气} V_标}{760 T} \tag{3-130}$$

【仪器和药品】

仪器和材料：BC-1 比表面测定仪，记录仪，氧气压力表，样品管，氢气钢瓶，氮气钢瓶。

药品：固体样品（硅胶或活性炭）。

【实验前预习要求】

1. 认真复习固体表面吸附的基本原理及 BET 公式。

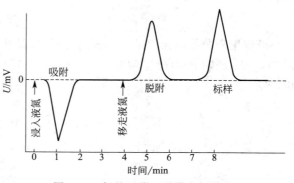

图 3-56　氮的吸附、脱附和标样峰

2. 阅读实验有关的操作步骤，了解仪器的操作方法。

【实验内容】

1. 样品处理

将样品适当过筛（60～140目）后，在烘箱中烘烤后放入干燥箱中备用，如样品是硅胶，可于 140～150℃烘烤 2h。

称取适当量的样品放入一支干燥的样品管中，样品的量由其比表面积大小确定，见表 3-7。然后将样品管接入系统。在样品管中装样时应注意不要堵塞截面，以免产生阻力。

表 3-7　样品质量与比表面积

比表面积 $S/(m^2 \cdot g^{-1})$	样品质量/g	吸附量/mL
1000	0.01	10
100	0.05	5
10	0.5	5
1	1	1
0.1	2	0.2

2. 气路调节

打开氢气瓶，调节氢气流速 v_{H_2} 为 40～50mL·min^{-1}，用皂膜流量计测定流速。此后在测定不同氮气流速时，始终保持氢气流速不变。

打开氮气瓶，测氮气和氢气的混合气的总流速 $v_{总}$，由 $v_{总}$ 和 v_{H_2} 的差达到氮气的流速 v_{N_2}，第一点氮气流速应控制在 5～10mL·min^{-1}，然后依次增大氮气流速，便可求得各个氮气压力 p_{N_2}：

$$p_{N_2} = \frac{v_{N_2}}{v_{总}} p_{大气}$$

通常在 $p_{N_2}/p_0 = 0.05～0.35$ 之间测定五种相对压力下的吸附量，便可作 BET 直线图，并据此求样品的比表面积。

3. 调整电路

将一定流速的氮气和氢气混合气体通入系统，打开电源开关，调"电流调节电位器"使桥路电流电量为 100mA（电压固定在 20V 左右），固定衰减比为"1/2"（必要时可以改变）。打开记录仪，待仪器稳定后，调"记录器调零""粗""细"等旋钮，使记录仪指针在记录仪中间走基线，若基线在 0.5h 内漂移低于±0.1mV，表示气流稳定，可以进行吸附操作。

4. 在液氮温度下进行吸附

将装有液氮的保温瓶套到样品管外，样品即从混合气中吸附氮气，稍后，便在记录仪上出现一个吸附峰（见图 3-56）。

5. 氮气的脱附

当吸附平衡后，记录笔回到原来的基线，此时移走液氮瓶，样品即迅速脱附氮气，并产生脱附峰。

6. 打标准峰

待脱附完毕，基线复原后，将旋钮转至"标定"位置（视情况可用 1mL 或 5mL 的"标准体积管"），管中充入氮气，装入系统，产生"标准峰"。待标准峰打完后，记录笔回到基线，注意随手将旋钮回到"测试"位置。

7. 液氮饱和蒸气压 p_0 的测定

根据经验，若氮气的纯度较高，则 p_0 值在（$p_{大气}+15mmHg$）以下，此时以 $p_{大气}$ 代替 p_0，计算比表面误差不超过 2%，若氮气纯度很低，则需要氧气压力计测定液氮的实际温度，并用此温度查出对应的液氮饱和蒸气压 p_0（见表 3-8）。

表 3-8 液氮饱和蒸气压

温度/℃		−190	−191	−192	−193	−194	−195	−196	−197
$p_0(O_2)$	/mmHg	340.7	300.2	263.6	230.6	200.9	174.4	150.9	129.9
	/Pa	45423	40023	35144	30744	26784	23251	20118	17319
$p_0(N_2)$	/mmHg	1248	1289	1162	1043	933	833	741	657
	/Pa	190384	171852	154921	139005	123490	111058	98792	87593

8. 经上述 1~7 步骤的操作，便测出了某一个相对压力的氮吸附量，固定其他条件，改变氮气流速，测定其他相对压力下的氮吸附量。

【注意事项】

1. 实验中先通载气，再开电源；实验结束时先关电源，再关载气。

2. 实验过程中，冷阱中的液氮会减少，需不断补充使其始终保持在同一高度。

【数据记录和处理】

1. 记录实验温度、大气压力、氢气和氮气瓶的分压表的表压（通常氢气压力控制在 0.1MPa 左右，氮气控制在 0.2MPa 左右）、检流、电压、衰减比、纸速。

2. 按下表记录流速、氮气的压力和吸附量。

样品	v_{H_2}/(mL·min⁻¹)	v_{N_2}/(mL·min⁻¹)	$v_总$/(mL·min⁻¹)	p_{N_2}/mmHg	p_{N_2}/p_0	$A_脱$/cm²	$A_标$/cm²	截距	斜率	V_m/[mL·g⁻¹]

3. $\dfrac{\frac{p}{p_0}}{V\left(1-\frac{p}{p_0}\right)}$ 对 $\dfrac{p}{p_0}$ 作图，求出直线的斜率和截距，以及饱和吸附量 V_m。

4. 由 V_m 求样品的比表面积。

【思考与讨论】

1. 本实验中为什么 p_{N_2}/p_0 必须控制在 0.05~0.35 之间？

2. 引起实验误差的原因有哪些？

3. 本实验是否需要测定死体积？为什么？

4. 试比较 BET 重量法、容量法和流动色谱法的优缺点。

实验 3-31 偶极矩的测定

【实验目的】

通过实验，用电桥法测定极性物质（乙酸乙酯）在非极性溶剂（环己烷）中的介电常数和分子偶极矩，了解溶液法测定偶极矩的原理、方法和计算；并了解偶极矩与分子电性质间的关系。

【实验提要】

1. 偶极矩与极化率

一般分子呈电中性，但由于空间构型的不同，正、负电荷中心可以重合也可以不重合，前者称为非极性分子，后者称为极性分子。分子极性大小常用偶极矩 μ 来度量，其定义为

$$\vec{\mu} = q\vec{r} \tag{3-131}$$

式中，q 为正、负电荷中心所带的电荷量；$\vec{r}$ 为正、负电荷中心间距离向量；$\vec{\mu}$ 为偶极矩向量，其方向规定为从正电荷中心到负电荷中心。因为分子中原子间距离的数量级为 10^{-10} m，电荷数量级为 $10^{-19} \sim 10^{-20}$ C，所以偶极矩的数量级为 $10^{-29} \sim 10^{-30}$ C·m。

极性分子具有永久偶极矩，在没有外电场存在时，由于分子热运动，偶极矩指向各方向机会均等，故其偶极矩统计值为零。

若将极性分子置于均匀的外电场中，分子会沿电场方向作定向转动，同时分子中的电子云对分子骨架发生相对移动，分子骨架也会变形，这叫分子极化，极化的程度可由摩尔极化率（α）来衡量。因转向而极化称为摩尔转向极化率（$\alpha_{转向}$）。由变形所致的为摩尔变形极化率（$\alpha_{变形}$）。而 $\alpha_{变形}$ 又是电子极化（$\alpha_{电子}$）和原子极化（$\alpha_{原子}$）之和。显然：

$$\alpha = \alpha_{转向} + \alpha_{变形} = \alpha_{转向} + (\alpha_{电子} + \alpha_{原子}) \tag{3-132}$$

已知 $\alpha_{转向}$ 与永久偶极矩 μ 的平方成正比，与热力学温度成反比，即

$$\alpha_{转向} = \frac{4}{9}\pi N \frac{\mu^2}{kT} \tag{3-133}$$

式中，k 为玻尔兹曼常数；N 为阿伏伽德罗常数。

对于非极性分子，因 $\mu = 0$，其 $\alpha_{转向} = 0$，所以 $\alpha = \alpha_{电子} + \alpha_{原子}$。

外电场若是交变电场，则极性分子的极化与交变电场的频率有关。在电场的频率小于 10^{10} s^{-1} 的低频电场下，极性分子产生的摩尔极化率为转向极化率与变形极化率之和。若在电场频率为 $10^{12} \sim 10^{14}$ s^{-1} 的中频电场下（红外光区），因为电场交变周期小于偶极矩的弛豫时间，极性分子的转向运动跟不上电场变化，即极性分子无法沿电场方向定向，即 $\alpha_{转向} = 0$，此时分子的摩尔极化率 $\alpha = \alpha_{变形} = \alpha_{电子} + \alpha_{原子}$。当交变电场的频率大于 10^{15} s^{-1}（即可见和紫外光区）时，极性分子的转向运动和分子骨架变形都跟不上电场的变化，此时 $\alpha = \alpha_{电子}$。所以如果我们分别在低频和中频的电场下求出欲测分子的摩尔极化率，并把这两者相减，即为极性分子的摩尔转向极化率 $\alpha_{转向}$，然后代入式(3-133)，即可算出其永久偶极矩 μ。

因为 $\alpha_{原子}$ 只占 $\alpha_{变形}$ 中 5%～15%，而实验时由于条件的限制，一般总是用高频电场来代替中频电场。所以通常近似地把高频电场下测得的摩尔极化率当作摩尔变形极化率。

$$\alpha = \alpha_{电子} = \alpha_{变形}$$

2. 极化率与偶极矩的测定

对于分子间相互作用很小的体系，Clausius-Mosotti-Debye 从电磁理论推得摩尔极化率 α 与介电常数 ε 之间的关系为

$$\alpha = \frac{\varepsilon - 1}{\varepsilon + 2} \times \frac{M}{\rho} \tag{3-134}$$

式中，M 为分子量；ρ 为密度。因上式是假定分子与分子间无相互作用而推导出的，所以它只适用于温度不太低的气相体系。然而，测定气相介电常数和密度在实验上困难较大，

对于某些物质，气态根本无法获得，于是就提出了溶液法，即把欲测偶极矩的分子溶于非极性溶剂中。但在溶液中测定总要受溶质分子间、溶剂与溶质分子间以及溶剂分子间相互作用的影响。若测定不同浓度溶液中溶质的摩尔极化率并外推至无限稀释，这时溶质所处的状态就和气相时相近，可消除溶质分子间的相互作用。于是在无限稀释时，溶质的摩尔极化率 α_2^{∞} 就可看作为式（3-135）中的 α

$$\alpha = \alpha_2^{\infty} = \lim_{x_2 \to 0} x_2 = \frac{3a\varepsilon_1}{(\varepsilon_1 + 2)^2} \times \frac{M_1}{\rho_1} + \frac{\varepsilon_1 - 1}{\varepsilon_1 + 2} \times \frac{M_2 - bM_1}{\rho_1} \tag{3-135}$$

式中，ε_1、M_1、ρ_1 分别为溶剂的介电常数、分子量和密度；M_2 为溶质的分子量；a、b 为两常数，它可由下面两个稀溶液的近似公式求出：

$$\varepsilon_溶 = \varepsilon_1 (1 + ax_2) \tag{3-136}$$
$$\rho_溶 = \rho_1 (1 + bx_2) \tag{3-137}$$

式中，$\varepsilon_溶$、$\rho_溶$ 和 x_2 分别为溶液的介电常数、密度和溶质的摩尔分数。因此，测定纯溶剂的 ε_1、ρ_1 以及不同浓度（x_2）溶液的 $\varepsilon_溶$、$\rho_溶$，代入式（3-135）就可求出溶质分子的总摩尔极化率。

根据光的电磁理论，在同一频率的高频电场作用下，透明物质的介电常数 ε 与折射率 n 的关系为

$$\varepsilon = n^2 \tag{3-138}$$

常用摩尔折射率 R_2 来表示高频区测得的极化率。此时 $\alpha_{转向} = 0$，$\alpha_{原子} = 0$，则

$$R_2 = \alpha_{变形} = \alpha_{电子} = \frac{n^2 - 1}{n^2 + 2} \times \frac{M}{\rho} \tag{3-139}$$

测定不同浓度溶液的摩尔折射率 R，外推至无限稀释，就可求出该溶质的摩尔折射率：

$$R_2^{\infty} = \lim_{x_2 \to 0} R_2 \frac{n_1^2 - 1}{n_1^2 + 2} \times \frac{M_2 - bM_1}{\rho_1} + \frac{6n_1^2 M_1 \gamma}{(n_1^2 + 2)^2 \rho_1} \tag{3-140}$$

式中，n_1 为溶剂的摩尔折射率；γ 为常数，它可由下式求出：

$$n_溶 = n_1 (1 + \gamma x_2) \tag{3-141}$$

式中，$n_溶$ 为溶液的摩尔折射率。综上所述，可得

$$\alpha_{转向} = \alpha_2^{\infty} - R_2^{\infty} = \frac{4}{9} \pi N \frac{\mu^2}{kT} \tag{3-142}$$

$$\mu = 0.0128 \sqrt{(\alpha_2^{\infty} - R_2^{\infty})T} \quad (D)$$
$$= 0.0426 \times 10^{-30} \sqrt{(\alpha_2^{\infty} - R_2^{\infty})T} \quad (C \cdot m) \tag{3-143}$$

3. 介电常数的测定

介电常数是通过测定电容后，计算而得到。按定义：

$$\varepsilon = \frac{C}{C_0} \tag{3-144}$$

式中，C_0 为电容器两极板间处于真空时的电容量；C 为充以电介质时的电容量。由于在利用小电容测量仪测定电容时，除电容池两极间的电容 C_0 外，整个测试系统中还有分布电容 C_d 的存在，所以实测的电容 $C'_样$ 应为 $C_样$ 和 C_d 之和。即

$$C'_样 = C_样 + C_d \tag{3-145}$$

$C_样$ 值随介质而异，但 C_d 对同一台仪器而言是一个定值。故进行实验时，需先求出 C_d 值，

并在各次测量值中扣除，才能得到 $C_{样}$ 值。C_d 是通过测定一已知介电常数的物质的方法来求得。

【仪器和药品】

仪器和材料：精密电容测定仪 1 台，10mL 密度瓶 1 只，阿贝折射仪 1 台，25mL 容量瓶 5 只，5mL 注射器 5 支，超级恒温槽 1 台，10mL 烧杯 5 只，25mL 移液管 1 支，滴管 5 根。

药品：环己烷（A. R.），乙酸乙酯（A. R.）。

【实验前预习要求】

1. 了解并掌握分子极化、极化率、偶极矩等基本概念和计算。

2. 了解精密电容测定仪、阿贝折射仪、超级恒温槽等仪器的使用方法。

【实验内容】

1. 配制溶液

配制乙酸乙酯摩尔分数 x_2 为 0.02、0.05、0.08、0.12、0.15 的溶液各 25mL。为了配制方便，应先计算出所需乙酸乙酯、环己烷的质量（g）及对应的体积（mL），然后再称量或量取配制，准确记录所称质量（精确至 0.001g）或所取体积（mL）（精确至 0.1mL）。数据处理时计算出准确的摩尔分数。操作时注意防止溶液的挥发以及对极性较大的水汽的吸收。

2. 折射率的测定

在 25℃±0.1℃ 条件下用阿贝折射仪测定环己烷及 5 个溶液的折射率。注意：测定时用滴管从折射仪左边的小孔加入待测液。

3. 密度的测定

取一洗净干燥的密度瓶先称空瓶质量，然后称量水及 5 个溶液的质量，代入下式：

$$\rho_i^t = \frac{m_i - m_0}{m_{H_2O} - m_0} \times \rho_{H_2O}^t$$

式中，m_0 为空瓶质量；m_{H_2O} 为水的质量；m_i 为溶液的质量；ρ_i^t、$\rho_{H_2O}^t$ 为 t（℃）时溶液的密度。

4. 介电常数的测定

（1）C_d 测定：以环己烷为标准物质，介电常数与温度的关系式为：

$$\varepsilon_{环己烷} = 2.052 - 1.55 \times 10^{-3} t$$

式中，t 为测定时以℃为单位的温度值。先根据温度由公式计算出标准物质环己烷的介电常数，即为 C/C_0。$C'_{环己烷} = C_{环己烷} + C_d$，$C'_{空} = C_{空} + C_d \approx C_0 + C_d$。只要测出 $C'_{环己烷}$ 和 $C'_{空}$，即可求出 C_d。实验方法如下。

① 将测试线（连接电容池与小电容测试仪的导线）的一端与电容测试仪连好，另一端置于电容池近处，将电容池座测试线连好。打开电源，预热 10min。

② 数值稳定后，按"采零"键。

③ 将测试线插头插入电容池座，记录 $C'_{空}$。

④ 拔下电容池测试线，注入 1.0mL 环己烷（注意：样品不可多加，否则会腐蚀密封材料而渗入恒温腔，使实验无法正常进行），旋紧盖子，数值稳定后，按下"采零"键，再插入电容池测试线，记录 $C'_{环己烷}$。

⑤ 打开盖子，用注射器抽去样品，尽量抽干，然后用电吹风（冷风）吹扫，至测试仪

读数与 $C'_空$ 相差无几。

（2）样品电容的测定：拔下电容池测试线，重复上述实验步骤④、⑤，测出五个溶液的 $C'_样$。每次测完后均需复测，以检验样品室中是否还有残留样品。

【注意事项】

1. 乙酸乙酯易挥发，配制溶液时动作应迅速，以免挥发而影响浓度。

2. 本实验溶液中应防止含有水分，配制溶液所用的器具均需干燥，溶液应透明不产生浑浊。

3. 测定电容时，应防止溶液的挥发以及溶液吸收空气中极性较大的水汽，影响测定值。

4. 电容池各部件的连接应注意绝缘。

【数据记录与处理】

1. 计算各溶液的摩尔分数 x_2。

2. 以各溶液的折射率对 x_2 作图，求出 γ 值。

3. 计算出环己烷及各溶液的密度 ρ，作 ρ-x_2 图，求出 b 值。

4. 由环己烷测量值计算出 C_d，然后计算出各溶液样品的 C 值。

5. 计算出各溶液的 ε，作 $\varepsilon_溶$-x_2 图，求出 a 值。

6. 代入公式求算出偶极矩 μ 值。

【思考与讨论】

1. 准确测定溶质摩尔极化率和摩尔折射率时，为什么要外推至无限稀释？

2. 试分析实验中引起误差的因素，如何改进？

3. 从偶极矩的数据可以了解分子的对称性，判别其几何异构体和分子的主体结构等。偶极矩一般是通过测定介电常数、密度、折射率和浓度来求算的。介电常数的测定除电桥法外，其他主要还有拍频法和谐振法等，对于气体和电导很小的液体以拍频法为好；有相当电导的液体用谐振法较为合适；对于有一定电导但不大的液体用电桥法较为理想。虽然电桥法不如拍频法和谐振法精确，但设备简单，价格便宜。

测定偶极矩的方法除由测定介电常数等来求算外，还有多种其他的方法，如分子射线法、分子光谱法、温度法以及利用微波谱的斯塔克效应等。

4. 溶液法测得的溶质偶极矩和气相测得的真空值之间存在着偏差，造成这种偏差的原因主要是溶液中存在着溶质分子与溶剂分子以及溶剂分子与溶剂分子间作用的溶剂效应。

实验 3-32　X 射线衍射法测定晶胞常数——粉末法

【实验目的】

掌握晶体对 X 射线衍射的基本原理和晶胞常数的测定方法；了解 X 射线衍射仪的基本结构和使用方法；掌握 X 射线粉末图的分析和使用。

【实验提要】

1. Bragg 方程

晶体是由具有一定结构的原子、原子团（或离子团）按一定的周期在三维空间重复排列而成的。反映整个晶体结构的最小平行六面体单元称晶胞。晶胞的形状和大小可通过夹角 α、β、γ 和三个边长 a、b、c 来描述。因此，α、β、γ 和 a、b、c 称为晶胞常数。

一个立体的晶体结构可以看成是由其最邻近两晶面之间距离为 d 的一簇平行晶面所组成，也可以看成是由另一簇面间距为 d' 的晶面所组成……其数无限。当某一波长的单色 X 射线以一定的方向投射晶体时，晶体内这些晶面像镜面一样反射入射 X 射线。只有那些面间距为 d，与入射的 X 射线的夹角为 θ 且两邻近晶面反射的光程差为波长整数倍 n 的晶面簇在反射方向的散射波，才会相互叠加而产生衍射，如图 3-57 所示。

光程差 $\Delta = AB + BC = n\lambda$，而 $AB = BC = d\sin\theta$，则

$$2d\sin\theta = n\lambda \tag{3-146}$$

上式即为布拉格（Bragg）方程。

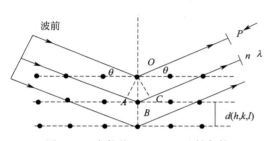

图 3-57 布拉格（Bragg）反射条件

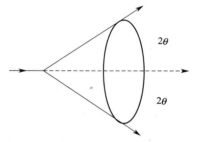

图 3-58 半顶角为 2θ 的衍射圆锥

如果样品与入射线夹角为 θ，晶体内某一簇晶面符合 Bragg 方程，那么其衍射方向与入射线方向的夹角为 2θ。对于多晶体样品（粒度约 0.01mm），在试样中的晶体存在着各种可能的晶面取向，与入射 X 射线成 θ 角的面间距为 d 的晶面簇不止一个，而是无穷个，且分布在以半顶角为 2θ 的圆锥面上，见图 3-58。在单色 X 射线照多晶体时，满足 Bragg 方程的晶面簇不止一个，而是有多个衍射圆锥相应于不同面间距 d 的晶面簇和不同的 θ 角。当 X 射线衍射仪的计数管和样品绕试样中心轴转动时（试样转动 θ 角，计数管转动 2θ），就可以把满足 Bragg 方程的所有衍射线记录下来。衍射峰位置 2θ 与晶面间距（即晶胞大小和形状）有关，而衍射线的强度（即峰高）与该晶胞内（原子、离子或分子）的种类、数目以及它们在晶胞中的位置有关。

由于任何两种晶体其晶胞形状、大小和内含物总存在差异，所以 2θ 和相对强度（I/I_0）可以作为物相分析依据。

2. 晶胞大小的测定

以晶胞常数 $\alpha = \beta = \gamma = 90°$，$a \neq b \neq c$ 的正交系为例，由几何结晶学可推出：

$$\frac{1}{d} = \sqrt{\frac{h^{*2}}{a^2} + \frac{k^{*2}}{b^2} + \frac{l^{*2}}{c^2}} \tag{3-147}$$

式中，h^*、k^*、l^* 为密勒指数（即晶面符号）。

对于四方晶系，因 $\alpha = \beta = \gamma = 90°$，$a = b \neq c$，式（3-147）可简化为：

$$\frac{1}{d} = \sqrt{\frac{h^{*2} + k^{*2}}{a^2} + \frac{l^{*2}}{c^2}} \tag{3-148}$$

对于立方晶系因 $\alpha = \beta = \gamma = 90°$，$a = b = c$，故式（3-148）可简化为

$$\frac{1}{d} = \sqrt{\frac{h^{*2} + k^{*2} + l^{*2}}{a^2}} \tag{3-149}$$

至于六方、三方、单斜和三斜晶系的晶胞常数、面间距与密勒指数间的关系可参考任何 X 射线结构分析的书籍。

从衍射谱中各衍射峰所对应的 2θ 角，通过 Bragg 方程求得的只是相对应的各 $\dfrac{n}{d}$（$=\dfrac{2\sin\theta}{\lambda}$）值。因为我们不知道某一衍射是第几级衍射，为此，如将式（3-147）～式（3-149）的两边同乘以 n。

对正交晶系：

$$\frac{n}{d}=\sqrt{\frac{n^2 h^{*2}}{a^2}+\frac{n^2 k^{*2}}{b^2}+\frac{n^2 l^{*2}}{c^2}}=\sqrt{\frac{h^2}{a^2}+\frac{k^2}{b^2}+\frac{l^2}{c^2}}$$

对四方晶系：

$$\frac{n}{d}=\sqrt{\frac{n^2 h^{*2}+n^2 k^{*2}}{a^2}+\frac{n^2 l^{*2}}{c^2}}=\sqrt{\frac{h^2+k^2}{a^2}+\frac{l^2}{c^2}}$$

对于立方晶系：

$$\frac{n}{d}=\sqrt{\frac{n^2 h^{*2}+n^2 k^{*2}+n^2 l^{*2}}{a^2}}=\sqrt{\frac{h^2+k^2+l^2}{a^2}}$$

式中，h、k、l 称衍射指数，它和密勒指数的关系为：

$$h=nh^*,k=nk^*,l=nl^*$$

这两者的差别为密勒指数不带有公约数。

因此，若已知入射 X 射线的波长 A，从衍射谱中直接读出各衍射峰的 θ 值，通过 Bragg 方程（或直接从《Tables for Conversion of X-ray Diffraction Angles to Interplanar Spacing》中查得）可求得所对应的各 $\dfrac{n}{d}$ 值；如又知道各衍射峰所对应的衍射指数，则立方（或四方、正交）晶胞的晶胞常数就可确定。这一寻找对应各衍射峰指数的步骤称为"指标化"。

对于立方晶系，指标化最简单，由于 h、k、l 为整数，所以各衍射峰的 $\left(\dfrac{n}{d}\right)^2$ 或 $\sin^2\theta$，以其中最小的 $\dfrac{n}{d}$ 值除之，得：

$$\frac{\left(\dfrac{n}{d}\right)_1^2}{\left(\dfrac{n}{d}\right)_1^2}:\frac{\left(\dfrac{n}{d}\right)_2^2}{\left(\dfrac{n}{d}\right)_1^2}:\frac{\left(\dfrac{n}{d}\right)_3^2}{\left(\dfrac{n}{d}\right)_1^2}:\frac{\left(\dfrac{n}{d}\right)_4^2}{\left(\dfrac{n}{d}\right)_1^2}:\cdots$$

上述所得数列应为一整数数列。如为 $1:2:3:4:5:\cdots$ 则按 θ 增大的顺序，标出各衍射指数（h、k、l）为：100、110、111、200…，见表 3-9。

在立方晶系中，有素晶胞（P），体心晶胞（I）和面心晶胞（F）三种形式。在素晶胞中衍射指数无系统消光。但在体心晶胞中，只有 $h+k+l$ 值为偶数的粉末衍射线，而在面心晶胞中，却只有 h、k、l 全为偶数时或全为奇数的粉末衍射线，其他的粉末衍射线因散射线相互干扰而消失（称为系统消光）。

表 3-9　立方点阵衍射指标规律

$h^2+k^2+l^2$	P	I	F	$h^2+k^2+l^2$	P	I	F
1	100			14	321	321	
2	110	100		15			
3	111		111	16	400	400	400
4	200	200	200	17	410 322		
5	210			18	411 330	411	
6	211	211		19	331		331
7				20	420	420	420
8	220	220	220	21	421		
9	300 221			22	332	332	
10	310	310		23			
11	311		311	24	422	422	422
12	222	222	222	25	500 430		
13	320						

对于立方晶系所能出现的 $h^2+k^2+l^2$ 值：素晶胞 1∶2∶3∶4∶5∶6∶8∶…（缺 7、15、23 等），体心晶胞 2∶4∶6∶8∶10∶12∶14∶16∶18∶…＝1∶2∶3∶4∶5∶6∶7∶8∶9,…，面心晶胞 3∶4∶8∶11∶12∶16∶19∶…。

因此，可由衍射谱的各衍射峰的 $\left(\dfrac{n}{d}\right)^2$ 或 $\sin^2\theta$ 值来确定所测物质的晶系、晶胞的点阵形式和晶胞常数。

如不符合上述任何一个数值，则说明该晶体不属于立方晶系，需要用对称性较低的四方、六方……由高到低的晶系逐一来分析、尝试来确定。

知道了晶胞常数，就知道了晶胞体积，在立方晶系中，每个晶胞的内含物（原子、离子、分子）的个数 n，可按下式求得：

$$n=\frac{\rho a^3}{M/N_0}$$

式中，M 为待测样品的摩尔质量；N_0 为阿伏伽德罗常数；ρ 为该样品的晶体密度。

【仪器和药品】

仪器和材料：Y-2000 型 X 射线衍射仪。

药品：NaCl（A. R.）。

【实验前预习要求】

1. 了解 X 射线衍射的基本原理。

2. 了解 X 射线衍射仪的基本结构。

【实验内容】

1. 制样：测量粉末样品时，把待测样品于研钵中研磨至粉末状，样品颗粒不能大于 200 目，把研细的样品倒入样品板，至稍有堆起，在其上用玻璃板紧压，样品的表面必须与样品板齐平。

2. 装样：安装样品要轻插，轻拿，以免样品由于振动而脱落在测试台上。

3. 要随时关好内防护罩的罩帽和外防护罩的铅玻璃，防止 X 射线散射。

4. 接通总电源，此时冷却水自动打开，再接通主机电源。

5. 接通微机电源，并引导 Y500 系统工程操作软件。

6. 开微机桌面上"X射线衍射仪操作系统"，选择"数据采集"，填写参数表，进行参数选择，注意填写文件名和样品名，然后联机，待机器准备好后，即可测量。

7. 扫描完成后，保存数据文件，进行各种处理，系统提供六处功能：寻峰、检索、积分强度计算、峰形放大、平滑、多重绘图。

8. 对测量结果进行数据处理后，打印测量结果。

9. 测量结束后，退出操作系统，关掉主机电源，水泵要在冷却 20min 后，方可关掉总电源。

10. 取出装样品的玻璃板，倒出框中样品，洗净样品板，晾干。

【注意事项】

1. 必须将样品研磨至 200～300 目的粉末，否则样品容易从样品板中脱落。

2. 使用 X 射线衍射仪时，必须严格按照操作规程进行操作。

3. 注意对 X 射线的防护。

【数据记录与处理】

1. 根据实验测得 NaCl 晶体粉末的 $\sin^2\theta$ 值，用整数连比起来，与上述规律对照，即可确定该晶体的点阵型式，从而可按表 3-9 将各粉末线依次指标化。

2. 根据公式，利用每对粉末线的 $\sin\theta$ 值和衍射指标，即可根据公式

$$a = \frac{\lambda}{2}\sqrt{\frac{h^2+k^2+l^2}{\sin\theta}}$$

计算晶胞常数 a。实际在精确测定中，应选取衍射角的大的粉末线数据来进行计算，或用最小二乘法求各粉末线所得 a 值的最佳平均值。

3. NaCl 的 $M = 58.5\text{g} \cdot \text{mol}^{-1}$，$\rho = 2.164\text{g} \cdot \text{cm}^{-3}$，则每个立方晶胞中 NaCl 的分子数为：

$$n = \frac{\rho V N_0}{M} = \frac{\rho N_0 a^3}{M}$$

【思考与讨论】

1. 简述 X 射线通过晶体产生衍射的条件。

2. 布拉格方程并未对衍射级数和晶面间距 d 作任何限制，但实际应用中为什么只用到数量非常有限的一些衍射线？

3. 布拉格衍射图中的每个点代表 NaCl 中的什么？（一个 Na 原子？一个 Cl 原子？一个 NaCl 分子？还是一个 NaCl 晶胞？）试给予解释。

第4章 综合性、设计性和研究性实验

实验 4-1 γ-Al₂O₃ 的制备、表征及催化活性评价

【实验目的】

通过实验，了解 $\gamma\text{-}Al_2O_3$ 的制备方法；了解 $NH_3\text{-}TPD$ 和 $CO_2\text{-}TPD$ 方法测定固体表面酸、碱性的原理及方法；了解固体催化剂的活性评价方法。

【实验提要】

Al_2O_3 是工业上常用的化学试剂，由于制备条件不同，得到的 Al_2O_3 具有不同的结构和性能。到目前为止，Al_2O_3 按其晶型可分为 8 种，即 $\alpha\text{-}Al_2O_3$、$\theta\text{-}Al_2O_3$、$\gamma\text{-}Al_2O_3$、$\delta\text{-}Al_2O_3$、$\eta\text{-}Al_2O_3$、$\chi\text{-}Al_2O_3$、$\kappa\text{-}Al_2O_3$ 和 $\rho\text{-}Al_2O_3$ 型。Al_2O_3 可作为吸附剂、催化剂和催化剂载体使用，其中 $\gamma\text{-}Al_2O_3$ 用途最广，这是因为其表面积大，且在大多数催化反应的温度范围内稳定性好。$\gamma\text{-}Al_2O_3$ 被用作载体时，除可以起到分散和稳定活性组分的作用外，还可提供酸、碱活性中心，与催化活性组分起到协同作用。

$\gamma\text{-}Al_2O_3$ 由 $\alpha\text{-}Al_2O_3$、$\beta\text{-}Al_2O_3 \cdot 3H_2O$ 在一定条件下制得的勃姆石（$Al_2O_3 \cdot H_2O$）在 $500\sim800\,℃$ 焙烧而成。进一步提高焙烧温度，$\gamma\text{-}Al_2O_3$ 则相继转化为 $\delta\text{-}Al_2O_3$、$\theta\text{-}Al_2O_3$ 和 $\alpha\text{-}Al_2O_3$。

Al_2O_3 水合物在焙烧脱水过程中通过以下反应形成 L 酸中心（指任何可以接受电子对的物种）和 L 碱中心（可以提供电子对的物种）：

而上述 L 酸中心很容易吸收水转变为 B 酸（凡能给出质子的任何物种）中心：

在用 Al_2O_3 作催化剂时，其表面酸碱性质除和制备条件有关外，还与煅烧过程中 Al_2O_3 脱水程度以及 Al_2O_3 晶型有关。

二甲醚可用作喷雾剂、冷冻剂和燃料，同时又是由合成气生产汽油和乙烯等的中间体，

因此，研究甲醇脱水制备二甲醚的反应有重要意义。甲醇在 Al_2O_3 的酸、碱位的协同作用下发生脱水反应而生成二甲醚的反应机理如下：

$$CH_3-\overset{\cdot\cdot}{O}: \underset{\text{碱}}{\underset{|}{H}} + CH_3-\underset{\text{酸}}{O-H} \longrightarrow CH_3-O-CH_3 \quad \underset{\text{碱}}{\underset{|}{H}} + \underset{\text{酸}}{O-H} \longrightarrow CH_3-O-CH_3 + H_2O \\ +\text{碱}+\text{酸}$$

催化反应的活性评价是研究催化过程的重要部分，评价催化剂的优劣通常要考察 3 个指标，即活性、选择性及使用寿命。活性一般由反应物料的转化率来衡量，选择性是指目标产物占所有产物的比例，寿命是指催化剂能维持一定的转化率和选择性所使用的时间。一种好的催化剂必须同时满足上述 3 个条件。

NH_3-TPD 和 CO_2-TPD 方法是目前测定固体表面酸、碱的强度和酸、碱位的数量的常用方法，其基本原理是，先让 γ-Al_2O_3 吸附 NH_3 或 CO_2，然后在惰性气流中进行程序升温，与酸位结合的 NH_3 或与碱位结合的 CO_2 就会脱附出来。脱附峰对应的温度越高，表示酸或碱的强度越大；而脱附峰的面积则表示酸或碱位的数量多少。

【仪器和试剂】

仪器和材料：恒温水浴，真空泵，电导率仪，箱式高温炉，电子天平，气相色谱仪，质谱仪，反应装置（图 4-1）一套，TPD 装置（图 4-2）一套。

试剂：甲醇（A.R.），$NaAlO_2$（A.R.），浓盐酸（A.R.），NH_3-He 混合气，高纯 N_2，高纯 He。

【实验前预习要求】

1. 掌握 L 酸和 L 碱、B 酸和 B 碱的概念。

2. 了解评价催化剂优劣的 3 个指标。

【实验内容】

1. γ-Al_2O_3 的制备

（1）先用量筒配制体积比为 1:5 的盐酸 200mL。

（2）称取 8g $NaAlO_2$，溶于 150mL 去离子水中，使之充分溶解，如有不溶物可加热搅拌。

（3）将配制好的 $NaAlO_2$ 溶液置于 70℃恒温水浴中。搅拌，慢慢滴加配制好的盐酸溶液。控制滴加速率为 10s 每滴，约滴加 55mL 盐酸，测量 pH 值为 8.5～9 时，即达终点。

（4）继续搅拌 5min，在 70℃水浴中静置老化 0.5h。过滤、洗涤沉淀直至无 Cl^-（滤液电导在 50S 以下）。

（5）将沉淀置于烘箱内在 120℃烘干 8h。

（6）将上述烘干沉淀在 450～550℃煅烧 2h。

（7）称量所得 γ-Al_2O_3 的质量。

2. γ-Al_2O_3 的活性评价

反应装置如图 4-1 所示。甲醇由 N_2 带入反应器，在 a、b 两点分别取样，分析甲醇被带入量及产物组成。冰浴中收集到的组分是反应生成的部分水。在常温下二甲醚呈气体状态，存在于反应尾气中。

（1）将 γ-Al_2O_3 粉末在压片机上用 500MPa 压力压成圆片，再破碎、过筛，选取 40～60 目筛分物备用。

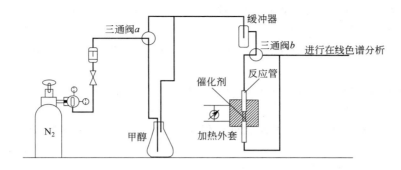

图 4-1　由甲醇合成二甲醚反应装置流程示意图

（2）将 1g 催化剂装填于反应管内，并将反应管与管路连接好。

（3）打开 N_2 瓶，选择三通阀 a 的位置，使 N_2 不通过甲醇瓶而直接进入反应器，控制 N_2 流量为 $40mL \cdot min^{-1}$。开启加热电源，使反应管升温至 250℃。切换三通阀 a，使 N_2 将甲醇带入反应器，开始反应。计算空速 GHSV、线速及接触时间。

（4）色谱分析

分析条件。检测器：TCD；色谱柱：GDX-403，长 2m；载气：H_2 $40mL \cdot min^{-1}$；柱温：80℃；桥流：150mA；汽化温度：160℃。

分析步骤（在反应前完成）。先通载气，待载气流量达规定值时，打开色谱仪总电源，再启动色谱室。然后接通汽化器电源，待柱温升到 80℃ 并稳定后，打开热导池电流开关，将桥流调至规定值。

（5）待反应进行一段时间后，通过切换三通阀 b，用色谱仪分别分析反应尾气和原料气，由分析结果可计算出甲醇的转化率及选择性。每个取样点取两个平行数据。

（6）将反应管升温至 400℃ 继续反应，待温度稳定 0.5h 后，再取一组样。每点仍取两个平行数据。

（7）停止反应，将三通阀转向，断开甲醇通路，关闭加热电源，2min 后关闭 N_2，同时将色谱仪关闭（按与开机相反的顺序操作）。

3. γ-Al_2O_3 表面酸性测量

（1）让质谱仪处于备用状态。

（2）将 0.1 g γ-Al_2O_3 置入反应管，见图 4-2。

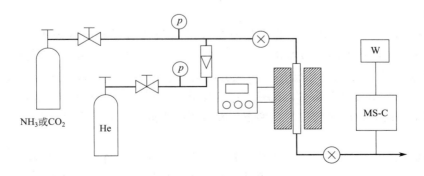

图 4-2　表面酸（碱）量的测定装置流程示意图

（3）以 40mL·min^{-1} 流速通入 He，将反应管升温至 300℃并恒温 1h。

（4）将反应管降至室温。

（5）将 He 切换为 NH$_3$-He 混合气（40mL·min^{-1}）以进行 NH$_3$ 的吸附，此过程持续 20min。

（6）将 NH$_3$-He 混合气切换为 He（40mL·min^{-1}）进行吹扫直至质谱仪检测器基线稳定。

（7）由室温以 10℃·min^{-1} 的速度进行程序升温（至 800K 左右），同时用质谱仪记录升温曲线。

4. γ-Al$_2$O$_3$ 表面碱性测量

除将 NH$_3$-He 混合气更换为 CO$_2$ 外，与实验内容 3 完全相同。

【数据记录与处理】

1. 计算 γ-Al$_2$O$_3$ 的收率并分析可能造成损失的原因。

2. 记录装填催化剂的质量、体积、氮气流速（mL·min^{-1}）、室温、反应恒温时间。

3. 计算甲醇在氮气中的体积分数，并计算空速、线速及接触时间。

4. 记录在两种不同温度下甲醇及二甲醚的色谱峰面积，分别计算甲醇的转化率，并比较温度对活性和选择性的影响。

5. 与其他同学的实验结果进行对照，定性讨论反应性能与 γ-Al$_2$O$_3$ 表面酸、碱强度和酸、碱中心数量之间的关系。

【思考与讨论】

1. γ-Al$_2$O$_3$ 的 L 酸、B 酸中心是如何产生的？

2. γ-Al$_2$O$_3$ 为何可以提高甲醇脱水生成二甲醚的反应速率？

3. 反应温度和压力对二甲醚的产率有何影响？

4. 对实验改进有哪些设想和建议？

实验 4-2　水热法制备纳米 SnO$_2$

【实验目的】

通过实验，了解水热反应的基本原理；了解不同外界条件对产物微晶形成、晶粒大小及形态的影响。

【实验提要】

SnO$_2$ 是一种半导体氧化物，它在传感器、催化剂和透明导电薄膜等方面具有广泛用途。纳米 SnO$_2$ 具有很大的比表面积，是一种很好的气敏与湿敏材料。制备超细 SnO$_2$ 的方法很多，有 Sol-Gel 法、化学沉淀法、激光分解法、水热法等。水热法制备纳米氧化物微粉有许多优点，如产物直接为晶态，无需经过焙烧晶化过程，因而可以减少用其他方法难以避免的颗粒团聚，同时粒度比较均匀，形态比较规则。因此，水热法是制备纳米氧化物微粉的好方法之一。

水热法是指在温度超过 100℃和相应压力（高于常压）条件下利用水溶液（广义地说，溶剂介质不一定是水）中物质间的化学反应合成化合物的方法。在水热条件（相对高的温度和压力）下，水的反应活性提高，其蒸气压上升、离子积增大，而密度、表面张力及黏度下降，同时体系的氧化-还原电势发生变化，总之，物质在水热条件下的热力学性质均不同于常态，为合成某些特定化合物提供了可能。水热合成方法的主要特点有：①水热条件下，反应物和溶剂活性的提高，有利于某些特殊中间态及特殊物相的形成，因此可能合成具有某些特殊结构的新化合物；②水热条件下有利于某些晶体的生长，获得纯度高、取向规则、形态完美、非平衡态缺陷尽可能少的晶体材料；③产物粒度较易于控制，分布集中，采用适当措施可尽量减少团聚；④通过改变水热反应条件，可能形成具有不同晶体结构和结晶形态的产物，也有利于低价态、中间价态与特殊价态化合物的生成。基于以上特点，水热合成在材料领域已有广泛应用。水热合成化学也日益受到化学与材料科学界的重视。

本实验以水热法制备纳米 SnO_2 为例，介绍水热反应的基本原理，研究不同水热反应条件对产物微晶形成、晶粒大小及形态的影响。

【仪器和药品】

仪器和材料：100mL 不锈钢压力釜（具有聚四氟乙烯衬里），管式电炉套及温控装置，电动搅拌器，抽滤水泵，酸度计。

试剂：$SnCl_4 \cdot 5H_2O$（A.R.），KOH（A.R.），乙酸（A.R.），乙酸铵（A.R.），95%（质量分数），乙醇（A.R.）

【实验前预习要求】

1. 了解纳米材料的概念。

2. 了解纳米材料的合成方法。

【实验内容】

1. 原料液的配制

用蒸馏水配制 $1.0 mol \cdot L^{-1}$ 的 $SnCl_4$ 溶液，$10 mol \cdot L^{-1}$ 的 KOH 溶液。

每次取 50mL 的 $1.0 mol \cdot L^{-1}$ 的 $SnCl_4$ 溶液于 100mL 烧杯中，在电磁搅拌下逐滴加入 $10 mol \cdot L^{-1}$ 的 KOH 溶液，调节反应液的 pH 至所要求值（例如 1.45），制得的原料液待用。观察并记录反应液状态随 pH 的变化。

2. 反应条件的选择

水热反应的条件，如反应物浓度、温度、反应介质的 pH、反应时间等对反应产物的物相、形态、粒子尺寸及其分布和产率均有重要影响。

水热反应制备纳米晶 SnO_2 的反应机理如下。

$SnCl_4$ 的水解：

$$SnCl_4 + 4H_2O \longrightarrow Sn(OH)_4 \downarrow + 4HCl$$

形成无定形的 $Sn(OH)_4$ 沉淀，紧接着发生 $Sn(OH)_4$ 的脱水缩合和晶化作用，形成 SnO_2 纳米微晶。

$$nSn(OH)_4 \longrightarrow nSnO_2 + 2nH_2O$$

（1）反应温度　反应温度低时，$SnCl_4$ 水解、脱水缩合和晶化作用慢。温度升高将促进 $SnCl_4$ 的水解和 $Sn(OH)_4$ 的脱水缩合，同时重结晶作用增强，使产物晶体结构更完整，但也导致 SnO_2 微晶长大。本实验反应温度以 120~160℃ 为宜。

（2）反应介质的酸度　当反应介质的酸度较高时，$SnCl_4$ 的水解受到抑制，中间物 $Sn(OH)_4$ 生成相对较少，脱水缩合后，形成的 SnO_2 晶核数量较少，大量 Sn^{4+} 残留在反应液中。这一方面有利于 SnO_2 微晶的生长，同时也容易造成粒子间的聚结，导致产生硬团聚，这是制备纳米粒子时应尽量避免的。

当反应介质的酸度较低时，$SnCl_4$ 水解完全，大量很小的 $Sn(OH)_4$ 质点同时形成。在水热条件下，经脱水缩合和晶化，形成大量 SnO_2 纳米微晶。此时，由于溶液中残留的 Sn^{4+} 数量已很少，生成的 SnO_2 微晶较难继续生长。因此产物具有较小的平均颗粒尺寸，粒子间的硬团聚现象也相应减少。本实验反应介质的酸度控制为 pH＝1.45。

（3）反应物的浓度　单独考查反应物浓度的影响时，反应物浓度愈高，产物 SnO_2 的产率愈低。这主要是由于当 $SnCl_4$ 浓度增大时，溶液的酸度也增大，Sn^{4+} 的水解受到抑制。

当介质的 pH＝1.45 时，反应物的黏度较大，因此反应物浓度不宜过大，否则搅拌难以进行。一般用 $[SnCl_4]$＝$1mol \cdot L^{-1}$ 为宜。

3. 水热反应

将配制好的原料液倾入具有聚四氟乙烯衬里的不锈钢压力釜内，用管式电炉套加热压力釜。用控温装置控制压力釜的温度，使水热反应在所要求的温度下进行一定时间（约 2 h）。为保证反应的均匀性，水热反应应在搅拌下进行。反应结束，停止加热，待压力釜冷却至室温时，开启压力釜，取出反应产物。

4. 反应产物的后处理

将反应产物静止沉降，移去上层清液后减压过滤。过滤时应用致密的细孔滤纸，尽量减少穿滤。在 100mL 10% 的乙酸中加入 1g 乙酸铵的混合液洗涤沉淀物 4～5 次（防止沉淀物胶溶穿滤），洗去沉淀物中的 Cl^- 和 K^+，最后用 95% 的乙醇洗涤两次，于 80℃ 干燥，然后研细。

5. 反应产物的表征

（1）物相分析　用多晶 X 射线衍射法（XRD）确定产物的物相。在 JCPDS 卡片集中查出 SnO_2 的多晶标准衍射卡片，将样品的 d 值和相对强度与标准卡片上的数据相对照，确定产物是否为 SnO_2。

（2）粒子大小分析　由多晶 X 射线衍射峰的半高宽，用 Scherrer 公式

$$D_{hkl} = \frac{K\lambda}{\beta \cos\theta_{hkl}}$$

计算样品在 hkl 方向上的平均晶粒尺寸。其中 β 为扣除仪器因子后 hkl 衍射的半高宽（弧度）；K 为常数，通常取 0.9；θ_{hkl} 为 hkl 衍射峰的衍射角；λ 为 X 射线的波长。

用透射电子显微镜（TEM）直接观察样品粒子的尺寸与形貌。

（3）比表面积测定　用 BET 法测定样品的比表面积，并计算样品的平均粒径。

（4）等电点测定　用显微电泳仪测定 SnO_2 颗粒的等电点。

【数据记录与处理】

通过适当改变反应条件，根据所得结果，对反应物浓度、温度、反应介质的 pH、反应时间等对反应产物的物相、形态、粒子尺寸及其分布和产率的影响作一总结。

【思考与讨论】

1. 比较同一样品由 XRD、TEM 和 BET 法测定的粒子大小，并对各自测量结果的物理含义作分析比较。

2. 水热法作为一种无机合成方法具有哪些特点？

3. 用水热法制备纳米氧化物时，对物质本身有哪些基本要求？试从化学热力学和动力

学角度进行定性分析。

4. 水热法制备纳米氧化物过程中，哪些因素影响产物的粒子大小及其分布？

5. 在洗涤纳米粒子沉淀物过程中，如何防止沉淀物的胶溶？

6. 从表面化学角度考虑，如何减少纳米粒子在干燥过程中的团聚？

实验4-3　卟啉化合物的合成及物理化学性质

【实验目的】

通过实验，掌握卟啉化合物的化学合成及表征；掌握金属卟啉配合物与有机碱的轴向配位反应动力学测定方法；掌握用电导率仪测定金属配合物在溶液中电迁移的方法。

【实验提要】

卟啉化学是大环化学的一个分支，卟啉化合物是一类含氮杂环的共轭化合物，其中环上各原子处于一个平面内（结构见图4-3、图4-4）。卟啉化合物在自然界中广泛存在，有重要的生理作用。卟啉环中含有4个吡咯环，每2个吡咯环在2位和5位之间由一个亚甲基桥连，在5，10，15，20位上也可键合4个取代苯基，形成四取代苯基卟啉。卟啉环中有交替的单键和双键，由18个π电子组成共轭体系，具有芳香性。其核磁共振谱中4个碳桥原子上的质子的化学位移值为10左右，而氮原子上的质子则为-2～-5。

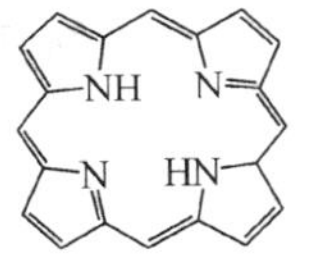

图4-3　卟吩的结构 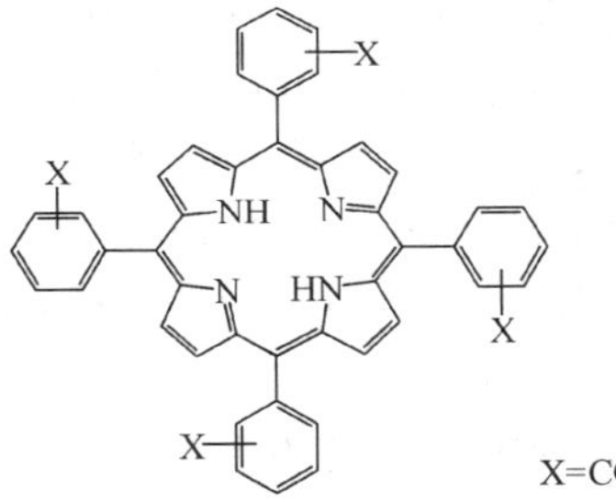　　　　　　图4-4　四取代苯基卟啉 T-xPP

X=COOH,OH

当两个氮原子上的质子电离后，形成的空腔可以容纳 Fe、Co、Mg、Cu、Zn 等金属离子而形成金属配合物，这些金属配合物都具有一些生理上的作用。如血红素（图4-5）、维生素 B_{12}、细胞色素 C、叶绿素 a（图4-6）等。

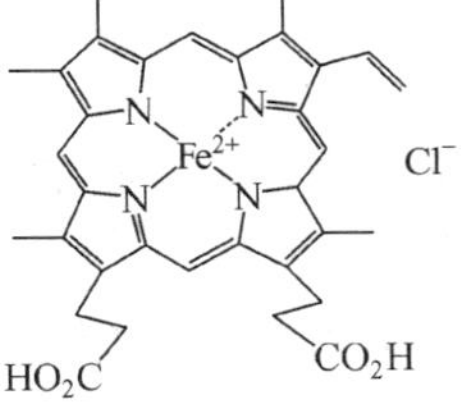

图4-5　血红素的结构 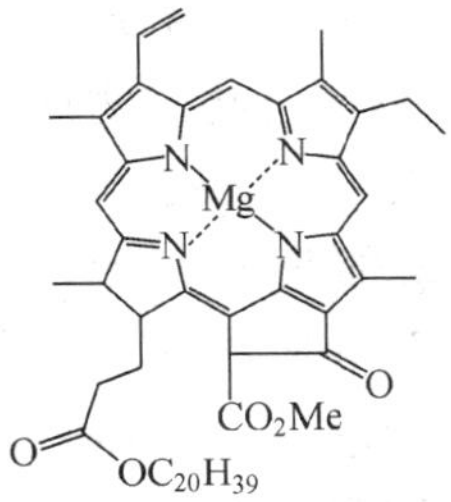　　　　　　图4-6　叶绿素 a 的结构

卟啉类化合物具有对光、热良好的稳定性，它的光稳定性、较大的可见光消光系数以及它在电荷转移过程中的特殊作用，使得它在光电领域的应用受到高度的重视，被用于气体传感器、太阳能的贮存、生物模拟氧化反应的催化剂、生物大分子探针，还可作为模拟天然功

能物质（如血红蛋白、细胞色素 C 氧化酶等）的母体。金属卟啉配合物被广泛地应用于微量分析等领域。

【仪器和药品】

仪器和材料：紫外-可见分光光度仪，傅里叶变换红外光谱仪，核磁共振仪，电导率仪，差热分析仪，分析天平，100mL 量筒 1 只，10mL 量筒 2 只，10mL 容量瓶 4 个，250mL 三口瓶 1 个，25mL 二口瓶 1 个，50mL 恒压滴液漏斗 1 只，500mL 烧杯 1 只，电磁搅拌器 1 台，回流冷凝管 1 支，旋转蒸发仪，真空泵，色谱柱，真空干燥器。

药品：对羟基苯甲醛或对羧基苯甲醛，吡咯，丙酸，醋酸钴，DMF（二甲基甲酰胺），无水乙醇，无水乙醚，二氯甲烷，丙酮，环己烷，薄板色谱硅胶，柱色谱硅胶，氢氧化钠，咪唑。

【实验前预习要求】

1. 了解薄板色谱、柱色谱的原理及意义；掌握薄板色谱、柱色谱分离有机化合物的实验操作技术。

2. 了解差热分析的基本原理。

【实验内容】

1. 卟啉化合物的合成与分离

在 250mL 的三口瓶中加入 7.5g（约 0.05mol）对羟基苯甲醛（或对羧基苯甲醛）及 150mL 丙酸，加热至沸腾，再滴加新蒸吡咯 3.5g（约 0.05mol）与 10mL 丙酸的溶液，在 5min 内加完，继续加热回流 45min，然后改为蒸馏装置，减压蒸出约 120mL 丙酸后，冷却 4h（此间，做薄层色谱并在 120℃下活化 2h），过滤，粗产物用少量乙醚洗涤，得紫色固体。用薄层色谱选择合适的淋洗剂（通常在二氯甲烷，环己烷，无水乙醇，乙酸乙酯，丙酮中选择单一溶剂或混合溶剂），然后进行柱层析，收集红色带，溶液旋转蒸发至干，置干燥器中干燥并用氮气保护，备用。

2. 金属（钴）卟啉配合物的合成与分离

在 25mL 的二口瓶中加入 0.12～0.15g 中位-四[对羟基（或羧基）苯基]卟啉和 8mL DMF，在 N_2 保护下，搅拌加热，至 100℃时加入 10 倍卟啉摩尔量的四水合乙酸钴，继续加热至回流，并保持回流状态 20～30min。然后，将产物倒入 300mL 冰水中，陈化 2～3h，抽滤，将得到的固体在烘箱中烘干（70～80℃）。在陈化过程中制作薄层色谱硅胶板，并与柱色谱硅胶一并活化，活化条件为 120℃，2h。选择合适的淋洗剂，然后进行柱色谱，收集金属卟啉配合物，旋转蒸发，置干燥器中干燥并用氮气保护，备用。

3. 金属（钴）卟啉配合物的物理化学性质测定

（1）金属（钴）卟啉配合物的差热分析

准确称取 4～8mg 的卟啉钴配合物，在差热分析仪上测定配合物的差热图谱。

（2）金属（钴）卟啉配合物的电迁移性质

① 准确称取 3～5mg 的钴卟啉，倒入 10mL 已充入氮气的容量瓶中，用无水乙醇溶解并稀释至刻度，再准确配制约 $2～10mol \cdot L^{-1}$ 的氢氧化钠乙醇溶液。

② 调节电导率仪的恒温水槽温度至 25℃，取 2.0mL 钴卟啉溶液于一只干净的试管中，测量其电导率，并记录。再逐次加入 $5\mu L$ 的氢氧化钠溶液，测量其电导率，测 30 次，分别记录每次的电导率值。最后，用 2mL 无水乙醇做空白实验，依次测量加入 $5\mu L$ 的氢氧化钠溶液的电导率。绘制电导率-氢氧化钠溶液体积曲线。

（3）金属（钴）卟啉配合物与咪唑配位动力学测定

① 准确称取 0.17～0.18g 咪唑，溶于适量的无水乙醇中，待溶解后转入一个 25mL 的容量瓶中，并用乙醇稀释到刻度。配成浓度为 $0.100mol \cdot L^{-1}$ 的咪唑乙醇溶液，标记为 1 号。从 1 号中吸取 12.5mL 溶液置于另一个 25mL 容量瓶中，稀释到刻度，标记为 2 号。从 2 号中吸取 2.5mL 溶液置于另一个 25mL 容量瓶中，稀释到刻度，标记为 3 号。从 3 号中吸取 2.5mL 溶液置于另一个 25mL 容量瓶中，用无水乙醇稀释到刻度，标记为 4 号。

② 称取 15～20mg 钴卟啉，转入一个 10mL 的容量瓶中，用氮气保护，加入无水乙醇溶解并稀释至刻度，立即在紫外-可见分光光度仪上测定其与氧作用前的图谱，读取 412nm 波长下的吸收值并计算消光系数。

③ 取 1mL 金属卟啉配合物乙醇溶液与 1mL 不同浓度的咪唑乙醇溶液反应的紫外图谱，时间大约为 15min，分别测定图中特定波长下（412nm、435nm）的吸收峰值。

④ 在比色池中加入 1mL 钴卟啉，再加入 1mL 1 号咪唑溶液，记录时间。每隔 1min，记录 412nm 及 435nm 波长处的吸光度值；每隔 5min 扫描 380～480nm 的紫外-可见光谱。

⑤ 分别用 2 号、3 号、4 号咪唑溶液代替 1 号溶液，重复步骤④，记录数据并作图。

⑥ 改变金属卟啉配合物的浓度，固定咪唑浓度再进行测定，并记录特定波长下（412nm，435nm）的吸收峰值。

⑦ 将所得的数据作成 A-t 曲线。

最后，作卟啉化合物的红外光谱图及 NMR 谱图，以确证所合成的卟啉及金属卟啉化合物为目标化合物。

【注意事项】

在实验内容 3（3）中，必须注意氮气保护且操作动作迅速，以防止 O_2 在轴向上配位而给结果带来误差。

【数据记录与处理】

1. 绘制电导率-氢氧化钠溶液体积曲线。

2. 作不同浓度金属卟啉配合物和咪唑溶液的 A-t 曲线，得出反应的动力学方程，计算反应速率常数和反应级数。

【思考与讨论】

1. 差热分析。从差热图上分析卟啉化合物可能的裂解机理。

2. 电迁移分析。从电导率-氢氧化钠溶液体积曲线上可发现有 4 个拐点，分别对应卟啉上的 4 个酚羟基（或羧基），说明所合成的四取代苯基卟啉可在碱溶液中呈离子态。

3. 金属卟啉与有机碱轴向配位动力学分析。从金属卟啉与有机碱轴向配位反应的紫外光谱图可知，利用特定双波长以及不同反应物浓度，反应的吸光度值随时间的变化，就可得出反应的动力学方程，进而计算反应速率常数和反应级数。

4. 化学结构分析。从紫外光谱可知，卟啉及金属卟啉有特定的吸收（Soret 带、Q 带），红外光谱也有特征吸收（羧基、羟基、苯环等），至于[1]HNMR 谱图，卟啉的吡咯环上的 8 个碳原子上的质子的化学位移值为 9 左右，苯环上的质子的化学位移值在 7～9 之间，中心氮原子上的质子为 3 左右。

实验 4-4　BaTiO₃ 纳米粉的溶胶-凝胶法制备及其表征

【实验目的】

通过实验，学习和掌握溶胶-凝胶法制备纳米粉的技术；熟悉纳米粉表征的方法；了解纳米粉材料的应用和纳米技术的发展。

【实验提要】

溶胶（Sol）是具有液体特征的胶体体系，分散的粒子是固体或者大分子，分散的粒子大小在 1～1000nm 之间。凝胶（Gel）是具有固体特征的胶体体系，被分散的物质形成连续的网状骨架，骨架空隙中充有液体或气体，凝胶中分散相的含量很低，一般在 1%～3% 之间。溶胶-凝胶法就是用含高化学活性组分的化合物作前驱体，在液相下将这些原料均匀混合，并进行水解、缩合反应，在溶液中形成稳定的透明溶胶体系，溶胶经陈化，胶粒间缓慢聚合，形成三维空间网络结构的凝胶，凝胶网络间充满了失去流动性的溶剂，形成凝胶。凝胶经过干燥、烧结固化制备出分子乃至纳米亚结构的材料。溶胶-凝胶法作为低温或温和条件下合成无机化合物或无机材料的重要方法，在制备玻璃、陶瓷、薄膜、纤维、复合材料等方面获得重要应用，更广泛用于制备纳米粒子。

钛酸四丁酯吸收空气或体系中的水分而逐渐水解，水解产物发生失水缩聚形成三维网络状凝胶，而 Ba²⁺ 或 Ba(Ac)₂ 的多聚体均匀分布于网络中。高温热处理时，灼烧—Ti—O—Ti—多聚体与 Ba(Ac)₂ 分解产生的 BaCO₃（X 射线衍射分析表明，在形成 BaTiO₃ 前有 BaCO₃ 生成），最终生成 BaTiO₃。

纳米粉的表征方法可以用 X 射线衍射（X-ray diffraction，XRD）、透射电子显微镜（transmission electron microscopy，TEM）、比表面积测定和红外透射光谱等方法。

【仪器和药品】

仪器和材料：X 射线衍射仪，比表面吸附仪，研钵，坩埚。

药品：钛酸四丁酯，正丁醇（A.R.），冰醋酸（A.R.），无水醋酸钡（A.R.）。

【实验前预习要求】

1. 了解溶胶-凝胶法原理及其影响因素。

2. 了解 XRD 谱图及其意义。

【实验内容】

1. 溶胶及凝胶的制备

准确称取钛酸四丁酯 10.2108g（0.03mol）置于小烧杯中，倒入 30mL 正丁醇使其溶解，搅拌下加入 10mL 冰醋酸，混合均匀。另准确称取等物质的量的已干燥过的无水醋酸钡（0.03mol，7.6635g），溶于 15mL 蒸馏水中，形成 Ba(Ac)₂ 水溶液。将其加入到钛酸四丁酯的正丁醇溶液中，边滴加边搅拌，混合均匀后用冰醋酸调 pH 为 3.5，即得到淡黄色澄清透明的溶胶。用滤纸将烧杯口盖上、扎紧，在室温下静置 24h，即可得到近乎透明的凝胶。

2. 干凝胶的制备

将凝胶捣碎，置于烘箱中，在 100℃ 下充分干燥（24h 以上），去除溶剂和水分，即得干凝胶。研细备用。

3. 高温灼烧处理

将研细的干凝胶置于 Al₂O₃ 坩埚中进行热处理。先以 4℃ · min⁻¹ 的速度升温至

250℃，保温 1h，以彻底除去粉料中的有机溶剂。然后以 8℃·min^{-1} 的速度升温至 1000℃，高温灼烧保温 2h，然后自然降至室温，即得到白色或淡黄色固体，研细即可得到结晶态 BaTiO$_3$ 纳米粉。BaTiO$_3$ 纳米粉的制备流程如图 4-7 所示。

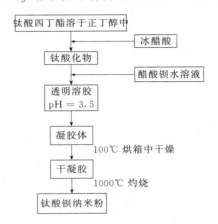

图 4-7   溶胶-凝胶（Sol-Gel）法制备 BaTiO$_3$ 纳米粉的工艺过程

4. 纳米粉的表征

将 BaTiO$_3$ 粉涂于专用样品板上，于 X 射线衍射仪上测定衍射图，对得到的数据进行计算机检索或与标准谱图对照，可以证实所得 BaTiO$_3$ 是否为结晶态，同时还可以根据给出的公式计算，所得 BaTiO$_3$ 是否为纳米粒子。BaTiO$_3$ 纳米粉 XRD 标准谱图见图 4-8。

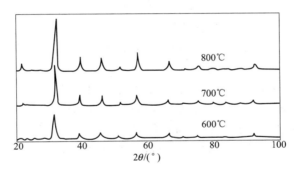

图 4-8   BaTiO$_3$ 纳米粉 XRD 标准谱图

BaTiO$_3$ 纳米粉的平均晶粒尺寸可以由下式计算：

$$D = 0.9\lambda / (\beta\cos\theta)$$

式中，D 为晶粒尺寸，纳米微粒一般在 1~100nm 之间；λ 为入射 X 射线波长，对于 Cu 靶，$\lambda = 0.1542$nm；θ 为 X 射线衍射的布拉格角（以度计）；β 为 θ 处衍射峰的半高宽（以弧度计）；其中 β 和 θ 可由 X 射线衍射数据直接给出。

【注意事项】

1. 本实验水解得到的干凝胶并非无定形的 BaTiO$_3$，而是一种混合物，只有经过适当的热处理才成为纯相的 BaTiO$_3$ 纳米粉。

2. 在制备前体溶胶时，应清澈透明略有黄色且有一定黏度，若出现分层或沉淀，则表示实验失败。

【数据记录与处理】

1. 改变制备时的 pH，制得数个样品，用比表面吸附仪测定其比表面积及孔径、孔容，进行比较和分析。

2. 根据 XRD 标准谱图计算晶粒尺寸 D。

【思考与讨论】

将醋酸钡水溶液加入钛酸四丁酯的正丁醇溶液中混合均匀后，用冰醋酸调 pH 为 3.5 的目的是什么？

实验 4-5 设计性实验

实验 4-5-1 分子筛的制备及其物性测定

提示：分子筛是一种新型的高效能和高选择性的吸附剂，但近年来，分子筛作为催化剂和催化剂的载体，已广泛应用于石油炼制和化学工业中。分子筛又称沸石，是一类结晶的硅酸盐。分子筛的化学组成一般可用以下通式来表示：

$$M_{2/a}O \cdot Al_2O_3 \cdot xSiO_2 \cdot yH_2O$$

式中，M 为金属离子；a 为金属离子的价数，x 为 SiO_2 的物质的量；y 为结晶水的物质的量。分子筛组成中 SiO_2 的含量不同，或者说 $n(SiO_2)/n(Al_2O_3)$ 的值不同可形成不同类型的分子筛。各种类型分子筛中 SiO_2 的物质的量如下：

A 型分子筛　　$x=2$

X 型分子筛　　$x=2.1 \sim 3.0$

Y 型分子筛　　$x=3.1 \sim 5.0$

丝光沸石　　　$x=9 \sim 11$

当 SiO_2 含量不同时，分子筛的性质如耐酸性、热稳定性等也不同。不仅如此，不同类型的分子筛其晶体结构也不同，由此各分子筛表现出独有的性质。

要求：1. 查阅有关资料，拟定合适的制备方法。

2. 物性测定的项目有：分子筛的化学分析；X 射线物相分析；分子筛的热重分析；饱和吸附量的测定。

实验 4-5-2 草酸根合铁（Ⅲ）酸钾的制备及其组成的确定

提示：草酸根合铁（Ⅲ）酸钾可由氯化铁和草酸钾反应制得，要确定所得配合物的组成，必须综合应用各种方法。化学分析可以确定各种组分的含量，从而确定分子式。配合物中的金属离子一般可通过容量滴定分析、比色分析或原子吸收光谱确定其含量。草酸根合铁（Ⅲ）酸钾配合物中的铁含量采用磺基水杨酸比色法测定，或用高锰酸钾标准溶液来滴定亚铁离子。钾含量可以用原子吸收光谱测定，也可用离子选择电极测定。草酸根合铁（Ⅲ）酸钾中所含有的结晶水和草酸根可通过红外光谱作定性鉴定，并用热重分析法定量测定结晶水和草酸根的含量，还可用气相色谱法测定不同温度时热分解产物中逸出气的组分及其相对含量来确定。草酸根合铁（Ⅲ）酸钾配合物中心离子 Fe^{3+} 的 d 电子组态及配合物是高自旋还是低自旋，可以由磁化率测定来确定。

要求：1. 用氯化铁和草酸钾合成草酸根合铁（Ⅲ）酸钾。

2. 确定配合物中铁含量（采用磺基水杨酸比色法或用还原剂先将其还原成亚铁离子，然后用高锰酸钾标准溶液滴定计算含量）和钾含量（用离子选择电极测定）。

3. 用热重分析测定结晶水和草酸根的含量。

4. 测定重结晶的配合物的磁化率和红外光谱。

实验 4-5-3　非离子表面活性剂——聚醚的合成及表征

提示：表面活性剂是一类特殊的化合物，一般说来，表面活性剂都是由易溶于油的亲油基（也称憎水基）和易溶于水的亲水基两部分组成。根据分子结构中所含官能团的不同，表面活性剂可以分成四大类：阴离子表面活性剂、阳离子表面活性剂、非离子表面活性剂和两性表面活性剂。非离子表面活性剂在数量上是仅次于阴离子表面活性剂而被大量使用的重要品种，可用作洗涤剂、乳化剂、破乳剂、纤维柔软剂、染色剂等。非离子表面活性剂是含有在水中不解离的羟基—OH 和醚键 C—O—C 并以它们为亲水基的表面活性剂，简称聚醚。聚醚的平均分子量用羧值法测定。羧值法是用一定量的羧酸酐（如乙酸酐）在催化剂的存在下，使之与聚醚进行酰化反应，一分子酸酐反应后生成一分子羧酸酯端基的聚醚和一分子羧酸，用 KOH 标准溶液滴定，以此可求得聚醚样品端羧基的含量（即羧值），由此可换算为聚醚的平均分子量。

要求：1. 以丁醇为起始剂，在 KOH 碱催化下，使环氧乙烷、环氧丙烷开环聚合，得到环氧乙烷-环氧丙烷无规共聚物（简称聚醚）。

2. 聚醚的平均分子量用羧值法测定。

3. 用红外光谱法对聚醚进行定性分析。

实验 4-5-4　固体酸催化合成油酸月桂酯

提示：油酸月桂酯是一种优良的润滑剂，广泛应用于润滑油、化纤油剂等领域。工业上羧酸酯类产品的合成大多采用硫酸催化法，由于硫酸具有脱水和氧化性能，导致反应中的副反应多，严重腐蚀设备，产生严重的污染等问题。固体酸不腐蚀设备，副反应少，大多可以回收再用，以固体酸代替液体酸作催化剂是实现环境友好催化新工艺的一条重要途径，是近年来的研究热点。制备几种固体酸如 SO_4^{2-}/TiO_2、$TiOSO_4$、$TiOSO_4/SiO_2$ 等；用 Hammett 指示剂测定固体酸表面的酸强度，如用间硝基甲苯（$H_0 = -11.99$）、蒽醌（$H_0 = -8.2$）和结晶紫（$H_0 = +0.8$）等 Hammett 指示剂测定固体酸表面的酸强度；用吸附吡啶的红外光谱表征固体酸的表面酸性；用柱色谱法分离纯化产物，并用红外光谱分析产物的结构。

要求：1. 查找有关合成油酸月桂酯的资料；掌握酯化反应一般的操作方法；掌握产物分离及分析方法。

2. 用四氯化钛氨水水解法制备固体酸 SO_4^{2-}/TiO_2；用色谱硅胶浸渍 $Ti(SO_4)_2$ 溶液制备 $TiOSO_4/SiO_2$；硫酸钛焙烧制备 $TiOSO_4$。

3. 从差热图谱上分析 $Ti(SO_4)_2$ 受热情况下的可能分解方式，写出分解方程式。

4. 从固体酸吸附吡啶的 IR 谱图判断催化剂表面的酸性质。

附录 常用数据表

附录 1 水的饱和蒸气压

$t/℃$	p/kPa	$t/℃$	p/kPa	$t/℃$	p/kPa	$t/℃$	p/kPa
−10	0.2599	11	1.3129	32	4.7578	53	14.303
−9	0.28394	12	1.4027	33	5.0335	54	15.012
−8	0.30998	13	1.4979	34	5.3229	55	15.752
−7	0.33819	14	1.5988	35	5.6267	56	16.522
−6	0.36873	15	1.7056	36	5.9453	57	17.324
−5	0.40176	16	1.8185	37	6.2795	58	18.159
−4	0.43747	17	1.938	38	6.6298	59	19.028
−3	0.47606	18	2.0644	39	6.9969	60	19.932
−2	0.51772	19	2.1978	40	7.3814	65	20.873
−1	0.56267	20	2.3388	41	7.784	70	21.851
0	0.61129	21	2.4877	42	8.2054	75	22.868
1	0.65716	22	2.6447	43	8.6463	80	23.925
2	0.70605	23	2.8104	44	9.1075	85	25.022
3	0.75813	24	2.985	45	9.5898	90	26.163
4	0.81359	25	3.169	46	10.094	95	27.347
5	0.8726	26	3.3629	47	10.62	100	28.576
6	0.93537	27	3.567	48	11.171	101	29.852
7	1.0021	28	3.7818	49	11.745	102	31.176
8	1.073	29	4.0078	50	12.344	103	32.549
9	1.1482	30	4.2455	51	12.97	104	33.972
10	1.2281	31	4.4953	52	13.623	105	35.448

摘自：David R. Lide. CRC Handbook of Chemistry and Physics. 87th. 2006~2007.

附录 2 一些液体的饱和蒸气压

下列化合物蒸气压可用方程 $\lg p = 2.124 + A - B/(C+t)$ 计算，式中 A、B、C 为常数；p 为蒸气压（Pa）；t 为温度（℃）。

化合物	25℃时蒸气压/Pa	温度范围/℃	A	B	C
乙醇	7507.38		8.04494	1554.3	222.65
乙醚	71234.2		6.78574	994.195	220.0
丙酮	30670.3		7.02447	1161.0	200.221
苯	12689.62		6.90565	1211.033	220.790
四氯化碳	15365.1		6.93390	1242.43	230.0
乙酸乙酯	12570.7	−20~+150	7.09808	1238.71	217.0
环己烷		−20~+145	6.84498	1203.526	222.86
醋酸	2025.17	0~36	7.80307	1651.2	225
		36~170	7.18807	1416.7	211

附录 3　常压下一些二组分共沸物的沸点与组成

共沸物		各组分的沸点/℃		共沸物的性质	
A 组分	B 组分	A 组分	B 组分	组成 w_B/%	沸点/℃
水	氯化氢	100	−85	20.22	108.58
水	硝酸	100	86	67.4	120.7
水	四氯化碳	100	76.75	95.9	66
水	氯仿	100	61	97.2	56.1
水	乙醇	100	78.32	96	78.17
水	1-丁醇	100	117.4	57.5	92.7
水	2-丁醇	100	99.5	73.2	87
水	环己烷	100	80.8	91.6	69.5
水	正己烷	100	68.7	94.4	61.6
水	甲苯	100	110.7	86.5	84.1
水	乙酸乙酯	100	77.15	91.53	70.38
水	乙酸丁酯	100	126.2	71.3	90.2
乙醇	环己烷	78.3	80.8	70.8	64.8
乙醇	正己烷	78.3	68.9	79	58.68
乙醇	苯	78.3	80.1	68.3	67.9
乙醇	甲苯	78.3	110.7	32	76.7
乙酸	环己烷	118.1	80.8	90.4	78.8
乙酸	正己烷	118.1	68.6	94.0	68.25
乙酸	甲苯	118.1	110.7	71.9	100.6
乙酸乙酯	环己烷	77.1	80.75	44	71.6
乙酸乙酯	正己烷	77.1	68.7	60.1	65.15
异丙醇	环己烷	82.4	80.7	32.0	69.4
正丁醇	环己烷	117.75	80.75	90.5	79.8
正丁醇	正己烷	117.75	68.9	96.8	68.2
正丁醇	甲苯	117.75	110.7	72.2	105.5

摘自：Robert C Weast. CRC Handbook of Chemistry and Physics. 66th. 1985~1986：D9。

附录 4　常压下一些三组分共沸物的沸点与组成

共沸物			各组分的沸点/℃			共沸物的性质			
A 组分	B 组分	C 组分	A 组分	B 组分	C 组分	w_A/%	w_B/%	w_C/%	沸点/℃
水	乙醇	乙酸乙酯	100	78.3	77.05	9.0	8.4	82.6	70.23
水	乙醇	环己烷	100	78.3	80.75	4.8	19.7	75.5	62.60
水	乙醇	甲苯	100	78.3	110.6	12	37	51	74.4

摘自：Robert C Weast. CRC Handbook of Chemistry and Physics. 66th. 1985~1986：D9。

附录 5　金属混合物的熔点

单位：℃

金属		第二栏金属的质量分数/%										
		0	10	20	30	40	50	60	70	80	90	100
Pb	Sn	326	295	276	262	240	220	190	185	200	216	232
	Bi	326	290	–	–	179	145	126	168	205	–	268
	Cu	326	870	920	925	945	950	955	985	1005	1020	1084
	Sb	326	250	275	330	395	440	490	525	560	600	632
Al	Cu	650	630	600	560	540	580	610	755	930	1055	1084
	Ag	650	625	615	600	590	580	575	570	650	750	959
	Sb	650	750	840	925	945	950	970	1000	1040	1010	632
	Zn	650	640	620	600	580	560	530	510	475	425	419
	Sn	650	645	635	625	620	605	590	570	560	540	232
Sb	Bi	630	610	590	575	555	540	520	470	405	330	268
	Ag	630	595	570	545	520	500	503	545	680	850	959
	Sn	630	600	570	525	480	430	395	350	310	255	232
	Zn	630	555	510	540	570	565	540	525	510	470	419
Cu	Ni	1084	1180	1240	1290	1320	1355	1380	1410	1430	1440	1455
	Sn	1084	1005	890	755	725	680	630	580	530	440	232
	Zn	1084	1040	995	930	900	880	820	780	700	580	419

摘自：Robert C Weast. CRC Handbook of Chemistry and Physics. 66th. 1985～1986：D183。

附录 6　水和空气界面上的界面张力 γ

$t/℃$	$\gamma/(N \cdot m^{-1})$	$t/℃$	$\gamma/(N \cdot m^{-1})$	$t/℃$	$\gamma/(N \cdot m^{-1})$	$t/℃$	$\gamma/(N \cdot m^{-1})$
10	0.07422	17	0.07319	24	0.07213	35	0.07038
11	0.07407	18	0.07305	25	0.07197	40	0.06956
12	0.07393	19	0.07290	26	0.07182	45	0.06874
13	0.07378	20	0.07275	27	0.07166	50	0.06791
14	0.07364	21	0.07259	28	0.07150	60	0.06618
15	0.07349	22	0.07244	29	0.07135	70	0.06442
16	0.07334	23	0.07228	30	0.07118	80	0.06261

摘自：John A Dean. Lange's Handbook of Chemistry，1973：10～265。

附录 7　水的黏度 η

单位：$\times 10^{-3} Pa \cdot s$

$t/℃$	0	1	2	3	4	5	6	7	8	9
0	1.787	1.728	1.671	1.618	1.567	1.519	1.472	1.428	1.386	1.346
10	1.307	1.271	1.235	1.202	1.169	1.139	1.109	1.081	1.053	1.027
20	1.002	0.9779	0.9548	0.9325	0.9111	0.8904	0.8705	0.8513	0.8327	0.8148
30	0.7975	0.7808	0.7679	0.7647	0.7340	0.7194	0.7052	0.6915	0.6783	0.6654
40	0.6529	0.6408	0.6291	0.6178	0.6067	0.5960	0.5856	0.5755	0.5656	0.5561
50	0.5468	0.5378	0.5290	0.5204	0.5121	0.5040	0.4961	0.4884	0.4809	0.4736

注：SI 制黏度的单位为帕·秒，$1Pa \cdot s = 1 m^{-1} \cdot kg \cdot s^{-1}$，cgs 制绝对黏度的单位为 P（泊），$1P = 10^{-1} Pa \cdot s$。

摘自：Robert C Weast. CRC Handbook of Chemistry and Physics. 66th. 1985～1986：F37。

附录 8　乙醇、苯和氯仿的黏度

单位：$\times 10^{-3}\,Pa \cdot s$

$t/℃$	0	10	15	16	17	18	19	20
乙醇	1.785	1.451	1.345	1.320	1.290	1.265	1.238	1.216
苯	0.912	0.758	0.698	0.685	0.677	0.666	0.656	0.647
氯仿	0.699	0.625	0.597	0.591	0.586	0.580	0.574	0.568
$t/℃$	21	22	23	24	25	30	40	50
乙醇	1.188	1.186	1.143	1.123	1.103	0.991	0.823	0.701
苯	0.638	0.629	0.621	0.611	0.601	0.566	0.482	0.436
氯仿	0.562	0.556	0.551	0.545	0.540	0.514	0.464	0.424

附录 9　不同温度下水和乙醇的密度

单位：$g \cdot cm^{-3}$

$t/℃$	10	11	12	13	14	15	16	17	18	19	20
水	0.9997	0.9996	0.9995	0.9994	0.9992	0.9991	0.9989	0.9988	0.9986	0.9984	0.9982
乙醇	0.7978	0.7970	0.7962	0.7953	0.7945	0.7936	0.7928	0.7919	0.7911	0.7902	0.7894
$t/℃$	21	22	23	24	25	26	27	28	29	30	40
水	0.9980	0.9978	0.9975	0.9973	0.9970	0.9968	0.9965	0.9962	0.9959	0.9956	0.9922
乙醇	0.7886	0.7877	0.7869	0.7860	0.7852	0.7843	0.7835	0.7826	0.7818	0.7809	0.772

附录 10　不同温度下水的折射率

$t/℃$	n_D	$t/℃$	n_D	$t/℃$	n_D
10	1.33370	17	1.33324	24	1.33263
11	1.33365	18	1.33316	25	1.33252
12	1.33359	19	1.33307	26	1.33242
13	1.33352	20	1.33299	27	1.33231
14	1.33346	21	1.33290	28	1.33219
15	1.33339	22	1.33281	29	1.33208
16	1.33331	23	1.33272	30	1.33196

附录 11　几种常用液体的折射率

液体名称	温度/℃		$\dfrac{dn_D}{dt}$
	15	20	
丙酮	1.3616	1.3591	−0.00049
乙醇	1.3633	1.3614	−0.00038
乙酸	1.3739	1.3720	−0.00038
环己烷	1.4290		
氯仿	1.4486	1.4455	−0.00059
四氯化碳	1.4631	1.4604	−0.00055
甲苯	1.4999	1.4969	−0.00060
苯	1.5044	1.5011	−0.00063
氯苯	1.5275	1.5247	−0.00054
硝基苯	1.5547	1.5524	−0.00046
二硫化碳	1.6319	1.6280	−0.00078
二碘甲烷	1.7443	1.7411	−0.00064

附录 12　KCl 溶液的电导率　　　单位：$\times 10^2 S^{-1} \cdot m^{-1}$

$t/℃$	$0.1 mol \cdot L^{-1}$	$0.02 mol \cdot L^{-1}$	$0.01 mol \cdot L^{-1}$
0	0.00715	0.001521	0.000776
5	0.00822	0.001752	0.000896
10	0.00933	0.001994	0.001020
15	0.01048	0.002243	0.001147
16	0.01072	0.002294	0.001173
17	0.01095	0.002345	0.001199
18	0.01119	0.002397	0.001225
19	0.01143	0.002449	0.001251
20	0.01167	0.002501	0.001278
21	0.01191	0.002553	0.001305
22	0.01215	0.002606	0.001332
23	0.01239	0.002659	0.001359
24	0.01264	0.002712	0.001386
25	0.01288	0.002765	0.001413
26	0.01313	0.002819	0.001441
27	0.01337	0.002873	0.001468
28	0.01362	0.002927	0.001496
29	0.01387	0.002981	0.001524
30	0.01412	0.003036	0.001552
35	0.01539	0.003312	

参 考 文 献

[1] 孙尔康，高卫，徐维清．物理化学实验．2版．南京：南京大学出版社，2010.
[2] 蔡显鄂，项一非，刘衍光．物理化学实验．2版．北京：高等教育出版社，1993.
[3] 北京大学化学学院物理化学实验教学组．物理化学实验．4版．北京：北京大学出版社，2002.
[4] 杨百勤．物理化学实验．北京：化学工业出版社，2001.
[5] 崔献英，柯燕雄，单绍纯．物理化学实验．合肥：中国科学技术大学出版社，2000.
[6] 武汉大学化学与环境科学学院．物理化学实验．武汉：武汉大学出版社，2000.
[7] 夏海涛．物理化学实验．3版．南京：南京大学出版社，2019.
[8] 鲁道荣．物理化学实验．合肥：合肥工业大学出版社，2002.
[9] 浙江大学，南京大学，北京大学，等．综合化学实验．北京：高等教育出版社，2001.
[10] 清华大学，大连理工大学，天津大学，等．化学化工工具书指南．北京：化学工业出版社，1997.
[11] 周公度，段连运．结构化学基础．5版．北京：北京大学出版社，2017.
[12] 刘寿长，张建民，徐顺．物理化学实验与技术．郑州：郑州大学出版社，2004.
[13] 薛怀国．大学化学实验——基础化学实验二．南京：南京大学出版社，2006.
[14] 夏春兰，卢卫兵，邓立志等．基础化学综合实验设计——卟啉化合物的合成及物理化学性质．大学化学，2004，19（1）：45-47，50.
[15] 刘新荣，梁志华，韩喜江．推荐一个工科大学化学实验．大学化学，2003，18（1）：38-39，44.
[16] 廖德仲，何节玉，毛立新．固体酸催化合成油酸月桂酯——推荐一个综合化学实验．大学化学，2006，21（5）：47-50.
[17] 孟庆民，刘百军．推荐一个绿色化学实验——乙酸正丁酯-乙醇-水三组分液-液平衡相图测绘．大学化学，2008，23（6）：47-49.